できる® Zoom ズーム

ビデオ会議やオンライン授業、ウェビナーが使いこなせる本

最新改訂版

法林岳之・清水理史 & できるシリーズ編集部

インプレス

できるシリーズは読者サービスが充実！

操作を見て すぐに理解

できるネット 解説動画

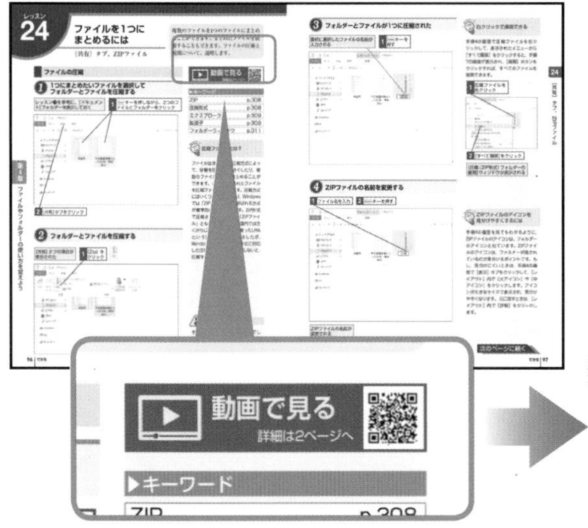

レッスンで解説している操作を動画で確認できます。画面の動きがそのまま見られるので、より理解が深まります。動画を見るには紙面のQRコードをスマートフォンで読み取るか、以下のURLから表示できます。

本書籍の動画一覧ページ
https://dekiru.net/zoomv2

スマホで見る！

パソコンで見る！

最新の役立つ情報がわかる！

できるネット

新たな一歩を応援するメディア

「できるシリーズ」のWebメディア「できるネット」では、本書で紹介しきれなかった最新機能や便利な使い方を数多く掲載。コンテンツは日々更新です!

パソコンはもちろん
スマートフォンでも読みやすい

●主な掲載コンテンツ

- Apple/Mac/iOS
- Windows/Office
- Facebook/Instagram/LINE
- Googleサービス
- サイト制作・運営
- スマホ・デバイス

https://dekiru.net

まえがき

これまで、人々がひとつの場所に集まり、お互いに顔を合わせ、意見を交換したり、コミュニケーションを図るというというスタイルは、ビジネスにおいても日々の生活においてもごく一般的なものでした。

しかし、ここ1～2年、私たちの日常生活は、大きく様変わりしました。お互いが離れた場所にいながら、インターネットを介し、画面を通じて、つながる新しいワーキングスタイル、新しいライフスタイルが求められるようになってきました。ビジネスシーンにおいては「テレワーク」や「リモートワーク」が定着するようになり、教育やイベントなどにおいても「オンライン授業」や「オンラインセミナー」などが活発に行なわれるようになってきました。

こうしたテレワークやリモートワーク、オンライン授業などを支えるツールとして、広く利用されているのがビデオ会議ツールです。なかでもクラウドコンピューティングを利用したビデオ会議ツールの「Zoom（ズーム）」は、WindowsやMac、Chromebookといったパソコンをはじめ、iPhoneやiPad、Androidスマートフォンやタブレットなど、さまざまなデバイスで利用できるため、ビデオ会議ツールの定番として、世界中で広く利用されています。ビジネスでのビデオ会議をはじめ、学校や塾などのオンライン授業、ダンスやヨガ、英会話、体操などのオンラインレッスン、友だちや家族とのオンラインパーティなど、さまざまなシーンで活用され、利用が拡大しています。

本書はそんな「Zoom」をまったく知らない人でもビデオ会議などが実践できるように、企画された書籍です。Zoomを使うために必要な機器や設定、安全に使うためのセキュリティ対策、Zoomによるビデオ会議のはじめ方、ホワイトボードなどを利用した会議の実践、会議を円滑に進めるためのノウハウ、「ウェビナー（Webinar）」と呼ばれるオンラインでの説明会や講演会の開催など、Zoomをビジネスシーンに活かすための基本から最新のノウハウまで、わかりやすく、ていねいに解説しています。本書を読んでいただければ、Zoomを体験したことがない人でもビジネスからプライベートまで、幅広いシーンにおいて、Zoomを自由に活用できるようになります。

最後に、本書の執筆にあたり、リモートワークで編集作業を進めていただいた編集担当の高橋優海さん、できるシリーズ編集部のみなさん、情報提供や機材貸し出しなどでご協力いただいた関係各社のみなさん、本書の制作にご協力いただいたすべてのみなさんに、心からの感謝の意を述べます。本書により、一人でも多くの方がZoomを利用したビデオ会議を実践できるようになり、新しいワーキングスタイルやライフスタイルに役立てるようになれば、幸いです。

2021年8月

法林岳之・清水理史

できるシリーズの読み方

レッスン

見開き完結を基本に、やりたいことを簡潔に解説

やりたいことが見つけやすいレッスンタイトル

各レッスンには、「○○をするには」や「○○って何？」など、“やりたいこと”や“知りたいこと”がすぐに見つけられるタイトルが付いています。

機能名で引けるサブタイトル

「あの機能を使うにはどうするんだっけ？」そんなときに便利。機能名やサービス名などで調べやすくなっています。

キーワード

そのレッスンで覚えておきたい用語の一覧です。巻末の用語集の該当ページも掲載しているので、意味もすぐに調べられます。

左ページのつめでは、章タイトルでページを探せます。

手順

必要な手順を、すべての画面とすべての操作を掲載して解説

手順見出し

「○○を表示する」など、1つの手順ごとに内容の見出しを付けています。番号順に読み進めてください。

解説

操作の前提や意味、操作結果に関して解説しています。

操作説明

「○○をクリック」など、それぞれの手順での実際の操作です。番号順に操作してください。

HINT!

レッスンに関連したさまざまな機能や、一歩進んだ使いこなしのテクニックなどを解説しています。

レッスン 37

自由に手書きしたメモを共有するには

ホワイトボード

ホワイトボートを使って、手書きのイラストや図を共有してみましょう。声や文字では伝えにくいことでも簡単に表現することができます。

動画で見る 詳細は2ページへ

第5章 ビデオ会議を円滑化しよう

1 ホワイトボードの利用を開始する

レッスン㉞を参考に、［共有するウィンドウまたはアプリケーションの選択］画面を表示しておく

1 ［ホワイトボード］をクリック

2 ［共有］をクリック

2 ホワイトボードにメモを記入する

マウスポインターの形が変わった

右のページのテクニックを参考に、図版やイラストなどを描画していく

参加者の映像はサムネイルで表示される

キーワード

参加者	p.197
ホワイトボード	p.200

HINT!

参加者の映像は非表示にできる

手順2の画面のように、ホワイトボードが起動すると、参加者の映像がサムネイル表示されます。ホワイトボードと重なって書きにくいときは、サムネイル画面の左上の［サムネイルビデオの非表示］ボタンをクリックして、非表示にするといいでしょう。ただし、完全には消えず、メニューだけが表示されます。また、［サムネイルビデオの表示］をクリックすると、再表示できます。

HINT!

タッチ対応のパソコンやペンタブレットが便利

マウスを使って、ホワイトボードに描画することもできますが、細かな部分や文字が表現しにくくなります。タッチ対応のパソコンやUSB接続のペンタブレットを利用すると、スムーズに描画できるでしょう。

間違った場合は？

間違った線や文字は、［消しゴム］を選択することで消去できます。

動画で見る

レッスンで解説している操作を動画で見られます。詳しくは2ページを参照してください。

テクニック　ホワイトボードのツールを使いこなそう

ホワイトボードでは画面上部のアイコンを選択することで、さまざまなタイプの描画ができます。どのようなツールがあるのかを確認し、実際の描画に活用してみましょう。

●ホワイトボードのツールと機能

アイコン	機能
選択	マウスをドラッグすることで、指定した範囲の図を選択できる。選択した部分は、再びマウスでドラッグすることで、別の場所に移動することなどができる
テキスト	表示されたテキストボックスにキーボードから文字を入力することで、テキストデータとして文字を表示できる。［フォーマ］アイコンで文字の色や大きさなどを変えられる
描き込む	線の太さを変えたり、直線や矢印、四角や丸などの図形を簡単に描画したりできる。線の色は［フォーマ］から変更できる
スタンプ	矢印、チェックマーク、バツ、星、ハート、クエスチョンマークなどの図形をスタンプとして貼り付けることができる
スポットライト	スポットライト、または矢印を切り替えて利用できる。スポットライトはレーザーポインターとして、画面上を指し示すときに使う。矢印や名前付きの矢印を付箋のように貼り付けられる
消しゴム	クリックした部分を消去できる。ストローク単位での消去となるため、ひとつの線をまるごと消去したり、図形をまるごと消去したりする。一部分だけを消去することはできない
フォーマット	線や図形の色の変更や線の幅の調整、テキストの大きさの変更ができる。太字や斜体などの効果をテキストに加えたりできる
元に戻す	直前の操作を取り消して、ひとつ前の状態に戻す
やり直し	［元に戻す］で取り消した操作を再び有効にする
消去	ホワイトボード全体を消去する。［すべてのドローイングを消去］［マイドローイングを消去］［ビューアーを消去］を選べる
保存	ホワイトボードの内容を画像ファイルとして保存する。保存した画像はミーティングのレコーディングと同じフォルダーに保存される

37　ホワイトボード

右ページのつめでは、知りたい機能でページを探せます。

テクニック

レッスンの内容を応用した、ワンランク上の使いこなしワザを解説しています。身に付ければパソコンがより便利になります。

3　ホワイトボードのメモを保存する

図版やイラストが描画された

1 ［保存］をクリック

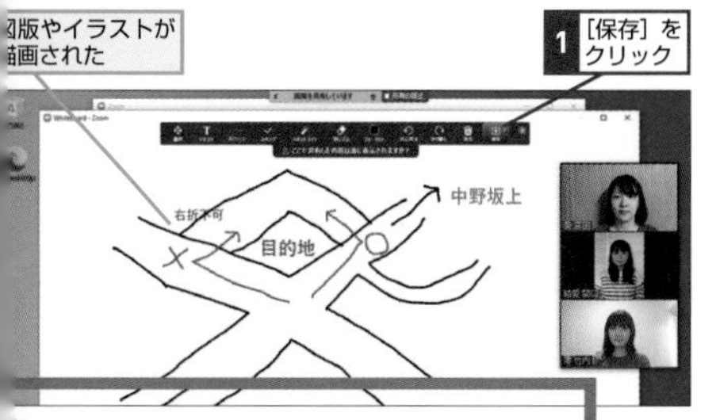

ッスン㉛のテクニックで確認した場所に、像ファイルとして保存される

Point

いろいろな使い方ができる

ホワイトボードは図やイラストを使って、参加者に情報を伝えたいときに活用すると便利です。マウスを使っての描画は、少し慣れが必要ですが、手軽に使えるので活用してみましょう。もちろん、テキストも入力できるので、議題を掲示したり、参加者から募った意見をまとめたりするときに使うこともできます。会社での会議だけでなく、学校や塾などの遠隔授業で、黒板の代わりに使うのもおすすめです。

できる　133

Point

各レッスンの末尾で、レッスン内容や操作の要点を丁寧に解説。レッスンで解説している内容をより深く理解することで、確実に使いこなせるようになります。

間違った場合は？

手順の画面と違うときには、まずここを見てください。操作を間違った場合の対処法を解説してあるので安心です。

※ここに掲載している紙面はイメージです。実際のレッスンページとは異なります。

目　次

できるシリーズは読者サービスが充実 …… 2
まえがき …… 3
できるシリーズの読み方 …… 4
ご利用の前に …… 10

第1章　Zoomの基本を知ろう　11

❶ Zoomって何？　＜Zoomでできること＞ …… 12
❷ Zoomの特長を知ろう　＜Zoomを利用するメリット＞ …… 14
❸ Zoomってどうやって使うの？　＜Zoomの活用事例＞ …… 16
❹ Zoomって安全なの？　＜Zoomのセキュリティ＞ …… 20
❺ Zoomに必要なものを知ろう　＜デバイスと通信環境＞ …… 22

インターネットが遅いときは
無線LANアクセスポイントの買い換えを検討してみよう …… 24

第2章　Zoomを使えるようにしよう　25

❻ Zoomの初期設定について知ろう　＜デバイスごとの初期設定＞ …… 26
❼ 家庭のパソコンに仕事用のアカウントを追加するには
＜その他のユーザーをこのPCに追加＞ …… 28
❽ Zoomをパソコンで使えるようにするには　＜WindowsでのZoomの準備＞ …… 32
❾ ZoomをiPhoneで使えるようにするには　＜iPhoneでのZoomの準備＞ …… 36
❿ ZoomをAndroidスマートフォンで使えるようにするには
＜AndroidスマートフォンでのZoomの準備＞ …… 40
⓫ ZoomをiPadで使えるようにするには　＜iPadでのZoomの準備＞ …… 44
⓬ ZoomをMacで使えるようにするには　＜MacでのZoomの準備＞ …… 48
テクニック　Macでアカウントを追加するには …… 49
⓭ ZoomをChromebookで利用するには　＜ChromebookでのZoomの準備＞ …… 54
⓮ ZoomをWebブラウザーで利用するには　＜WebブラウザーでのZoomの準備＞ …… 58
⓯ Zoomの通知設定を変更するには　＜Zoomの通知設定＞ …… 60
⓰ ビデオ会議中に着信しないようにするには　＜おやすみモード、サイレントモード＞ …… 64

スマートフォンやタブレットなど、
「もうひとつのディスプレイ」で、ビデオ会議を使いやすくしよう …… 66

第3章　必要な機材を準備しよう　67

⑰ Zoomに必要な機材を知ろう　＜マイクとカメラ、スピーカー＞……68
⑱ Bluetooth機器を接続するには　＜Bluetooth機器の接続＞……72
⑲ [Zoom] アプリを起動するには　＜Zoom＞……76
⑳ マイクの動作を確認するには　＜マイクのテスト＞……78
㉑ スピーカーの動作を確認するには　＜スピーカーのテスト＞……80
㉒ カメラの動作を確認するには　＜カメラのテスト＞……82
テクニック　スマートフォンやデジタルカメラをWebカメラとして使える……83

快適なビデオ会議のために、
もう一台のデバイスを用意しておこう……84

第4章　ビデオ会議をしよう　85

㉓ ビデオ会議の基本を知ろう　＜ビデオ会議の基本的な流れ＞……86
㉔ ビデオ会議を主催するには　＜新規ミーティング＞……88
テクニック　待機室にいる参加者を忘れないようにしよう……90
テクニック　メール以外の方法で招待したいときは……91
テクニック　招待メールを送信するメールアプリを変更するには……92
テクニック　画面に表示される名前を変えるには……93
㉕ 招待されたミーティングに参加するには　＜ビデオ付きで参加＞……98
テクニック　URLをクリックしてもリンク先が表示されないときは……98
テクニック　Chromebookの場合は……99
㉖ ビデオ会議のスケジュールを設定するには　＜スケジュール＞……100
㉗ ビデオ会議の日時を変更するには　＜ミーティングの編集＞……104
㉘ 映像の見え方を変更するには　＜ギャラリービュー、スピーカービュー＞……106
㉙ マイクやカメラのオンとオフを切り替えるには　＜ミュート、ビデオの停止＞……108
㉚ 背景を自由に変更するには　＜バーチャル背景＞……110
テクニック　好きな背景を利用しよう……111
㉛ Zoomのミーティングを記録するには　＜レコーディング＞……114
テクニック　記録したデータはどこにあるの？……115

部屋に言及するのはアウト？「リモハラ」にご用心……118

第5章　ビデオ会議を円滑化しよう　119

㉜ ビデオ会議中にチャットするには　<チャット>……120

テクニック　チャットでファイルを送信するには……122

㉝ アイコンを使って気持ちを表現するには　<リアクション>……124

㉞ 画面を他の参加者に共有するには　<画面の共有>……126

㉟ 登壇者の背景にスライドを設定するには　<バーチャル背景としてのPowerPoint>……128

㊱ 参加者のパソコン画面を操作するには　<リモート制御のリクエスト>……130

テクニック　ホストは相手を選んでリモート制御を許可できる……131

㊲ 自由に手書きしたメモを共有するには　<ホワイトボード>……132

テクニック　ホワイトボードのツールを使いこなそう……133

㊳ 参加者をグループごとに分けるには　<ブレイクアウトルーム>……134

［セキュリティ］ボタンで意図しない参加者の操作を防ごう……138

第6章　ビデオ会議の便利な設定を知ろう　139

㊴ プロフィールを設定するには　<［プロフィール］画面、マイプロフィールを編集>……140

テクニック　プロフィールに電話番号を登録するには……143

㊵ 特定の参加者の画面を固定するには　<全員のスポットライト>……144

テクニック　参加者が自分で固定する画面を選ぶには……145

㊶ 関係者だけのビデオ会議を設定するには　<待機室>……146

㊷ ホストがいなくてもミーティングをはじめるには　<詳細オプション>……150

㊸ よくビデオ会議をするメンバーを登録するには　<連絡先、チャンネル>……152

テクニック　チャンネルのチャットを活用しよう……157

㊹ ZoomとGoogleカレンダーを連携させるには　<Googleカレンダー>……158

ビデオ会議のスケジューリングを効率化しよう……162

第7章　ウェビナーの開催方法を知ろう　163

45 ウェビナーに役立つ機能を知ろう　＜ウェビナー＞……164
46 ウェビナーを開催するには　＜ウェビナーをスケジュールする＞……166
47 参加者にウェビナーの招待状を送信するには　＜招待状のコピー＞……168
48 登録ページをカスタマイズするには　＜ブランディング＞……170
49 ウェビナーのリハーサルをするには　＜実践セッション＞……174
50 参加者の状態をコントロールするには　＜すべてミュート＞……176
テクニック そのほかの設定を確認しよう……177
51 ウェビナー中に質疑応答ができるようにするには　＜質疑応答＞……178
52 参加者からアンケートを取るには　＜投票＞……182

外部のサービスを活用してウェビナーの集客につなげよう……184

Zoomの疑問に答えるQ&A……185
付録　有料プランに申し込むには……193

用語集……196
索引……201

本書を読み終えた方へ……205
読者アンケートのお願い……206

ご購入・ご利用の前に必ずお読みください

本書は、2021年8月現在の情報をもとに「Zoom」の操作方法について解説しています。本書の発行後にこれらのアプリやサービスの機能や操作方法、画面などが変更された場合、本書の掲載内容通りに操作できなくなる可能性があります。本書発行後の情報については、弊社のWebページ（https://book.impress.co.jp/）などで可能な限りお知らせいたしますが、すべての情報の即時掲載ならびに、確実な解決をお約束することはできかねます。また本書の運用により生じる、直接的、または間接的な損害について、著者ならびに弊社では一切の責任を負いかねます。あらかじめご理解、ご了承ください。

本書で紹介している内容のご質問につきましては、巻末をご参照のうえ、お問い合わせフォームかメールにてお問い合わせください。電話やFAX等でのご質問には対応しておりません。また、本書の発行後に発生した利用手順やサービスの変更に関しては、お答えしかねる場合があることをご了承ください。

●用語の使い方

本文中では、「Microsoft® Windows® 10」のことを「Windows 10」または「Windows」と記述しています。また、本文中で使用している用語は、基本的に実際の画面に表示される名称に則っています。

●本書の前提

本書では、「Windows 10 May 2021 Update」がインストールされているパソコンで、インターネットに常時接続されている環境を前提に解説しています。

第1章 Zoomの基本を知ろう

ビジネスから生活まで、新しいライフスタイルとして、オンラインでのコミュニケーションが浸透する中、テレワークやリモートワーク、オンラインセミナー、オンライン授業などで利用が拡大しているのが「Zoom（ズーム）」です。Zoomにはどんな特長があるのか、どのように使うのか、何が必要なのかなど、基本的なことを確認してみましょう。

●この章の内容

❶ Zoomって何？……12
❷ Zoomの特長を知ろう……14
❸ Zoomってどうやって使うの？……16
❹ Zoomって安全なの？……20
❺ Zoomに必要なものを知ろう……22

レッスン 1

Zoomって何?

Zoomでできること

テレワークやリモートワークが拡大する中、ビデオ会議などに利用されているのが「Zoom（ズーム）」です。Zoomでは何ができるのかを説明しましょう。

キーワード

チャット	p.198
テレワーク	p.199
ビデオ会議	p.199

広く利用されているビデオ会議ツール

これまでのミーティングや会議は、参加者が決められた会議室などに集まる形が一般的でした。これに対し、テレワークやリモートワークの環境では、離れた場所に居てもミーティングなどができるように、インターネット経由で接続する「ビデオ会議」が利用されています。お互いが居る場所に制限されないうえ、移動も最小限で済みます。こうしたビデオ会議のツールとして、広く利用されているのが「Zoom」です。Zoomは米国のZoomビデオコミュニケーションズが提供するクラウドコンピューティングを利用したビデオ会議システム（Web会議システム）で、スマートフォンやパソコンなど、さまざまな機器で利用できます。

顔が見えると話しやすい
みんなの反応がわかるぞ
元気そうだな
表情で判断できる

Zoomを使えば、離れていても顔の見えるコミュニケーションが可能となる

豊富な機能を活用できる

離れたところに居る人とコミュニケーションを取る方法としては、電話やチャットなどがありますが、Zoomではお互いの顔を見ながらコミュニケーションをしたり、チャットで情報をやり取りしたり、画面の共有やホワイトボードなどの機能を使って、ビデオ会議を行なうことができます。また、人数も1対1だけでなく、同時に何人もの人が参加してミーティングをしたり、さらに多くの人が参加するセミナーなどにも利用できます。

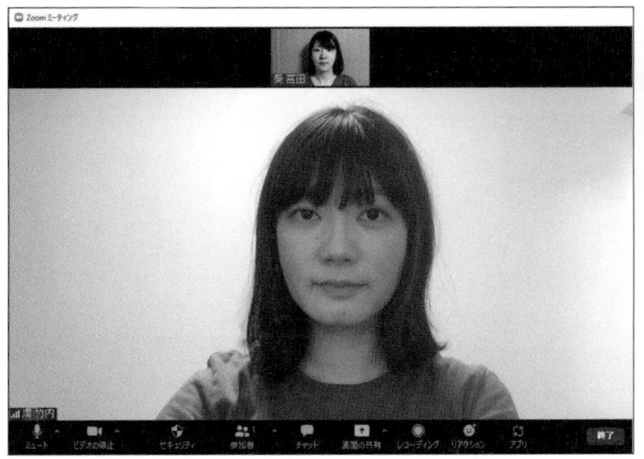

お互いの顔を見ながら会話ができる

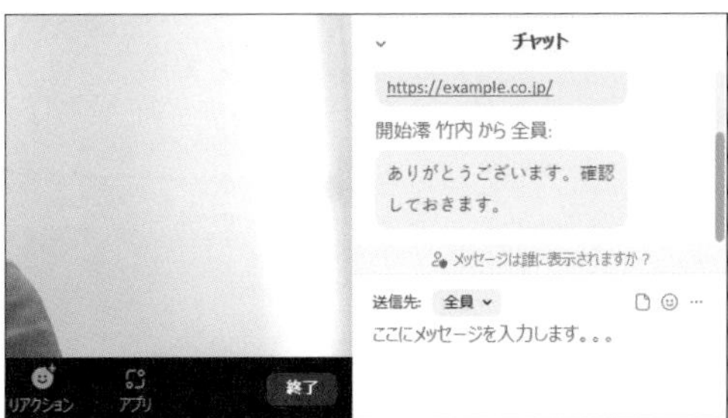

会話だけでは伝えきれない情報は、チャットなどで補足できる

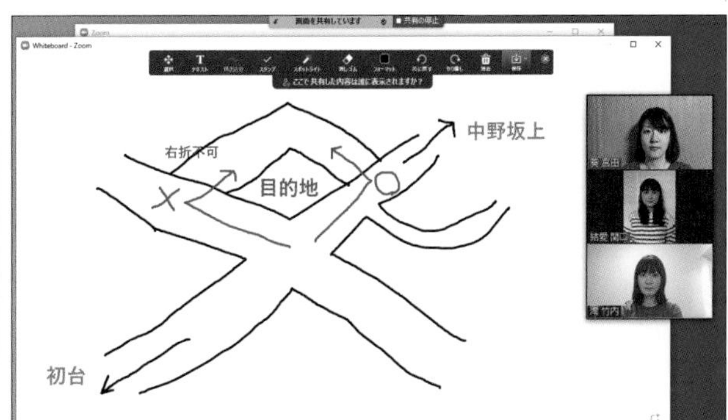

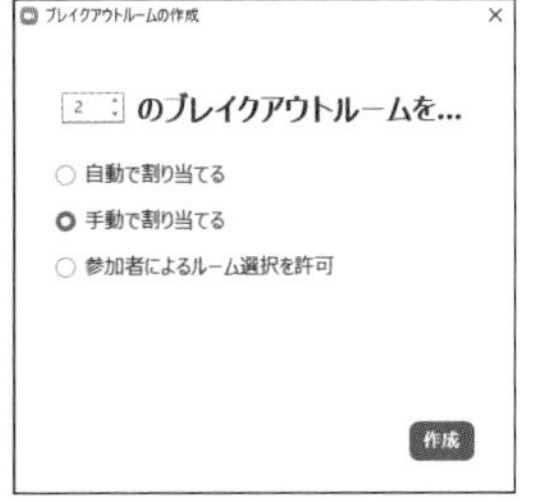

ビデオ会議を円滑に進めるツールが数多く用意されている

レッスン 2

Zoomの特長を知ろう

Zoomを利用するメリット

ビデオ会議をするツールやサービスには、いろいろなものがあります。もっとも広く利用されている「Zoom」には、どんな特長があるのでしょうか。

キーワード

OS	p.196
ビデオ会議	p.199

パソコンやスマートフォン、タブレットで使える

ビデオ会議は複数の人が参加するため、参加者によって、利用する機器が違うことがあります。Zoomはパソコンやスマートフォン、タブレットなど、さまざまな機器でビデオ会議に参加できます。パソコンはWindowsやMac、Chromebook、スマートフォンはAndroidスマートフォンやiPhone、タブレットもAndroidタブレットやiPad、Windowsタブレットなどが利用できます。それぞれの機器で必要とされるスペックやOSのバージョンは決まっていますが、最近の製品であれば、ほぼ問題なく利用できます。

Zoomは多くの端末やOSに対応しているので、幅広く利用できる

無料で利用できて、機能が充実

さまざまなプラットフォームに対応したZoomは、ユーザーの利用形態に合わせ、無料のプランと有料のプランが用意されています。本書では無料のプランを前提として、解説を進めますが、Zoomで提供される機能には、有料のプランの契約が必要なものもあります。また、企業や団体などで、多くの参加者が利用する場合も有料プランが必要になります。

● 無料プランと有料プランの違い

機能	無料（基本）	有料（プロ）	関連ページ
ホストでの参加者数	100人	100人（500人、1000人に拡張可）	86ページ
ミーティング時間（グループ）	40分まで	30時間	86ページ
共同ホスト	不可	可能	86ページ
バーチャル背景	可能	可能	110ページ
ローカル録画	可能	可能	114ページ
クラウド録画	不可	1GB（追加可能）	116ページ
画面共有	可能	可能	126ページ
ウェビナー機能	不可	追加可能	164ページ

HINT!

音声や映像はクリアなの？

一般的に、インターネットを経由しての音声通話やビデオ会議は、通信回線の品質によって、音質や映像の画質が低下することがあります。Zoomもインターネット経由で接続しますが、他の同様のサービスに比べ、通信が安定していて、高音質で遅延が少ないことが評価され、広く利用されるようになりました。Zoomでは参加する端末や回線の状態を常に確認しながら、通信を最適化しているため、安定した通信品質を確保できると言われています。

Point

さまざまな端末やプラットフォームで利用できる

ビデオ会議ツールにはさまざまなものがありますが、Zoomが広く利用されるのはパソコンやスマートフォン、タブレットなど、さまざまな端末が利用できるうえ、プラットフォームやOSの制限も少ないためです。ビデオ会議には多くの人が参加するため、参加者によって、利用する端末やOSのバージョンなどが異なることがありますが、Zoomはより多くの機器から参加できます。

レッスン 3

Zoomって どうやって使うの？

Zoomの活用事例

ビデオ会議ツールとして、広く利用されている「Zoom」は、どんなときに使われているのでしょうか。Zoomの活用事例について、チェックしてみましょう。

テレワークやリモートワーク中でも会議ができる

Zoomがもっとも広く活用されているのがテレワークやリモートワークでの会議やミーティングです。自宅など、オフィスから離れたところに居ても複数のスタッフが集まり、会議をすることができます。会議は映像や音声、テキストチャットなどで参加できるほか、ホワイトボード機能を使い、実際の会議と同じように、情報を共有しながら、会議を進めることもできます。

ビデオ会議だけでなく、ビジネスシーンで役立つ機能が搭載されている

▶キーワード

ウェビナー	p.197
カメラ	p.197
テレワーク	p.199
パスワード	p.199
ホワイトボード	p.200

HINT!

ミーティングは安全なの？

一般的に、社内での会議、取引先とのミーティングでは、業務に関係する内容を話し合います。そのため、会議やミーティングの内容は、第三者に盗聴されないように配慮する必要があります。Zoomは実施されるミーティングの内容が暗号化され、ミーティングへの入室にパスワードを設定したり、ホストが許可した参加者のみが参加できるようにするなど、安全性についても十分に考慮されています。ただし、Zoomに限らず、テレワークやリモートワークでは、利用する環境によって、周囲に音声が聞こえてしまうこともあるため、家庭や外出先ではイヤホンを利用したり、第三者からのぞき見されないようにするなど、利用する場所に合った配慮が必要になります。

学校や教室に集まらなくても授業や講義ができる

新しい生活様式に合わせ、学校や教室に出向かなくても受けられるオンライン授業やオンラインセミナーが増えています。こうしたシーンでもZoomが活用できます。あらかじめ授業やセミナーの開始日時を決めておき、参加者にURLを伝え、参加してもらうわけです。Zoomはスマートフォンやパソコン、スマートフォンなど、いろいろな機器で利用できるため、多くの人が参加しやすいというメリットがあります。参加者とホワイトボードやアプリの画面を共有し、資料などを参加者に見せながら、授業やセミナーを進めることができます。

板書や対話など、普段の授業でできることをそのままZoomで再現できる

HINT!

カメラで動きを見せながらレッスンができる

ビジネスでの会議などと違い、授業やレッスンでは先生の動きを見ながら、生徒が学んでいくことがあります。Zoomを利用したオンライン授業やレッスンでは、先生がカメラを内蔵したスマートフォンを利用したり、Webカメラを接続したパソコンを用意することで、生徒たちに先生の動きなどを見せることができます。授業やレッスンの内容にもよりますが、ヨガやダンス、体操など、身体全体の動きを見せる授業やレッスンでは、スマートフォンやWebカメラを三脚などに固定するなどの工夫が必要です。

HINT!

規模の大きな講義やセミナーを実施するには

Zoomにはレッスン❷でも説明したように、無料と有料のプランがありますが、規模の大きなセミナーなどを開催するときは、「Zoom Video Webinar」や「Zoom Events」といったプランを選ぶことができます。「プロ」と違い、有料登録を通じた収益化ができたり、チケット発券のオプションなどが用意されています。本書ではこれらのプランを解説しませんが、より詳しい情報を知りたいときは、Zoomに問い合わせるか、Zoomのソリューションを提供する企業などに相談してみましょう。

次のページに続く

相手が在宅でも診療ができる

これまで医療については、さまざまな規制などがあり、ビデオ会議などを利用した遠隔診療が制限されていましたが、現在は規制が緩和され、オンラインでの診療ができるようになりました。直接、医師が診断するときと違い、画面を通して、患者を診るため、高度な診察は難しい面がありますが、患者は医療機関に出向く必要がないうえ、医師や医療スタッフも感染症などのリスクを抑えることができるため、初期段階のカウンセリングにはメリットがあるとされています。遠隔医療はまだはじまったばかりの分野ですが、今後、広く普及していくことが期待されています。

たとえば、医療現場ではリスクを軽減し、業務を円滑に進めることができる

HINT! 災害時などに対応できる

遠隔診療などに限ったことではありませんが、Zoomによるビデオ会議を利用することで、災害時などに役立つことがあります。インターネットに接続できることがひとつの条件になりますが、たとえば、災害の影響で、医師が被災地や避難所にすぐに行けないようなとき、Zoomで患者の状況を把握することができます。精神面のケアが必要なケースでも電話だけでなく、画面を通じて、お互いの顔を見ながら、カウンセリングやアドバイスができるため、きめ細かなサポートが期待できます。

プライベートでも幅広く活用

Zoomによるビデオ会議は、ビジネスだけでなく、プライベートのさまざまなシーンでも活用できます。たとえば、災害や疫病による外出自粛などで、なかなか顔を合わせられないとき、友だちや家族がZoomのビデオ会議に集まり、『オンラインパーティ』や『オンライン飲み会』を楽しむことができます。また、お盆や年末の帰省もZoomで元気な顔を見せる『オンライン帰省』に活用したり、遠方で参加できない人に結婚式の様子をZoomで中継する例もあります。

みなさん何飲んでますか～？
飲み物やつまみを各自で用意する
デリバリーサービスなども合わせて利用
私はワイン派でーす
ボクはビール

ビジネスや教育、医療だけでなく、「オンライン飲み会」にも活用できる

HINT! 時間制限はどうするの？

15ページでも説明したように、無料で利用できるZoomの『基本』プランは、グループミーティングの時間が40分に制限されています。そのため、一定の時間を経過すると、設定したミーティングは終了してしまいます。継続して利用したいときは、再びミーティングを設定して、それぞれの参加者にメールやメッセージなどで会議に必要な情報を伝えます。また、主催者が有料の『プロ』プランに申し込んでいれば、こうした時間の制限なく、ミーティングを利用できます。

Point ビジネスからプライベートまで使う人の工夫次第で活用できる

Zoomはクラウドコンピューティングを利用したビデオ会議システムです。これまで社内や取引先などと行なってきた会議やミーティング、打ち合わせをインターネット経由で行なうことができます。しかし、こうしたミーティング以外にもいろいろな活用例があります。たとえば、学校の授業や習い事のレッスンなどもできますし、医療やカウンセリングなどにも活用できます。特に、災害などで被災地や避難所などに医師や関係者が行けないときには、リモートで患者を診ながら、適切なアドバイスを伝えることができます。さらに、ビジネスだけでなく、プライベートでも活用できます。オンライン飲み会をはじめ、オンライン帰省、結婚式へのオンライン出席など、使う人の工夫次第で、さまざまなシーンで役立てることができます。

レッスン 4

Zoomって安全なの？

Zoomのセキュリティ

ビデオ会議は離れたところに居る人と会議ができますが、その内容を第三者に盗聴されてしまっては困ります。Zoomの安全性について、説明しましょう。

Zoomのリスクについて知ろう

Zoomを利用したビデオ会議では、離れたところに居る人たちとインターネットを介して接続されます。Zoomではビデオ会議の通信内容を暗号化しているため、第三者が盗聴することはできませんが、ミーティングに参加するためのURLやパスワードなどの情報が第三者に知られてしまうと、見知らぬ人が会議に参加するなどのリスクが考えられます。また、各プラットフォームで利用するアプリのアップデートを怠っていたため、ソフトウェアの脆弱性（セキュリティ上の弱点）を狙われる可能性もあります。

Zoomならではのセキュリティリスクについて、知ることが大切になる

キーワード

アプリ	p.196
セキュリティ	p.198

HINT!

これまでどんな形でセキュリティの問題が起きたの？

Zoomは急速に利用が拡大したため、何度かセキュリティの問題が指摘されたことがありました。たとえば、Zoomの会議に、招かれていない第三者が勝手に会議に参加してしまい、内容が盗み見られることがありました。これは「ミーティングID」と呼ばれる会議の番号とパスワードが類推されたり、会議のURLとパスワードの流出などで、起きてしまいました。

HINT!

偽のアプリや改ざんされたアプリへの誘導に注意

Zoomはここ1～2年で普及しはじめたサービスであるため、これを狙ったネット詐欺なども多く見受けられます。ZoomはWindowsやMacなどのパソコン、Chromebook、タブレット、Androidスマートフォン、iPhone向けにそれぞれアプリが提供されていますが、会議を装った案内メールに、偽のアプリや改ざんしたアプリへのリンクが掲載されていることがあります。こうした偽アプリといっしょにマルウェアをインストールさせ、パソコンやスマートフォンの脆弱性を狙うことがあります。会議の案内のメールやメッセージが届いたときは、差出人が誰なのかをよく確認したうえで、対応することを心がけましょう。

Zoomの利用で必ずすべきこと

Zoomは誰でも手軽にビデオ会議をはじめることができますが、Zoomを利用していくうえで、注意すべきことがあります。たとえば、「ミーティングID」や会議のURL、パスワードなどを関係ない人に知らせないようにしたり、「待機室」の機能を利用し、ホストが確認したうえで参加を許可するなど、プライバシーやセキュリティには十分な配慮が必要です。Zoomの通信内容が盗聴されるリスクについては、2020年7月から無料プランについてもエンドツーエンドの暗号化通信が実現されています。

●Zoomのセキュリティ対策

対策	内容
アップデート	各プラットフォーム向けのアプリは必ず最新版に更新する
第三者の参加	会議に参加する資格のない人が無断で参加してしまわないようにする。待機室の機能を利用したり、会議にパスワードを設定することで、資格のある人のみが参加できる
偽アプリや不正なリンク	会議の案内に、偽のアプリや改ざんしたアプリへのリンクが掲載されていることがある。あらかじめ公式サイトや各プラットフォームのアプリ配信サービスからダウンロードして、インストールしておく

Zoomのセキュリティ機能が利用できる

Zoomのビデオ会議には、安全に利用するためのセキュリティ機能が用意されています。ビデオ会議に参加する人が一時的に待機する「待機室（レッスン㊶）」が利用できたり、画面共有など、参加者が利用できる機能を制限するなど、細かく設定ができます。

HINT!

パソコン版のZoomを更新するには

Zoomを安全に使うには、アプリを最新版に更新することが重要です。AndroidスマートフォンやiOSのアプリは、それぞれのアプリ配信サービスでほぼ自動的に最新版に更新されますが、パソコンではユーザー自身でアプリを更新する操作が必要です。パソコンでZoomを起動したとき、以下のように操作することで、最新版に更新できるので、会議をはじめる前に、アプリの更新をチェックするように心がけましょう。

ダウンロードが終わったら、[更新]をクリックしておく

Point

セキュリティ対策でZoomを安全に使おう

Zoomを使ううえで、常に意識したいのがセキュリティやプライバシーです。ビジネスでも、プライベートでもZoomを安全に使うには、アプリが最新版に更新されていることを確認しましょう。Zoomはここ1～2年で利用が拡大したため、当初はセキュリティ面でのリスクが指摘されていましたが、現在は安心して使える環境が整っています。具体的な使い方は、第2章以降で解説しますが、常にセキュリティを意識することを心がけましょう。

レッスン 5

Zoomに必要なものを知ろう

デバイスと通信環境

Zoomでビデオ会議を行なうには、どんな機器や環境が必要なのでしょうか？ Zoomに必要な通信環境やデバイスについて、説明しましょう。

キーワード

カメラ	p.197
スピーカー	p.198
ヘッドセット	p.200
マイク	p.200
ルーター	p.200

Zoomの利用に必要な通信環境

Zoomでビデオ会議を行なうには、インターネットに接続する必要があります。パソコンやタブレットを使う場合、自宅などに光回線などが敷設されていれば、そのまま利用できます。離れた部屋で作業をするときはWi-Fi（無線LAN）を利用しますが、有線LANで接続した方がより快適です。光回線などのブロードバンド回線がないときは、据置型Wi-Fiホームルーターも便利です。携帯用のモバイルWi-Fiルーターと違い、利用できる場所は限定されますが、処理能力も高いため、安定した通信が期待できます。

●インターネット接続環境

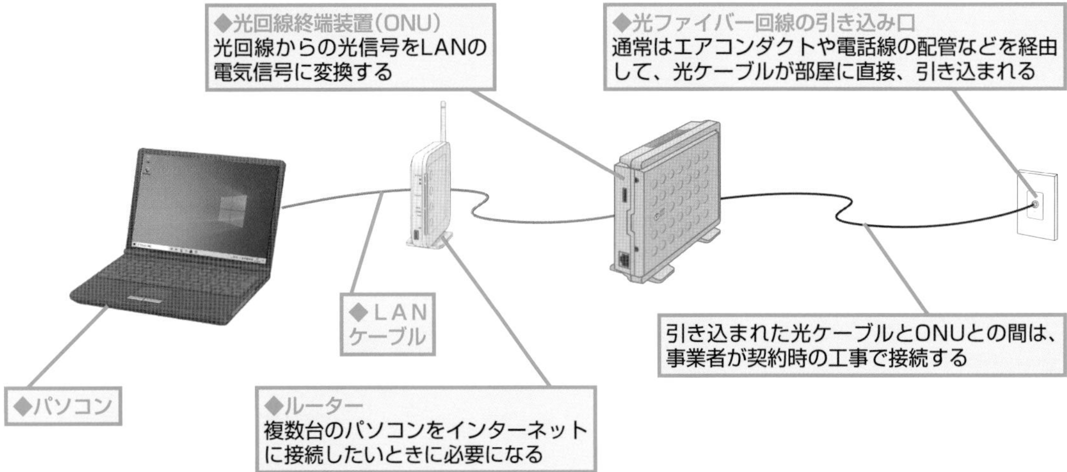
◆光回線終端装置（ONU）
光回線からの光信号をLANの電気信号に変換する
◆光ファイバー回線の引き込み口
通常はエアコンダクトや電話線の配管などを経由して、光ケーブルが部屋に直接、引き込まれる
◆LAN
ケーブル
引き込まれた光ケーブルとONUとの間は、事業者が契約時の工事で接続する
◆パソコン
◆ルーター
複数台のパソコンをインターネットに接続したいときに必要になる

●ホームルーターなどの無線環境

ホームルーター

Zoomの利用に必要なデバイス

Zoomを利用したビデオ会議を行なうには、必要なデバイスがあります。まず、アプリが動作するパソコンやスマートフォン、タブレットが必要ですが、プラットフォームやデバイスの種類を問わず、ほぼ同じようにビデオ会議ができます。ただし、デバイスによっては、Webカメラやスピーカーなどが追加で必要になることもあります。また、スマートフォンは本体を置いておくことができるスマートフォンスタンドなどがあると便利です。

パソコンとヘッドセットがあると、便利に使える

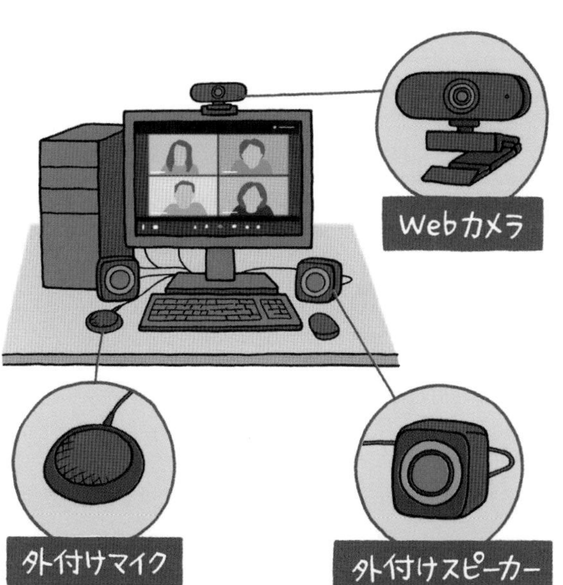

デスクトップパソコンは、外付けのカメラやマイク、スピーカーが必要となる場合がある

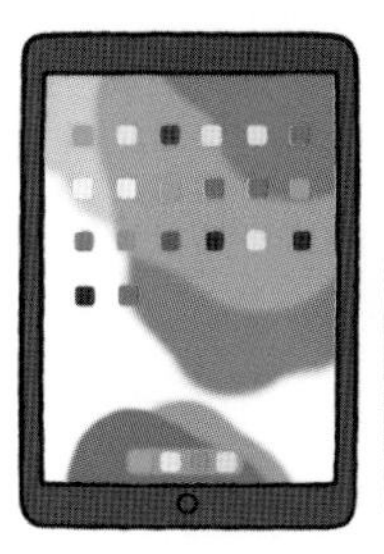

スマートフォンがあればパソコンの代わりになる

HINT!

マイクやカメラ、スピーカーなどが必要なこともある

パソコンやスマートフォン、タブレットには、Zoomでビデオ会議を行なうための基本的な環境が整っていますが、他のデバイスが必要になることもあります。たとえば、パソコンにカメラが内蔵されていないときはWebカメラが必要です。よりクリアな音質でやり取りをするにはイヤホンマイクや外付けタイプのスピーカーなども欲しいところです。詳しくは第3章で解説します。

Point

ビデオ会議には通信環境と機器が必要

Zoomによるビデオ会議は、プラットフォームやデバイスの種類を問わず、パソコン、スマートフォン、タブレットのいずれでもほぼ同じように利用できます。また、ビデオ会議の快適性を大きく左右する通信環境も重要です。自宅に光回線などのブロードバンド回線が敷設されていれば、快適ですが、こうした回線がないときは、据置型のWi-Fiホームルーター、スマートフォンのテザリングなどが利用できます。ただし、通信料金には十分に留意する必要があります。

Zoom お役立ちコラム①

インターネットが遅いときは無線LANアクセスポイントの買い換えを検討してみよう

Zoomはインターネットに接続して利用するため、インターネット回線によって、ビデオ会議の快適さが左右されますが、光回線などを利用していても無線LAN（Wi-Fi）で接続していると、十分な通信速度が得られないことがあります。これは無線LANアクセスポイントが対応する規格が古く、光回線のパフォーマンスが活かせていないことが考えられます。7～8年前までの無線LAN製品は、「IEEE 802.11n」という規格に対応していましたが、現在は「IEEE 802.11ac」や「IEEE 802.11ax（Wi-Fi 6）」といった新しい規格に対応した製品が主流で、パソコンもスマートフォンもこれらの規格に対応しています。しかも新しい規格では、複数の端末が同時に利用してもパフォーマンスが低下しにくいなどの特長があります。より快適にビデオ会議をしたいときは、自宅などで利用している古い無線LANアクセスポイントを新しい製品に買い換えることも検討しましょう。

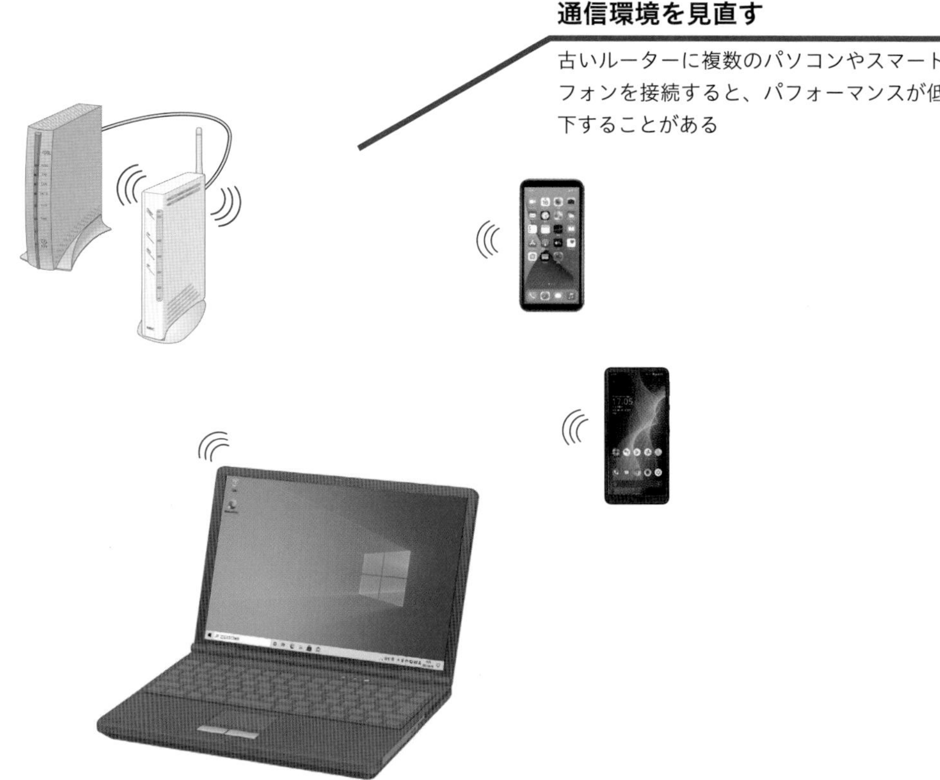

通信環境を見直す

古いルーターに複数のパソコンやスマートフォンを接続すると、パフォーマンスが低下することがある

第2章 Zoomを使えるようにしよう

ビデオ会議をはじめる前に、まずはZoomを使えるようにします。パソコンやスマートフォンにアプリをインストールしたり、Webブラウザーで利用できるように設定します。

●この章の内容

❻ Zoomの初期設定について知ろう……26
❼ 家庭用のパソコンに仕事用のアカウントを追加するには……28
❽ Zoomをパソコンで使えるようにするには……32
❾ ZoomをiPhoneで使えるようにするには……36
❿ ZoomをAndroidスマートフォンで使えるようにするには……40
⓫ ZoomをiPadで使えるようにするには……44
⓬ ZoomをMacで使えるようにするには……48
⓭ ZoomをChromebookで使えるようにするには……54
⓮ ZoomをWebブラウザーで利用するには……58
⓯ Zoomの通知設定を変更するには……60
⓰ ビデオ会議中に着信しないようにするには……64

レッスン 6 Zoomの初期設定について知ろう

デバイスごとの初期設定

Zoomを利用するには、それぞれの機器にアプリをインストールして、初期設定をする必要があります。各機器に初期設定をすることについて、確認しましょう。

Windowsパソコン（タブレット）やMacでの準備

WindowsパソコンやMacでZoomを使えるようにするには、2つの方法があります。ひとつは［Zoom］アプリをインストールする方法、もうひとつはWebブラウザーでZoomを利用する方法です。これはWindowsでもMacでも同じです。ChromebookはPWA（プログレッシブ ウェブアプリ）と呼ばれる仕組みのアプリを利用します。また、Windowsパソコンが家族と共用しているときは、プライベート用とは別に、新たに仕事用のMicrosoftアカウントを作成したうえで、準備を進めましょう。

●Windowsパソコン（タブレット）での準備

① Microsoftアカウントを新規で作成する（推奨）
→レッスン❼の29ページのHINT!

② 仕事用のMicrosoftアカウントを設定する（推奨）
→レッスン❼

③ ［Zoom］アプリをインストールする
→レッスン❽

③ WebブラウザーでZoomを利用する準備をする
→レッスン⓮

●MacやChromebookでの準備

① ［Zoom］アプリをインストールする
→レッスン⓬（Mac）
→レッスン⓭（Chromebook）

① WebブラウザーでZoomを利用する準備をする
→レッスン⓮

キーワード

Microsoftアカウント	p.196
Webブラウザー	p.196
アプリ	p.196
インストール	p.197

HINT!

パソコンとスマートフォンのどちらを使えばいいの？

Zoomでビデオ会議をするだけなら、パソコンでもスマートフォンでも同じように利用できますが、スマートフォンはスマートフォン用ホルダーや三脚に固定しないと、使いにくかったり、文書を共有するときなどに少し操作が煩雑になる面もあります。本書では基本的にWindowsパソコンで操作することを前提に説明しますが、画面の遷移などが大きく違うときは、スマートフォンなどの画面や操作も合わせて解説します。

スマートフォンやタブレットでの準備

スマートフォンやタブレットでZoomを使えるようにするには、それぞれの機器に［Zoom］アプリをインストールします。パソコンと違い、Webブラウザーでの利用はできないので、注意が必要です。必要に応じて、アプリの通知の設定も確認します。ビデオ会議中に電話の着信などで中断されないように、一時的な着信拒否の設定もしておきましょう。

●スマートフォンやタブレットでの準備

❶［Zoom］アプリをインストールする
→レッスン❾（iPhone）
→レッスン❿（Androidスマートフォン）
→レッスン⓫（iPad）

❷ アプリの通知設定を変更する
→レッスン⓯

❸ 着信拒否の設定をする
→レッスン⓰

複数のデバイスで利用できる

Zoomは必ずしもひとつのデバイスでしか利用できないわけではありません。Windowsパソコン、スマートフォン、タブレットのそれぞれで初期設定を済ませておき、状況に応じて、利用する端末を使い分けたり、同時に複数の端末を使うこともできます。たとえば、普段のテレワークではWindowsパソコンを使い、ちょっとした打ち合わせなどはスマートフォンやタブレットを利用するといった使い分けができます。また、ビデオ会議中にスマートフォンをパソコンを切り替えながら使うこともできます。

HINT!

スマートフォンで利用するときは

スマートフォンでZoomを利用するとき、気をつけたいのがデータ通信量です。Zoomでビデオ会議を行なうと、映像や音声を一定時間、送受信するため、データ通信量がかなり増えます。自宅のブロードバンド回線にWi-Fiで接続しているときは特に問題ありませんが、外出時などにモバイルデータ通信で接続しているときは、注意が必要です。短時間の利用でも契約する料金プランのデータ通信量をたくさん消費してしまうので、事前にどれくらいのデータ通信量を契約しているか、残りのデータ通信量がどれくらいなのかを確認しておきましょう。

Point

デバイスごとに初期設定が必要

Zoomはパソコンやスマートフォン、タブレットなど、さまざまなデバイスで利用できますが、複数のデバイスを持っているときは、それぞれのデバイスで初期設定が必要です。自分がZoomを利用したいデバイスにアプリをインストールし、通知の設定などをしておきます。ひとつのデバイスだけで初期設定をしてもかまいませんが、万が一、何らかのトラブルで、一時的にデバイスが使えなくなると、ビデオ会議に参加できなくなるため、できれば、利用できる複数のデバイスで初期設定をしておくことをおすすめします。

レッスン 7

家庭のパソコンに仕事用のアカウントを追加するには

その他のユーザーをこのPCに追加

自宅などで利用中の個人のパソコンを仕事で使うときは、セキュリティのため、仕事用のアカウントを設定します。Windowsに新しいユーザーを追加しましょう。

アカウントを追加する

1 [Windowsの設定] 画面を表示する

ここではすでに取得しているMicrosoftアカウントを追加する

デスクトップを表示しておく

1 [スタート] をクリック

2 [設定] にマウスポインターを合わせる

3 [設定] をクリック

2 [アカウント] 画面を表示する

[Windowsの設定] 画面が表示された

1 ここをドラッグして下にスクロール

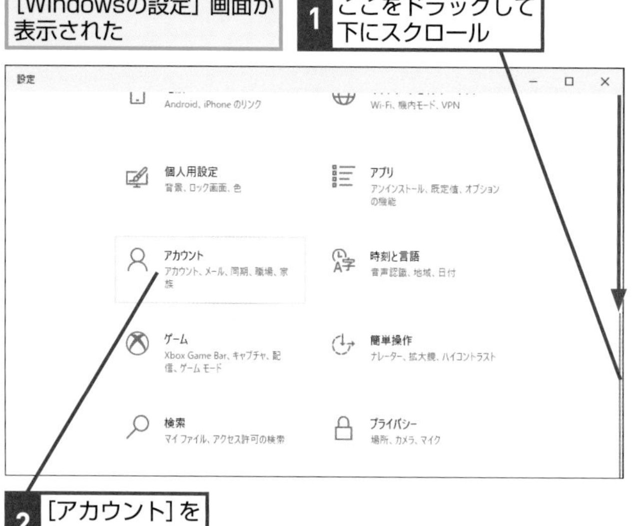

2 [アカウント] をクリック

キーワード

Microsoftアカウント	p.196
アカウント	p.196
アプリ	p.196

HINT!

どうしてアカウントを追加するの？

家庭で利用中のパソコンをそのまま仕事に使うこともできますが、仕事で扱う文書やデータなどを家族が見てしまったり、誤って外部に送信してしまうなどのリスクがあります。逆に、プライベートなデータを誤って、取引先などに公開してしまう可能性も考えられます。こうしたトラブルを未然に防ぐため、仕事のためのアカウントを追加し、プライベートなアカウントと使い分けるようにします。アカウントを分けると、データの保存先が完全に分離されるうえ、アプリのアカウントやデータ、ブラウザーで記憶したWebサイトのパスワードなど、ほとんどの情報がアカウントごとに別々に管理されるので安心です。

間違った場合は？

手順2で他の項目を選んでしまったときは、左上の［ホーム］や ← をクリックすると、手順2の画面に戻ります。もう一度、正しい項目をクリックしましょう。

3 アカウントの追加を開始する

[アカウント] 画面が表示された

1 [家族とその他のユーザー] をクリック

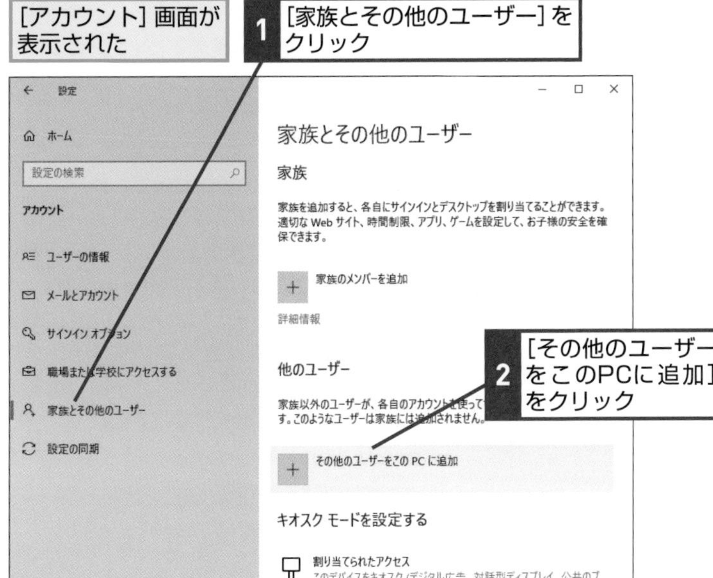

2 [その他のユーザーをこのPCに追加] をクリック

4 追加するアカウントのメールアドレスを入力する

Microsoftアカウントを取得していないときは、右のHINT!を参考に、取得しておく

1 メールアドレスを入力

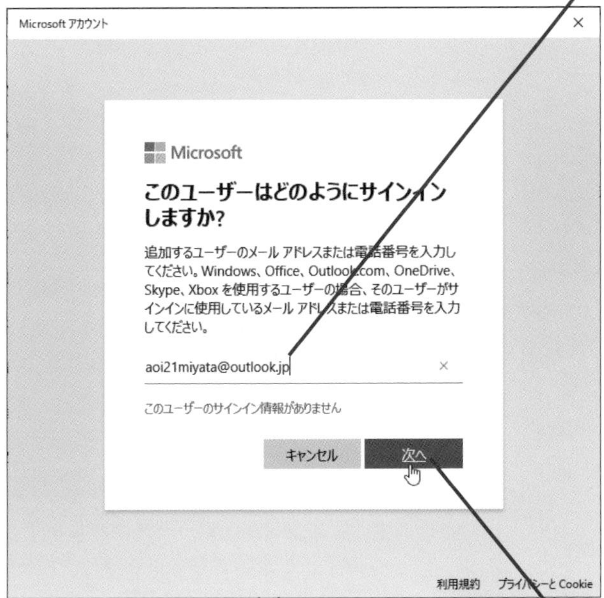

2 [次へ] をクリック

HINT! Microsoftアカウントを取得しておく

手順4ではメールアドレスを入力していますが、ここではMicrosoftアカウント以外のメールアドレスが追加できません。Microsoftアカウントを取得していないときは、以下の手順を参考に、Microsoftアカウントを取得し、手順4の画面に入力します。Microsoftアカウントは無料で取得することができます。

Microsoft Edgeで以下のURLのWebページを表示しておく

▼Microsoftアカウントの作成
https://account.microsoft.com/

1 [Microsoftアカウントの作成] をクリック

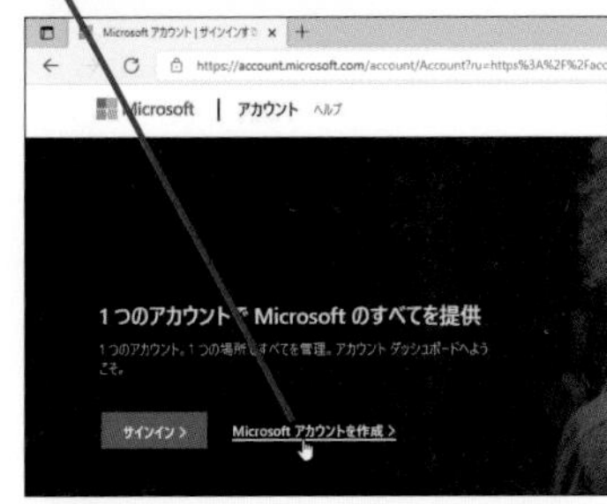

2 [新しいメールアドレスを取得] をクリック

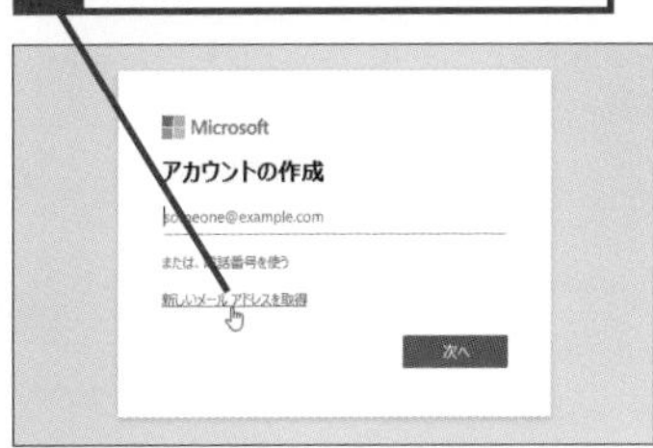

画面の指示にしたがってMicrosoftアカウントを取得しておく

次のページに続く

5 アカウントの追加を完了する

アカウントが追加された

1 ［完了］をクリック

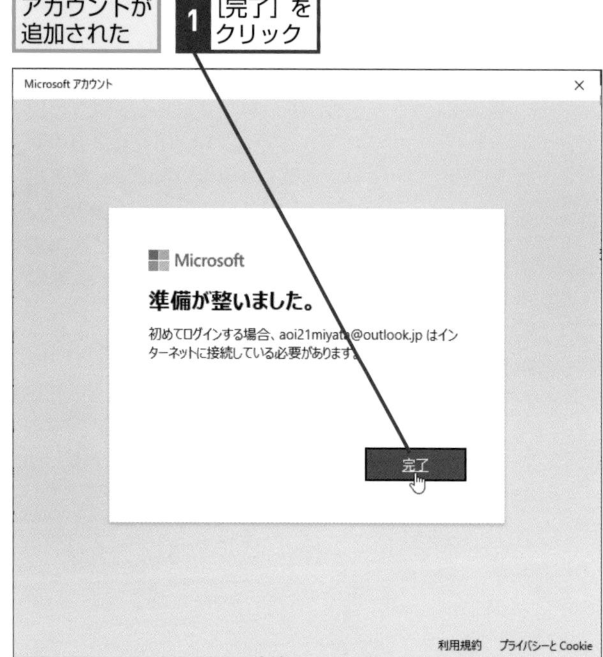

アカウントの種類を変更する

6 ［アカウントの種類の変更］画面を表示する

追加したアカウントが表示された

1 アカウント名をクリック

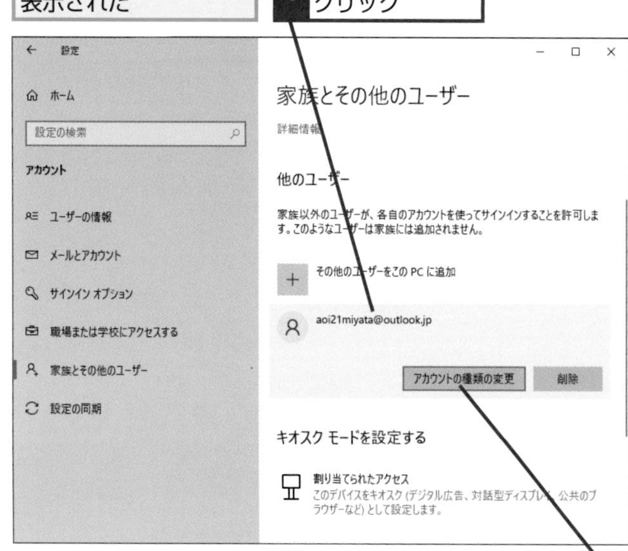

2 ［アカウントの種類の変更］をクリック

HINT! アカウントの種類って何？

手順6では［アカウントの種類の変更］を選び、手順7では［アカウントの種類］を［管理者］に変更しています。Windows 10/11ではアカウントの種類として、［管理者］と［標準ユーザー］を設定でき、操作できる機能や設定できる項目に違いがあります。［管理者］がパソコンのすべての機能を利用できるのに対し、［標準ユーザー］はセキュリティに関連する設定変更やアプリのインストールができないなど、一部の機能の利用が制限されています。

HINT! Macの場合はどうするの？

Macを利用しているときも同じように、アカウントを追加します。macOSではアカウントではなく、新たに［ユーザ］を追加します。詳しい手順は49ページの「テクニック」で解説します。

HINT! Chromebookの場合はどうするの？

ChromebookはGoogleアカウントを設定して利用しますが、プライベート用とは別に、仕事用のGoogleアカウントを追加して、使い分けることができます。Chromebookから、いったんログアウトとして、ログイン画面を表示し、［ユーザーを追加］を選んで、仕事用のGoogleアカウントを使って、ログインします。

間違った場合は？

［アカウントとデータを削除しますか？］と表示されたときは、手順6の操作を間違えています。［キャンセル］をクリックして、手順6から操作をやり直してください。

7 アカウントの種類を選択する

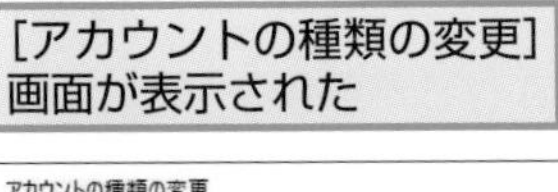

[アカウントの種類の変更]画面が表示された

1 [アカウントの種類]のここをクリック

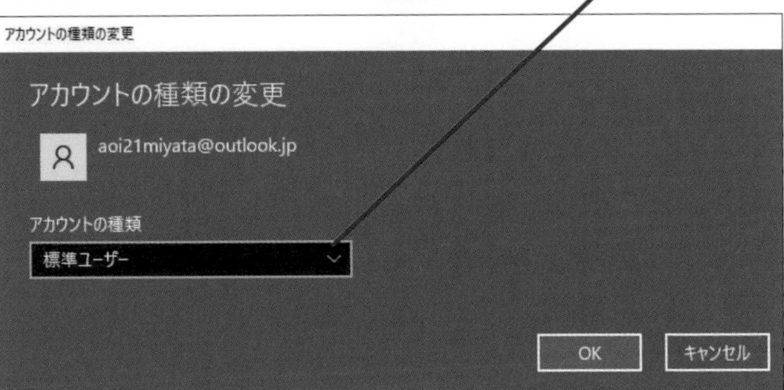

2 [管理者]をクリック

3 [OK]をクリック

8 アカウントの種類が変更された

[管理者]と表示された

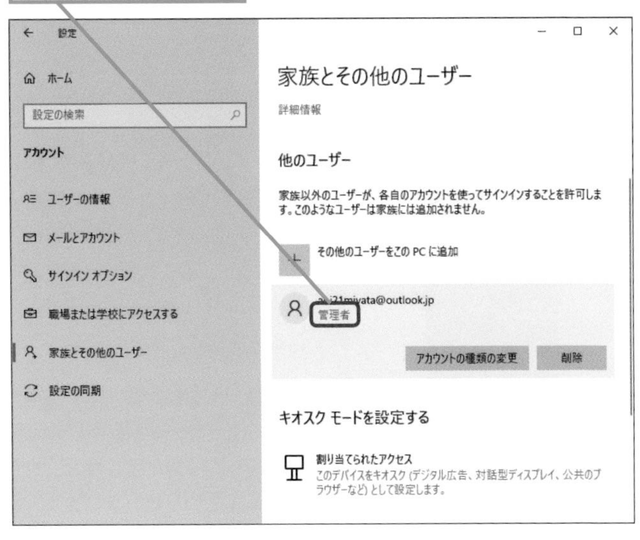

HINT!

新しいアカウントでサインインするには

Windowsにアカウントを追加すると、Windowsを起動したときのロック画面に、元から設定してあったアカウントのほかに、新たに設定したアカウントが表示されます。Zoomを利用するときは仕事用のアカウントを選び、Windowsにログインします。また、スタートメニューのアカウントアイコンから、別のアカウントを選択することで、再起動しなくてもアカウントを切り替えて、使いはじめることができます。

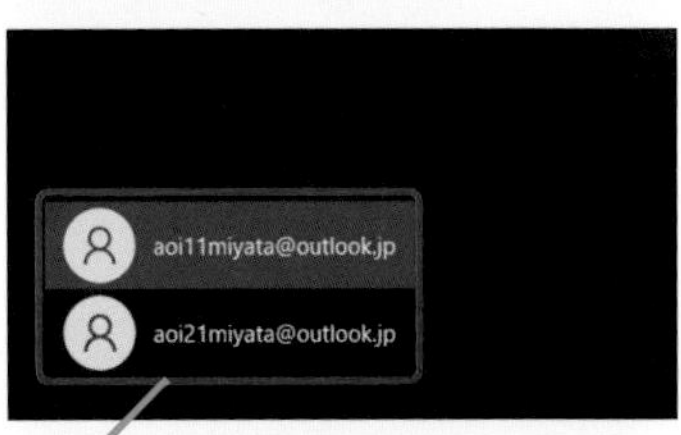

サインインするアカウントをクリックして選択する

Point

安全に使うためにアカウントを設定しよう

Zoomを仕事で使うために、必ずしも仕事用のパソコンを用意できるわけではありません。そこで、家庭で利用するパソコンを使うことになりますが、そのまま仕事用として使うと、仕事の文書やデータを家族が見てしまったり、誤った操作で外部に情報を公開したりするなどのリスクがあります。そこで、Windowsにアカウントを追加し、仕事用として、使うわけです。家庭用とアカウントを区別することで、セキュリティに配慮できるだけでなく、家族にも無用な負担をかけずにすみます。Zoomをプライベートのみで使うのであれば、アカウントを追加する必要はありません。

レッスン 8

Zoomをパソコンで使えるようにするには

WindowsでのZoomの準備

WindowsでZoomを使えるようにするには、Zoomアカウントを登録し、アプリをインストールする必要があります。Zoomを使う準備をしましょう。

1 Zoomの利用を開始する

仕事でパソコンを使うときは、レッスン❼を参考に、仕事用のMicrosoftアカウントでWindowsにサインインしておく

以下のURLのWebページをブラウザーで表示しておく

▼ZoomのWebページ
https://zoom.us

右上の［サインアップは無料です］からも登録できる

1 メールアドレスを入力

2 ［新規アカウント登録（無料）はこちら］をクリック

2 生年月日を入力する

「検証のために、誕生日を確認してください。」と表示された

Webページの構成が異なる場合、同様の手順で情報を入力してください

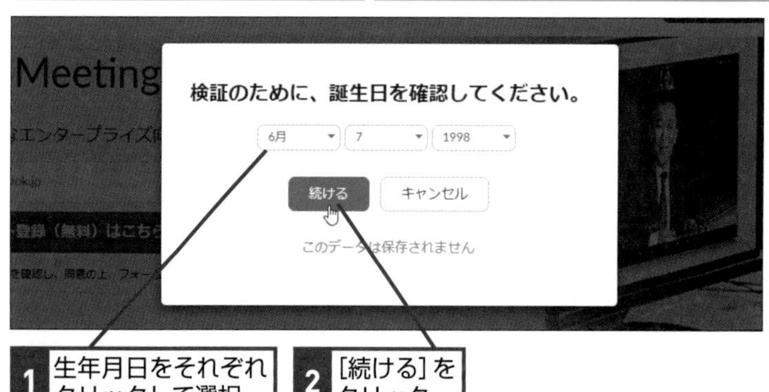

1 生年月日をそれぞれクリックして選択

2 ［続ける］をクリック

キーワード

アカウント	p.196
アプリ	p.196
テストミーティング	p.199
パーソナルミーティングURL	p.199
パスワード	p.199
マイク	p.200
メール	p.200

HINT!

普段、使っているメールアドレスで登録しよう

手順1ではZoomアカウントを登録するために、メールアドレス入力しています。ここで入力したメールアドレスは、今後、ビデオ会議に参加するときなどに使います。そのため、仕事などでZoomを使うときは、仕事で関係する人たちに周知されているメールアドレスを登録します。

HINT!

どうして誕生日を入力するの？

手順2では誕生日を入力していますが、これはZoomを利用できる年齢が16歳以上となっているためです。ユーザーが自ら申告し、利用に同意するために、誕生日を入力しています。

間違った場合は？

手順2や手順3で［キャンセル］をクリックしてしまうと、元の画面に戻ってしまいます。もう一度、手順2や手順3から操作をやり直しましょう。

③ メールアドレスを確認する

手順1で入力したメールアドレスが表示された

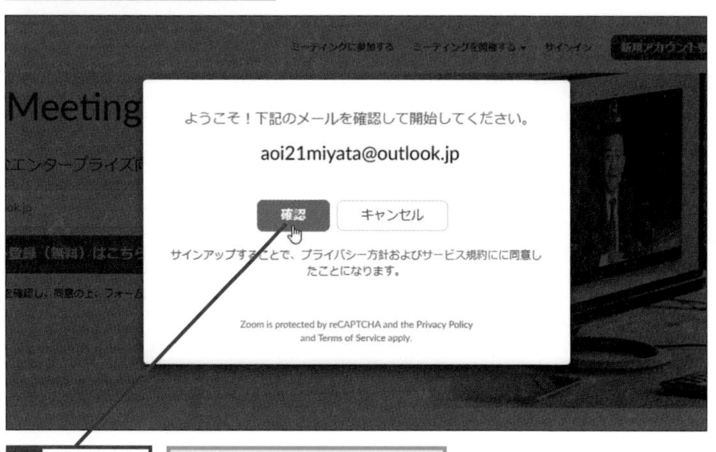

1 ［確認］をクリック

右のHINT!を参考に、画像認証をすませておく

④ Zoomアカウントを有効化する

手順1で入力したメールアドレスのメールを受信できるメールソフトやWebメールを表示しておく

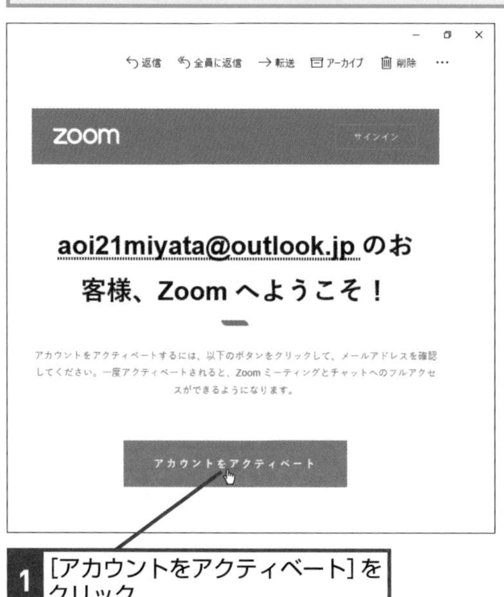

1 ［アカウントをアクティベート］をクリック

HINT!

アカウントをアクティベートって何？

手順4では［アカウントをアクティベート］をクリックしていますが、これは「アカウントを有効にする」という意味です。Zoomアカウントに登録したメールアドレス宛てに送られてきた確認メールから操作することで、そのメールアドレスが有効であることが確認されます。メールソフトの設定などにより、［アカウントをアクティベート］をクリックできないときは、その下に表示されているURLをコピーし、ブラウザーのアドレスの欄に入力します。

HINT!

画像認証を求められたときは

手順3の画面で［確認］をクリックした後、以下のような画像認証の画面が表示されることがあります。質問に該当するタイルをクリックして選択し、［次へ］をクリックして、手順を進めましょう。

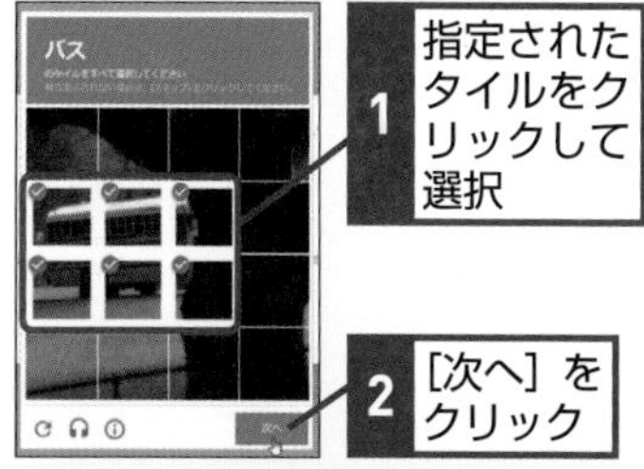

1 指定されたタイルをクリックして選択

2 ［次へ］をクリック

同様の手順で指定されたタイルをクリックして選択し、［確認］をクリックしておく

HINT!

確認メールが届かないときは

手順4でメールが届かないときは、手順3に続く画面で、［別のメールを再送信］をクリックして、もう一度、メールを送信しましょう。

次のページに続く

5 必要事項を入力する

ブラウザーの新しいタブでWebページが表示された

1 姓と名を入力

2 パスワードを2回入力

3 ここをドラッグして下にスクロール

4 「私はロボットではありません」のここをクリック

前のページのHINT!を参考に、画像認証を完了しておく

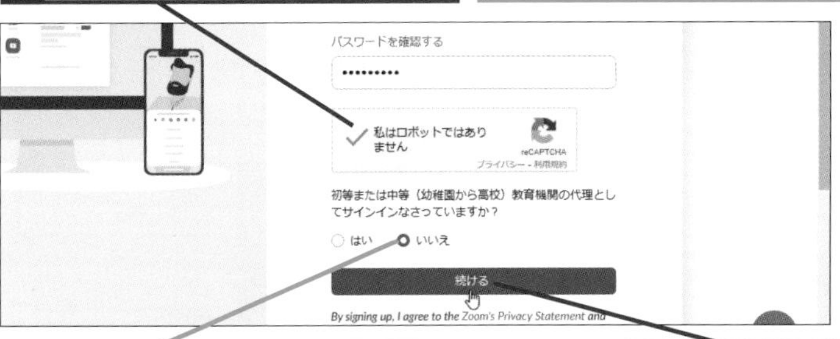

右のHINT!を参考に、教育機関の代理かどうかを選択しておく

5 ［続ける］をクリック

6 ユーザーの追加をスキップする

ここではユーザーを追加しない

1 下にスクロール

2 ［手順をスキップする］をクリック

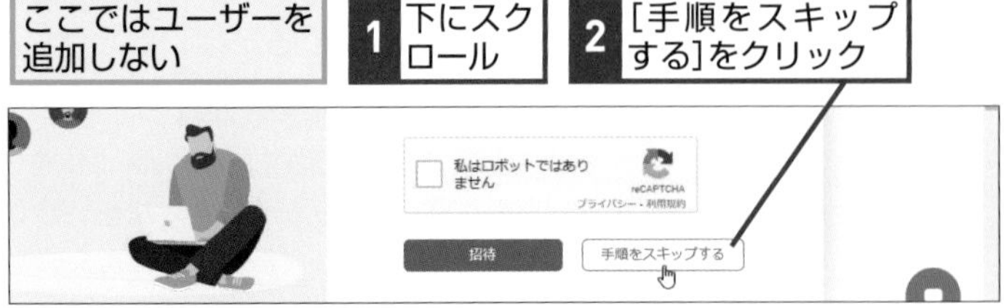

パスワードを保存するときは、右のHINT!を参考に［保存］をクリックしておく

HINT! 教育機関の代理って、どういう意味？

手順5の下の画面では、「教育機関の代理としてサインインなさっていますか？」と表示されています。これはZoomが教育機関向けのサービスを提供しているため、確認の画面が表示されています。ここでは「いいえ」を選択して、手順を進めます。

HINT! マイクを準備しておこう

Zoomアカウントを登録し、セットアップを進めていくと、マイクの音声チェックの画面が表示されます。パソコンにマイクが内蔵されていないときは、マイクを接続して、利用できるようにしておきましょう。

HINT! パスワードを保存するには

手順5の画面の後、パスワードを保存するかどうかを確認する画面が表示されます。［保存］をクリックすると、パスワードが保存され、次回以降、パスワードを入力しなくてもZoomのWebページにログインできるようになります。

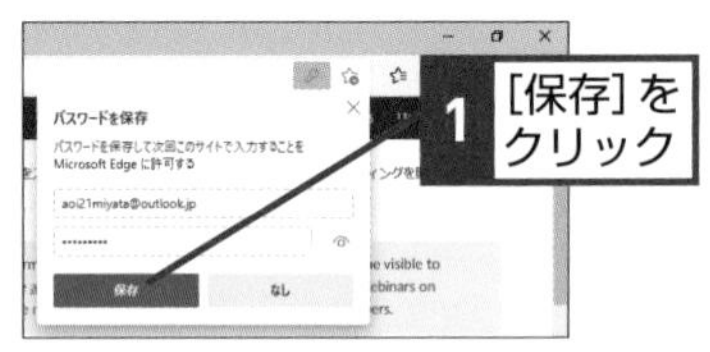

1 ［保存］をクリック

次回以降、パスワードを入力する必要がなくなる

間違った場合は？

手順5の画面で「パスワードが一致しません」と表示されたときは、2回、入力したパスワードが違っています。同じパスワードを2回、入力してください。

7 テストミーティングを開始する

このURLがテスト用のビデオ会議のURLとなる

1 [Zoomミーティングを今すぐ開始]をクリック

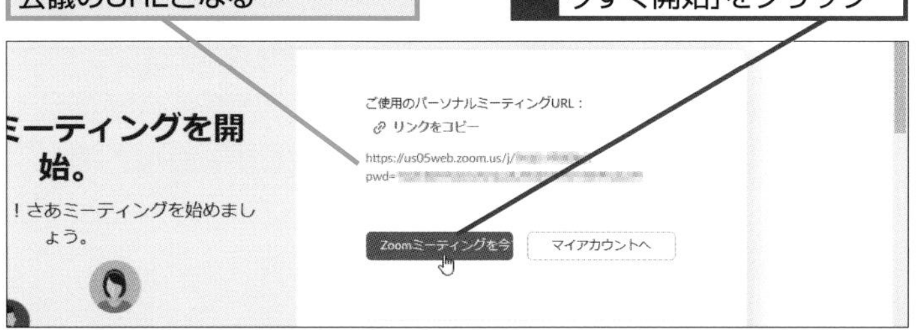

8 [Zoom] アプリをインストールする

自動的に [Zoom] アプリのダウンロードが開始する

1 [ファイルを開く] をクリック

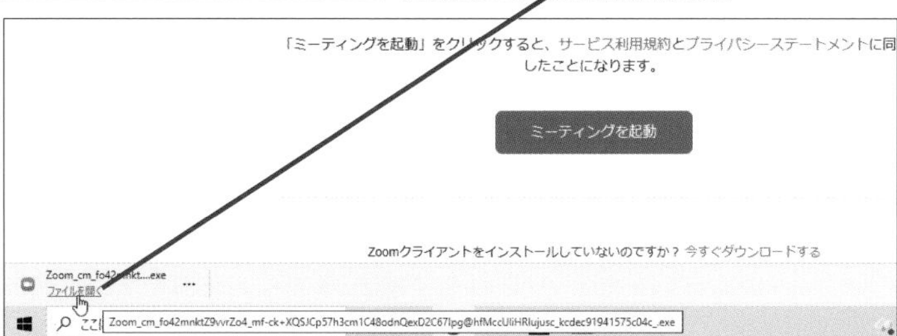

[ユーザーアカウント制御] ダイアログボックスが表示されたら、[はい] をクリックして閉じておく

自動的にダウンロードされない場合は、[今すぐダウンロード] または [Download Now] をクリックする

9 [Zoom] アプリがインストールされた

[Zoom] アプリが起動した

1 [コンピューターでオーディオに参加] をクリック

[Zoom] アプリの [ホーム] 画面が表示される

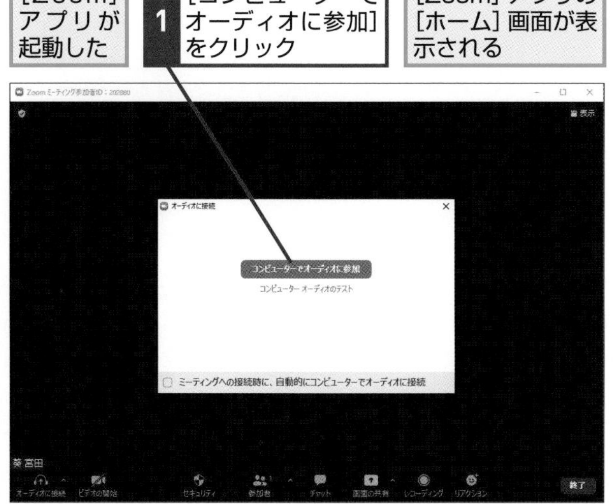

HINT! パーソナルミーティングURLって何？

手順7で表示されるパーソナルミーティングURLは、Zoomを使って会議を開催するときに使う自分専用のURLです。このURLをほかの人に伝えれば、いつでも自分の会議に参加してもらうことができます。長い文字列ですが、会議に招待するときは自動的に入力されるので、覚えたり、メモしておく必要はありません。

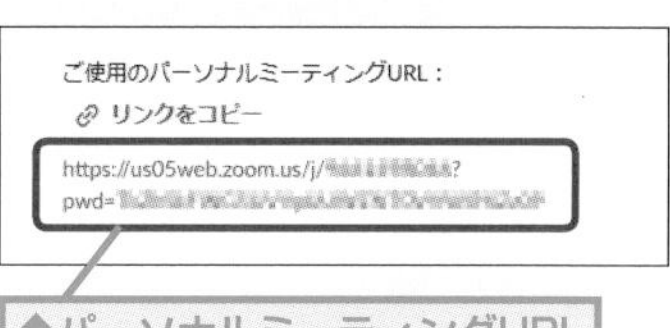

◆パーソナルミーティングURL

HINT! テストミーティングって何？

手順7で表示されるテストミーティングは、マイクやカメラを使って、ミーティングができるかどうかを試すためのテスト接続です。ミーティングの参加者は自分ひとりだけなので、気兼ねなく、カメラやマイクのテストをしてみましょう。

Point アカウントを登録して、アプリをインストール

Zoomをパソコンで使えるようにするには、ZoomのWebページを表示して、Zoomを利用するためのアカウントを登録します。Zoomアカウントはメールアドレスを利用し、確認のためのメールを受信してから、登録に進みます。登録が完了すると、アプリがダウンロードされ、インストールがはじまります。テストミーティングではマイクやカメラの動作が確認できるので、実際にアプリを起動して、試してみましょう。

レッスン 9

ZoomをiPhoneで使えるようにするには

iPhoneでのZoomの準備

iPhoneでZoomを使えるようにするには、［App Store］から［ZOOM Cloud Meetings］のアプリをインストールし、Zoomアカウントを登録します。

1 Zoomの利用を開始する

右のHINT!を参考に、［App Store］アプリで［ZOOM Cloud Meetings］アプリをインストールしておく

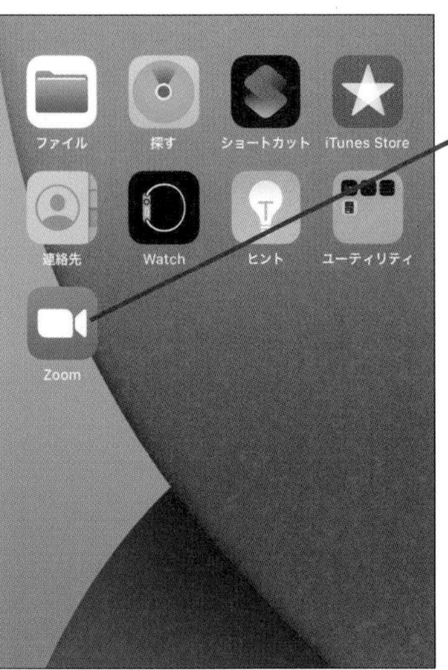

1 ［Zoom］をタップ

［ZOOM Cloud Meetings］アプリが起動した

ミーティングを開始

外出時にビデオ会議を開始またはビデオ会議に参加

ミーティングに参加

サイン アップ　サイン イン

2 ［サインアップ］をタップ

キーワード

アカウント	p.196
アプリ	p.196
インストール	p.197
パーソナルミーティングURL	p.199
メール	p.200

HINT!

［ZOOM Cloud Meetings］アプリをインストールするには？

iPhoneでZoomを利用するには、［App Store］のアプリを起動し、画面右下の［検索］をタップします。［検索］の画面で、「Zoom」と入力して検索し、［ZOOM Cloud Meetings］を選んで、［入手］をタップします。名前が似たアプリもいくつか掲載されているので、間違えないように注意しましょう。

［App Store］アプリを起動して、「Zoom」でアプリを検索しておく

1 ［入手］をタップ

画面の指示にしたがってインストールする

間違った場合は？

手順1の下の画面で、［ミーティングに参加］をタップすると、「ミーティングに参加」画面が表示されてしまいます。［キャンセル］をタップして、手順1の画面から操作し直しましょう。

❷ 生年月日を入力する

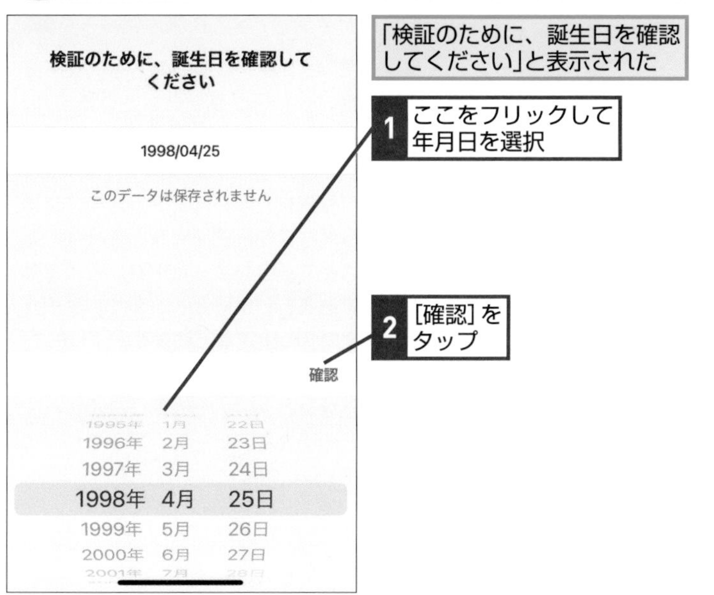

❸ メールアドレスと名前を入力する

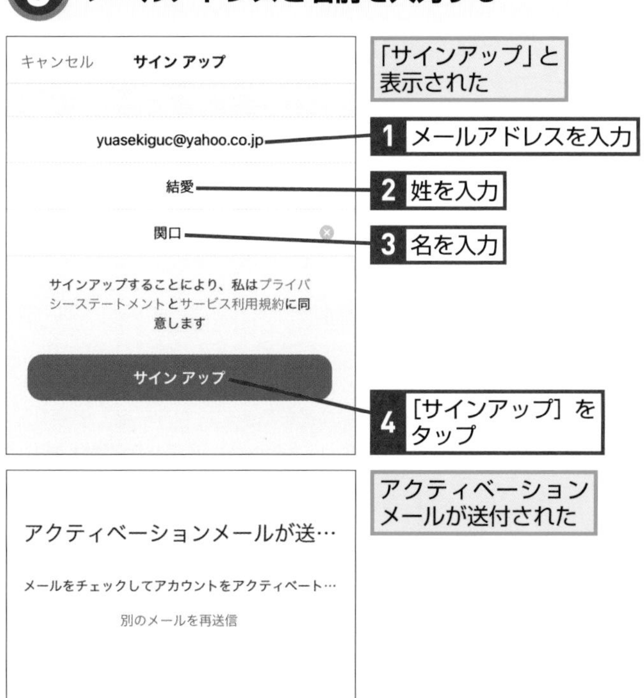

HINT! どうして誕生日を入力するの？

手順2では誕生日を入力していますが、これはZoomを利用できる年齢が16歳以上となっているためです。ユーザーが自ら申告し、利用に同意するために、誕生日を入力しています。

HINT! すでにZoomアカウントを作成済みのときは？

WindowsやAndroidスマートフォンなど、他の端末ですでにZoomアカウントにサインアップ済みのときは、手順1の下の画面で［サインイン］をタップします。Zoomアカウントに登録したメールアドレスとパスワードを入力すれば、iPhoneでZoomを使う準備が整います。

HINT! Zoomからのメールを受信できることを確認

手順3で［サインアップ］をタップすると、入力したメールアドレス宛てに、確認メールが届きます。ここではサインアップするメールアドレスにYahoo!メールを利用しましたが、各携帯電話会社が提供するメールサービスのメールアドレスなどを利用するときは、「no-replay@zoom.us」からのメールを受信できるように、迷惑メールフィルターを設定しておきましょう。

次のページに続く

4 Zoomアカウントを有効化する

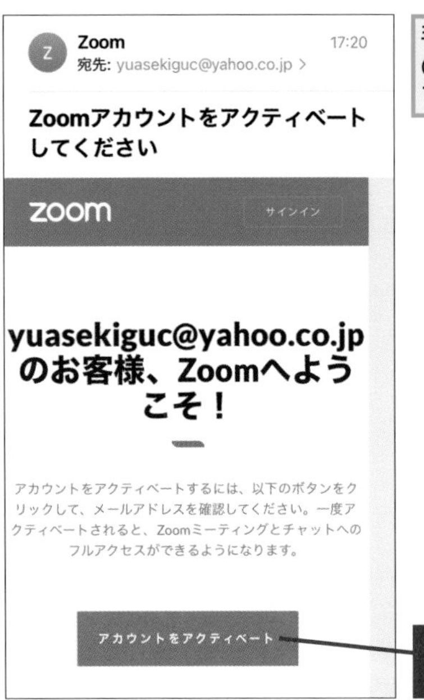

手順3で入力したメールアドレスのメールを受信できるメールアプリを起動しておく

1 [アカウントをアクティベート]をタップ

5 氏名とパスワードを入力する

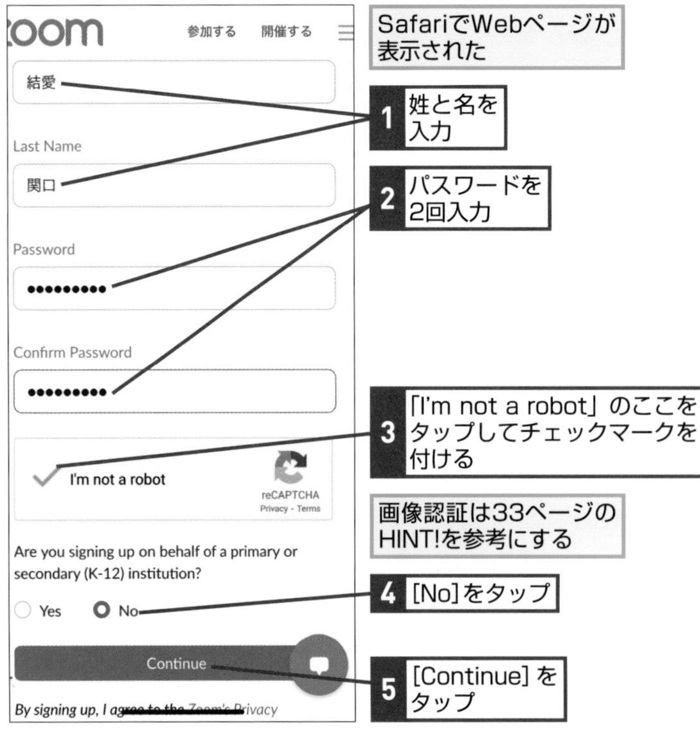

SafariでWebページが表示された

1 姓と名を入力

2 パスワードを2回入力

3 「I'm not a robot」のここをタップしてチェックマークを付ける

画像認証は33ページのHINT!を参考にする

4 [No]をタップ

5 [Continue]をタップ

HINT! アカウントをアクティベートって何？

手順4では［アカウントをアクティベート］をクリックしていますが、これは「アカウントを有効にする」という意味です。Zoomアカウントに登録したメールアドレス宛てに送られてきた確認メールから操作することで、そのメールアドレスが有効であることが確認されます。メールソフトの設定などにより、［アカウントをアクティベート］をクリックできないときは、その下に表示されているURLをコピーし、ブラウザーのアドレスの欄に入力します。

HINT! 確認メールが届かないときは？

手順4でメールが届かないときは、メールのアプリを起動し、迷惑メールフォルダーなどに振り分けられていないかを確認してみましょう。37ページのHINT!でも説明しているように、確認のメールは「no-replay@zoom.us」というメールアドレスから届きます。また、37ページの手順3の画面で、［別のメールを再送信］をタップすると、もう一度、メールが送信されます。それでも届かないときは、迷惑メールフィルターの設定などを見直し、もう一度、手順1に戻り、［Zoom］アプリを起動し直したうえで、手順を進めてみましょう。

間違った場合は？

手順5で［Continue］をクリックしても次の画面に進まないときは、入力したパスワードが条件に合致してない可能性があります。画面に表示されている文字数や文字種の条件に合うように、パスワードを設定してください。

❻ ユーザーの追加をスキップする

ここではユーザーを追加しない

1 ［手順をスキップする］をタップ

❼ テストミーティングを開始する

このURLがテスト用のビデオ会議のURLとなる

1 ［Zoomミーティングを今すぐ開始］をタップ

HINT! パーソナルミーティングURLって何？

手順7で表示されるパーソナルミーティングURLは、Zoomを使って会議を開催するときに使う自分専用のURLです。このURLをほかの人に伝えれば、いつでも自分の会議に参加してもらうことができます。長い文字列ですが、会議に招待するときは自動的に入力されるので、覚えたり、メモしておく必要はありません。

◆パーソナルミーティングURL

HINT! 教育機関の代理って、どういう意味？

手順5の画面では、「Are you signing up on behalf ～」の問いに対し、［No］を選んでいます。これはZoomが教育機関向けのサービスを提供しているため、確認の画面が表示されています。ここでは「No」を選択して、手順を進めます。

Point iPhoneのZoomはアプリのインストールから

iPhoneでZoomを使えるようにするには、［App Store］から［ZOOM Cloud Meetings］をインストールします。アプリを起動し、設定を進めていくと、Zoomアカウントを作成します。Zoomアカウントの確認メールを受信できないときは、迷惑メールフィルター設定などを確認します。テストミーティングではマイクやカメラの動作が確認できるので、実際にアプリを起動して、試してみましょう。

レッスン 10

ZoomをAndroidスマートフォンで使えるようにするには

Androidスマートフォンでの Zoomの準備

AndroidスマートフォンでZoomを使えるようにするには、[ZOOM Cloud Meetings]のアプリをインストールし、Zoomアカウントを登録します。

1 Zoomの利用を開始する

右のHINT!を参考に、[Google Playストア]アプリで[ZOOM Cloud Meetings]アプリをインストールしておく

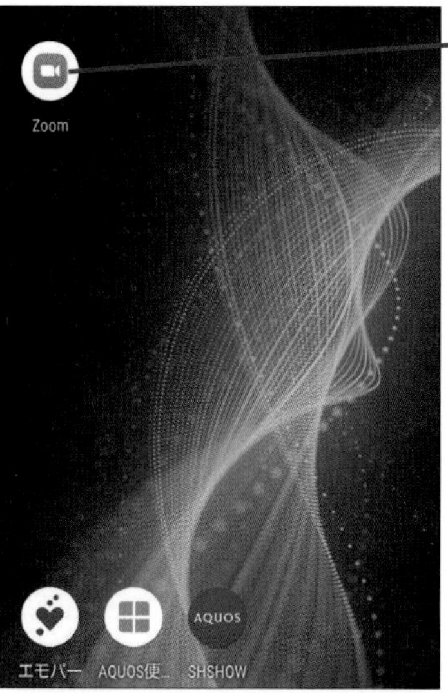

1 [Zoom]をタップ

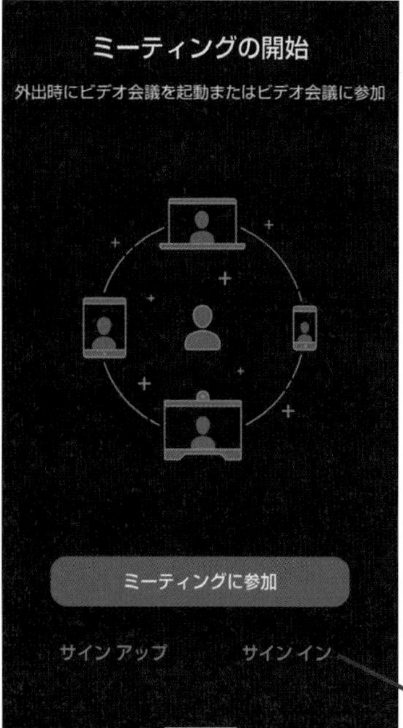

[ZOOM Cloud Meetings]アプリが起動した

2 [サインアップ]をタップ

キーワード

アカウント	p.196
アプリ	p.196
インストール	p.197
パーソナルミーティングURL	p.199
メール	p.200

HINT!

[ZOOM Cloud Meetings]アプリをインストールするには?

Androidスマートフォンで Zoomを利用するには、[Google Playストア]のアプリを起動し、画面最上段の検索ボックスに「Zoom」と入力して検索します。検索結果から[ZOOM Cloud Meetings]を選んで、[インストール]をタップします。名前が似たアプリもいくつか掲載されているので、間違えないように注意しましょう。

[Playストア]アプリを起動して、「Zoom」でアプリを検索しておく

1 [インストール]をタップ

画面の指示にしたがってインストールする

間違った場合は?

手順1の下の画面で、[ミーティングに参加]をタップすると、「ミーティングに参加」画面が表示されてしまいます。画面左上の[<]をタップして、手順1の画面から操作し直しましょう。

第2章 Zoomを使えるようにしよう

❷ 生年月日を入力する

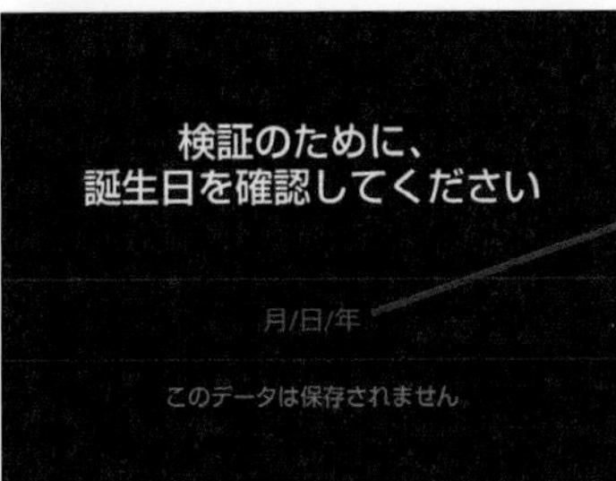

「検証のために、誕生日を確認してください」と表示された

1 [月/日/年] をタップ

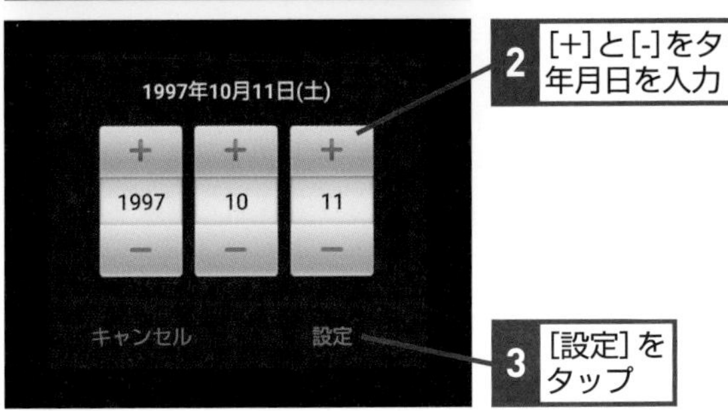

2 [+]と[-]をタップして年月日を入力

3 [設定] をタップ

❸ メールアドレスと名前を入力する

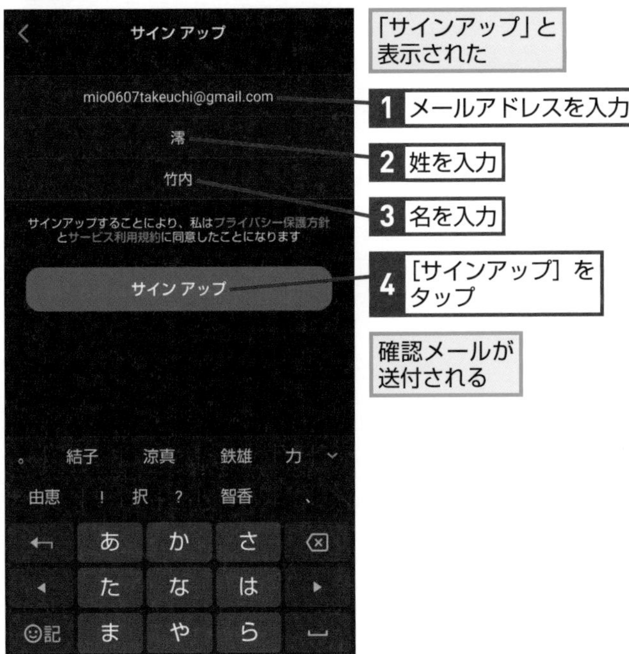

「サインアップ」と表示された

1 メールアドレスを入力

2 姓を入力

3 名を入力

4 [サインアップ] をタップ

確認メールが送付される

HINT! どうして誕生日を入力するの？

手順2では誕生日を入力していますが、これはZoomを利用できる年齢が16歳以上となっているためです。ユーザーが自ら申告し、利用に同意するために、誕生日を入力しています。

HINT! すでにZoomアカウントを作成済みのときは？

Windowsパソコンなど、他の端末ですでにZoomアカウントにサインアップ済みのときは、手順1の下の画面で[サインイン]をタップします。Zoomアカウントに登録したメールアドレスとパスワードを入力すれば、AndroidスマートフォンでZoomを使う準備が整います。

HINT! Zoomからのメールを受信できることを確認

手順3で［サインアップ］をタップすると、入力したメールアドレス宛てに、確認メールが届きます。ここではサインアップするメールアドレスにGmailを利用しましたが、各携帯電話会社が提供するメールサービスのメールアドレスなどを利用するときは、「no-replay@zoom.us」からのメールを受信できるように、迷惑メールフィルターを設定しておきましょう。

次のページに続く

4 Zoomアカウントを有効化する

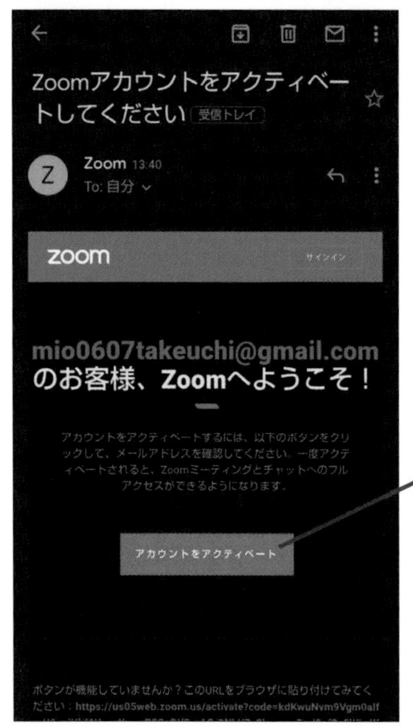

5 氏名とパスワードを入力する

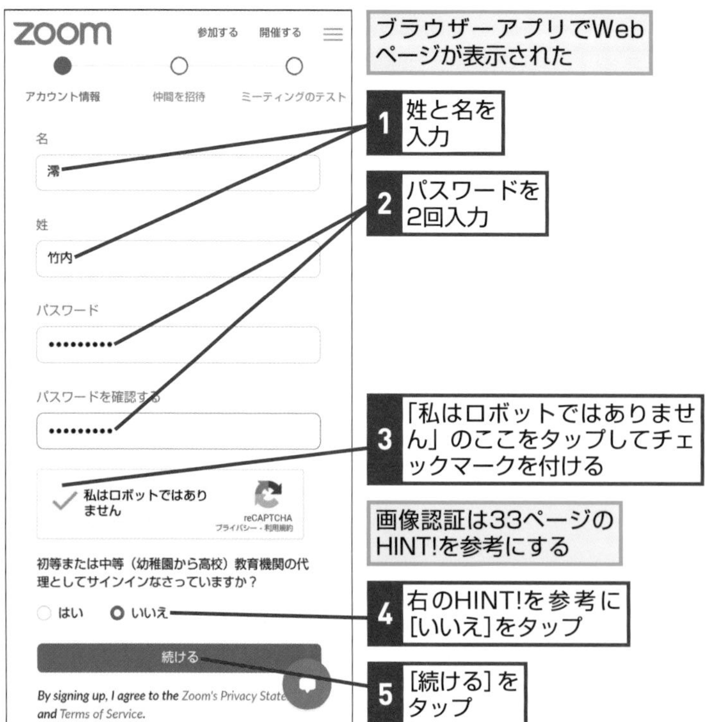

HINT! アカウントをアクティベートって何？

手順4では［アカウントをアクティベート］をクリックしていますが、これは「アカウントを有効にする」という意味です。Zoomアカウントに登録したメールアドレス宛てに送られてきた確認メールから操作することで、そのメールアドレスが有効であることが確認されます。メールソフトの設定などにより、［アカウントをアクティベート］をクリックできないときは、その下に表示されているURLをコピーし、ブラウザーのアドレスの欄に入力します。

HINT! 教育機関の代理って、どういう意味？

手順5の下の画面では、「教育機関の代理としてサインインなさっていますか？」と表示されています。これはZoomが教育機関向けのサービスを提供しているため、確認の画面が表示されています。ここでは「いいえ」を選択して、手順を進めます。

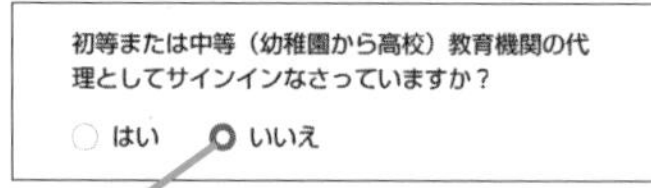

学校の代表者として登録しない場合は、［いいえ］が選択されたままにしておく

間違った場合は？

手順5で［続ける］をクリックしても次の画面に進まないときは、入力したパスワードが条件に合致してない可能性があります。画面に表示されている文字数や文字種の条件に合うように、パスワードを設定してください。

6 ユーザーの追加をスキップする

ここではユーザーを追加しない

1 [手順をスキップする]をタップ

7 テストミーティングを開始する

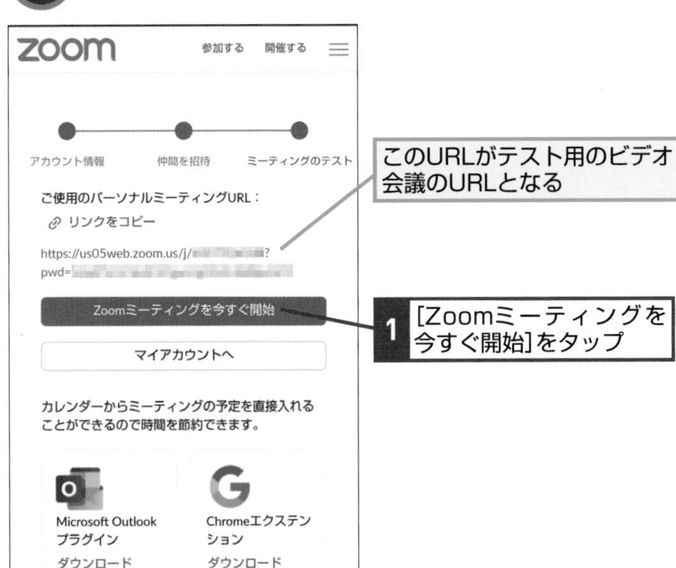

このURLがテスト用のビデオ会議のURLとなる

1 [Zoomミーティングを今すぐ開始]をタップ

HINT!

パーソナルミーティングURLって何？

手順7で表示されるパーソナルミーティングURLは、Zoomを使って会議を開催するときに使う自分専用のURLです。このURLをほかの人に伝えれば、いつでも自分の会議に参加してもらうことができます。長い文字列ですが、会議に招待するときは自動的に入力されるので、覚えたり、メモしておく必要はありません。

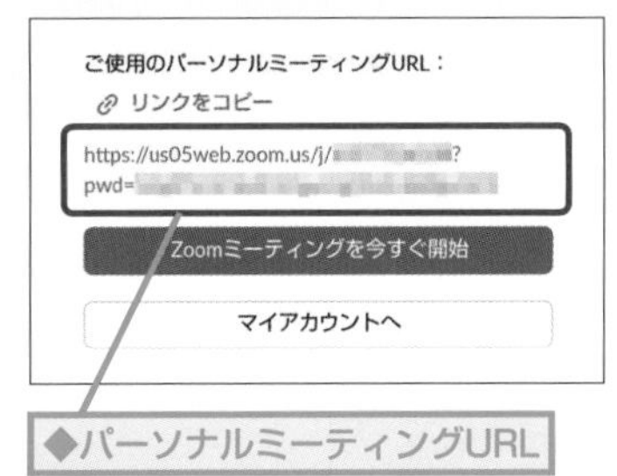

◆パーソナルミーティングURL

Point

Zoomのアプリをインストールして設定

Androidスマートフォンでzoomを使えるようにするには、[Google Play ストア] から [ZOOM Cloud Meetings] をインストールします。アプリを起動し、設定を進めると、Zoomアカウントを作成します。Zoomアカウントの確認メールを受信できないときは、迷惑メールフィルターの設定などを確認します。テストミーティングではマイクやカメラの動作が確認できるので、実際にアプリを起動して、試してみましょう。

ZoomをiPadで使えるようにするには

iPadでのZoomの準備

iPadでZoomを使えるようにするには、[App Store] から [ZOOM Cloud Meetings] のアプリをインストールし、Zoomアカウントを登録します。

1 Zoomの利用を開始する

右のHINT!を参考に、[App Store] アプリで [ZOOM Cloud Meetings]アプリをインストールしておく

1 [Zoom] をタップ

[ZOOM Cloud Meetings] アプリが起動した

2 [サインアップ] をタップ

キーワード

アカウント	p.196
アプリ	p.196
インストール	p.197
パーソナルミーティングURL	p.199
メール	p.200

HINT!

[ZOOM Cloud Meetings] アプリをインストールするには？

iPhoneでZoomを利用するには、[App Store] のアプリを起動し、画面右下の[検索]をタップします。[検索] の画面で、「Zoom」と入力して検索し、[ZOOM Cloud Meetings] を選んで、[入手] をタップします。名前が似たアプリもいくつか掲載されているので、間違えないように注意しましょう。

[App Store] アプリを起動して、「Zoom」でアプリを検索しておく

1 [入手]をタップ

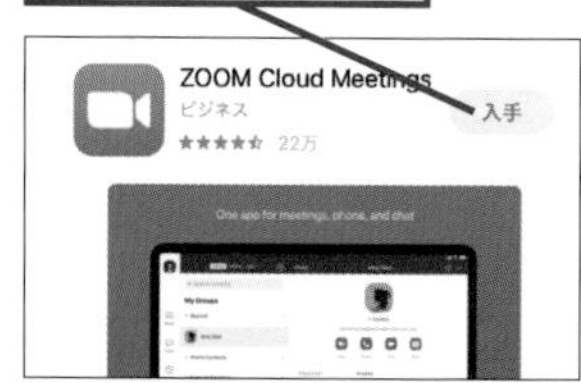

画面の指示にしたがってインストールする

間違った場合は？

手順1の下の画面で、[ミーティングに参加] をタップすると、「ミーティングに参加」画面が表示されてしまいます。[キャンセル] をタップして、手順1の画面から操作し直しましょう。

2 生年月日を入力する

「検証のために、誕生日を確認してください」と表示された

1 ここをフリックして年月日を選択

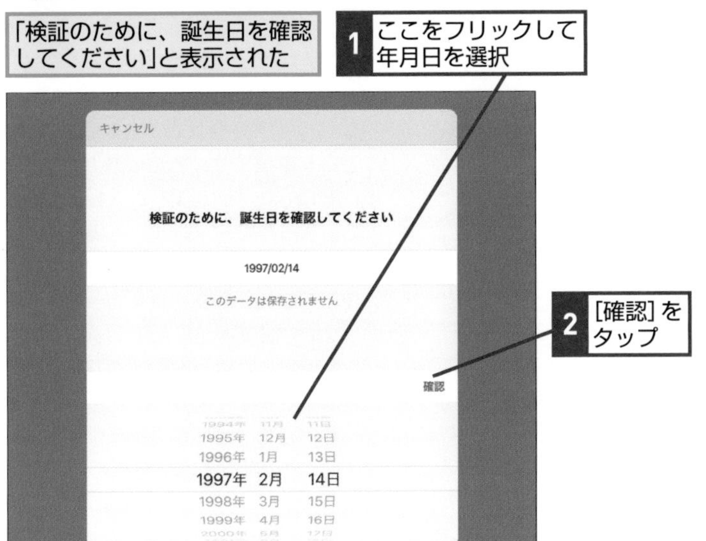

2 [確認]をタップ

3 メールアドレスと名前を入力する

「サインアップ」と表示された

1 メールアドレスを入力

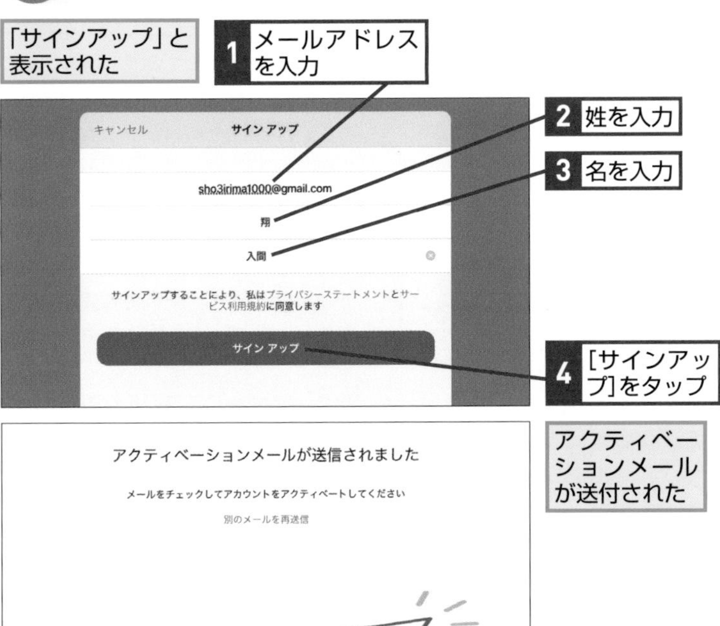

2 姓を入力

3 名を入力

4 [サインアップ]をタップ

アクティベーションメールが送付された

HINT! どうして誕生日を入力するの？

手順2では誕生日を入力していますが、これはZoomを利用できる年齢が16歳以上となっているためです。ユーザーが自ら申告し、利用に同意するために、誕生日を入力しています。

HINT! すでにZoomアカウントを作成済みのときは？

WindowsやAndroidスマートフォンなど、他の端末ですでにZoomアカウントにサインアップ済みのときは、手順1の下の画面で［サインイン］をタップします。Zoomアカウントに登録したメールアドレスとパスワードを入力すれば、iPhoneでZoomを使う準備が整います。

HINT! Zoomからのメールを受信できることを確認

手順3で［サインアップ］をタップすると、入力したメールアドレス宛てに、確認メールが届きます。ここではサインアップするメールアドレスにGmailを利用しましたが、各携帯電話会社が提供するメールサービスのメールアドレスなどを利用するときは、「no-replay@zoom.us」からのメールを受信できるように、迷惑メールフィルターを設定しておきましょう。

次のページに続く

4 Zoomアカウントを有効化する

手順3で入力したメールアドレスのメールを受信できるメールアプリを起動しておく

zoom
サインイン
sho3irima1000@gmail.comのお客様、Zoomへようこそ！
アカウントをアクティベートするには、以下のボタンをクリックして、メールアドレスを確認してください。一度アクティベートされると、Zoomミーティングとチャットへのフルアクセスができるようになります。
アカウントをアクティベート

1 ［アカウントをアクティベート］をタップ

5 氏名とパスワードを入力する

SafariでWebページが表示された

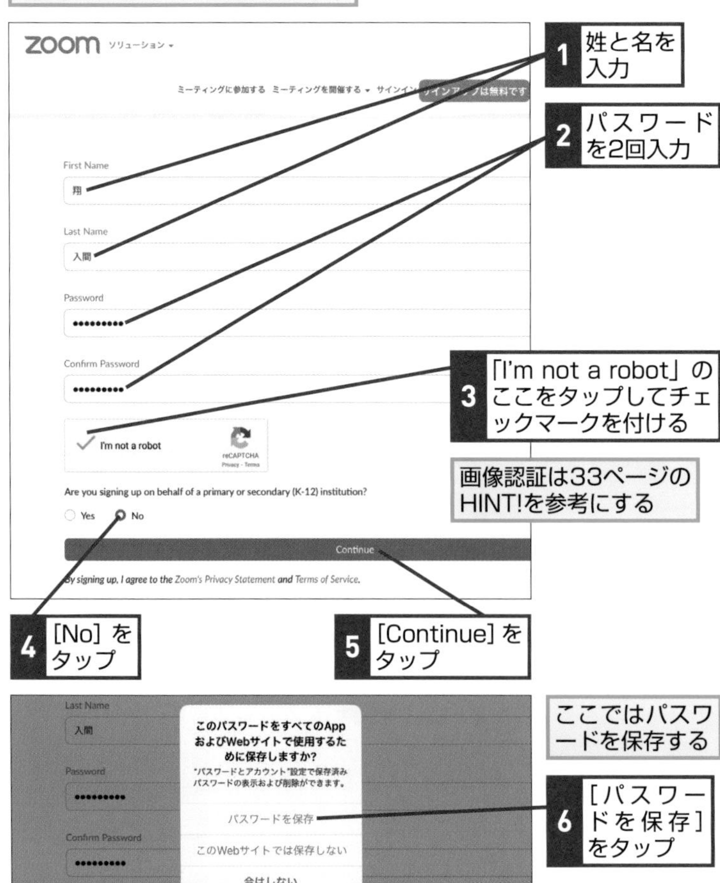

1 姓と名を入力

2 パスワードを2回入力

3 「I'm not a robot」のここをタップしてチェックマークを付ける

画像認証は33ページのHINT!を参考にする

4 ［No］をタップ

5 ［Continue］をタップ

ここではパスワードを保存する

6 ［パスワードを保存］をタップ

HINT! アカウントをアクティベートって何？

手順4では［アカウントをアクティベート］をクリックしていますが、これは「アカウントを有効にする」という意味です。Zoomアカウントに登録したメールアドレス宛てに送られてきた確認メールから操作することで、そのメールアドレスが有効であることが確認されます。メールソフトの設定などにより、［アカウントをアクティベート］をクリックできないときは、その下に表示されているURLをコピーし、ブラウザーのアドレスの欄に入力します。

HINT! 確認メールが届かないときは？

手順4でメールが届かないときは、メールのアプリを起動し、迷惑メールフォルダーなどに振り分けられていないかを確認してみましょう。45ページのHINT!でも説明しているように、確認のメールは「no-replay@zoom.us」というメールアドレスから届きます。また、45ページの手順3の画面で、［別のメールを再送信］をタップすると、もう一度、メールが送信されます。それでも届かないときは、迷惑メールフィルターの設定などを見直し、もう一度、手順1に戻り、［Zoom］アプリを起動し直したうえで、手順を進めてみましょう。

間違った場合は？

手順5で［Continue］をクリックしても次の画面に進まないときは、入力したパスワードが条件に合致してない可能性があります。画面に表示されている文字数や文字種の条件に合うように、パスワードを設定してください。

6 ユーザーの追加をスキップする

ここではユーザーを追加しない

1 [手順をスキップする]をタップ

7 テストミーティングを開始する

このURLがテスト用のビデオ会議のURLとなる

1 [Zoomミーティングを今すぐ開始]をタップ

HINT!

パーソナルミーティングURLって何？

手順7で表示されるパーソナルミーティングURLは、Zoomを使って会議を開催するときに使う自分専用のURLです。このURLをほかの人に伝えれば、いつでも自分の会議に参加してもらうことができます。長い文字列ですが、会議に招待するときは自動的に入力されるので、覚えたり、メモしておく必要はありません。

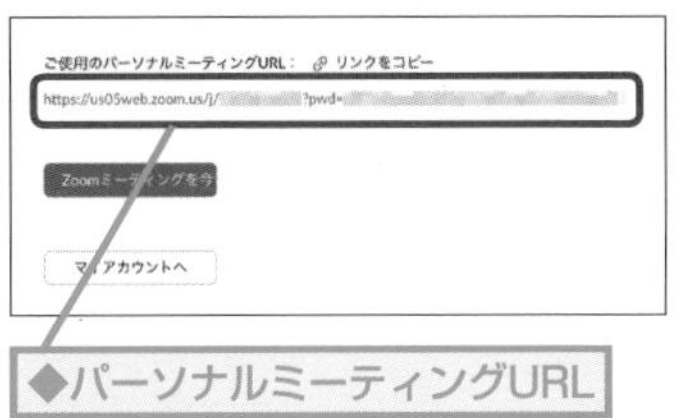

◆パーソナルミーティングURL

HINT!

教育機関の代理って、どういう意味？

手順5の画面では、「Are you signing up on behalf ～」の問いに対し、[No] を選んでいます。これはZoomが教育機関向けのサービスを提供しているため、確認の画面が表示されています。ここでは「No」を選択して、手順を進めます。

Point

iPadのZoomはアプリのインストールから

iPadでZoomを使えるようにするには、[App Store] から [ZOOM Cloud Meetings] をインストールします。アプリを起動し、設定を進めていくと、Zoomアカウントを作成します。Zoomアカウントの確認メールを受信できないときは、迷惑メールフィルター設定などを確認します。テストミーティングではマイクやカメラの動作が確認できるので、実際にアプリを起動して、試してみましょう。

レッスン 12

ZoomをMacで使えるようにするには

MacでのZoomの準備

MacでZoomを使えるようにするには、[ミーティング用Zoomクライアント]のアプリをインストールし、Zoomアカウントを登録します。

1 [ミーティング用Zoomクライアント]のダウンロードを開始する

右のHINT!を参考に、ダウンロードしたアプリの実行許可を設定しておく

▼Zoomのダウンロードセンター
https://zoom.us/download

2 [ダウンロード]フォルダーを表示する

ブラウザーを閉じておく

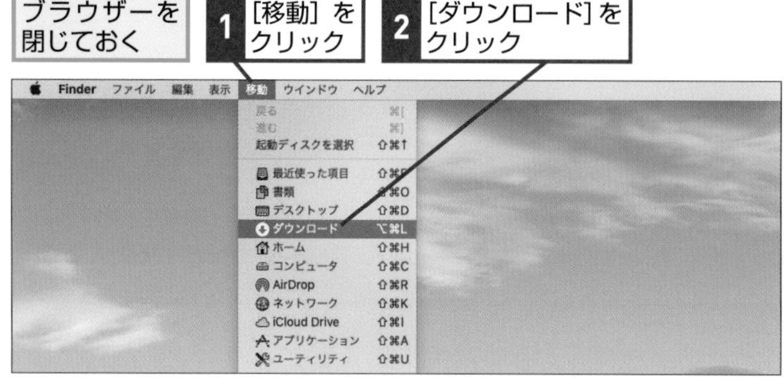

▶キーワード

アカウント	p.196
アプリ	p.196

HINT!

ダウンロードしたアプリの実行を許可するには

macOSでダウンロードしたアプリが実行できないときは、[システム環境設定]の画面を表示して、[ダウンロードしたアプリケーションの実行許可]を確認します。

49ページのテクニックを参考に、[システム環境設定]の画面を表示しておく

1 [セキュリティとプライバシー]をクリック

[ダウンロードしたアプリケーションの実行許可]のここが選択されていることを確認する

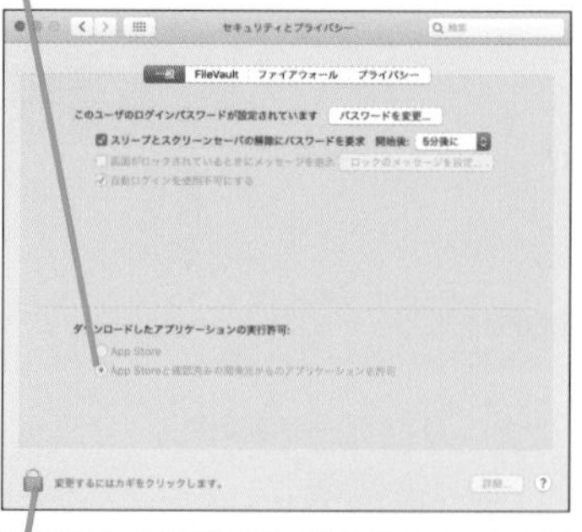

変更する場合は[変更するにはカギをクリックします]をクリックして、設定変更のロックを解除する

テクニック Macでアカウントを追加するには

個人用や家族と共用するMacを仕事用として使うときは、仕事用のアカウントを追加しましょう。家族が仕事関連の情報を見てしまったり、誤ってプライベートな写真を取引先などに送ってしまうようなミスを避けるためです。macOSにアカウントを追加するときは、［システム環境設定］の画面で［ユーザとグループ］を選び、以下のように操作して、追加します。

1 ここをクリック

2 ［システム環境設定］をクリック

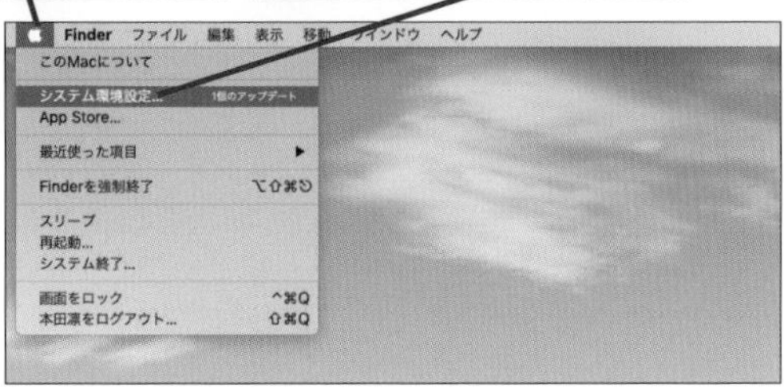

3 ［ユーザとグループ］をクリック

操作4の後に表示された画面で、ユーザ名とパスワードを入力する

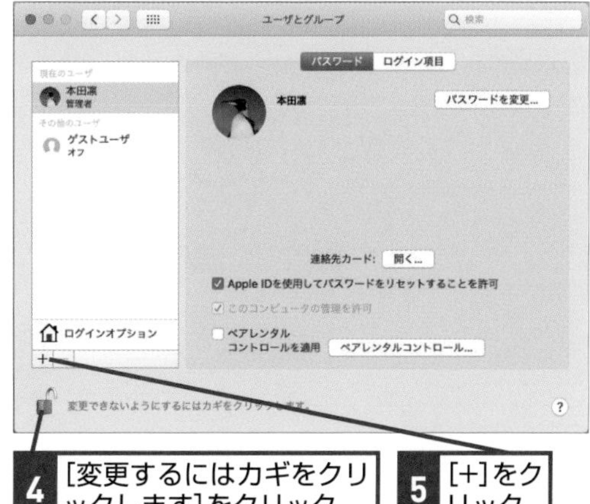

4 ［変更するにはカギをクリックします］をクリック

5 ［+］をクリック

管理者としてアカウントを追加するときは、ここをクリックして、［管理者］を選択する

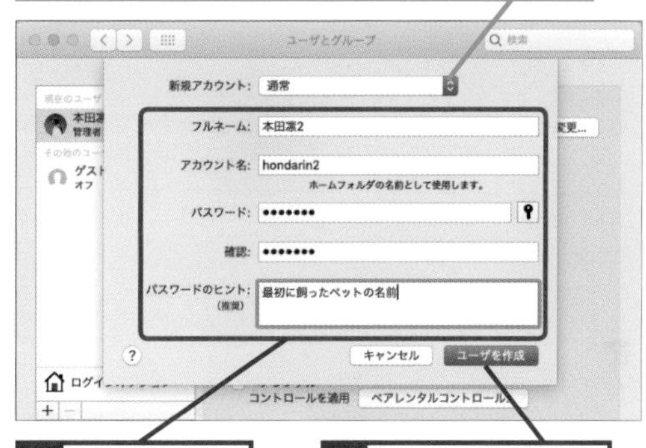

6 アカウントの詳細を入力

7 ［ユーザを作成］をクリック

3 ダウンロードしたアプリを実行する

［ダウンロード］フォルダーが表示された

1 ［Zoom.pkg］をダブルクリック

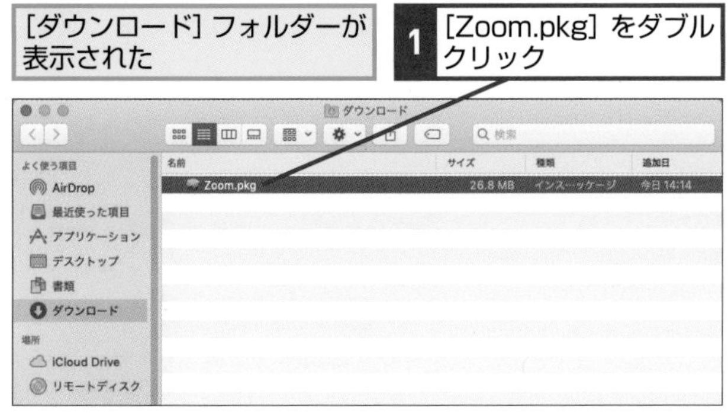

HINT! 空き容量に注意しよう

ここではMacに「ミーティング用Zoomクライアント」をダウンロードし、インストールしていますが、インストールには約50MB以上の空き容量が必要です。Macに十分な空き容量が確保されていることを確認したうえで、インストールを進めましょう。

次のページに続く

❹ アプリをインストールする

アプリのインストーラが起動した

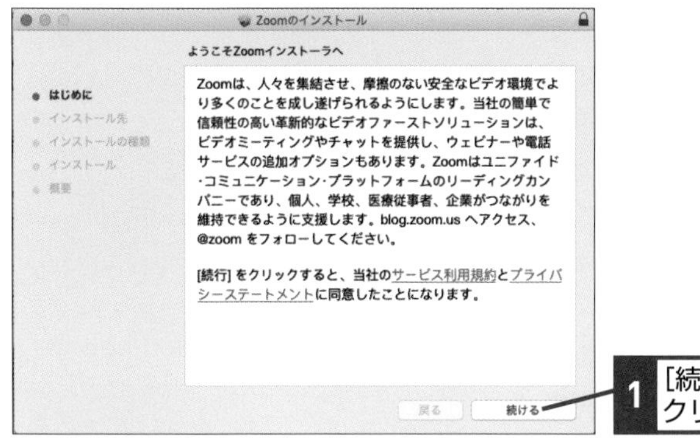

必要な空き容量が表示された

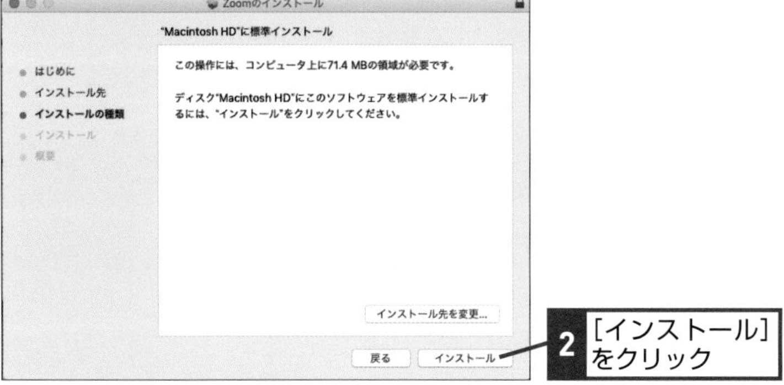

アプリのインストールを許可する

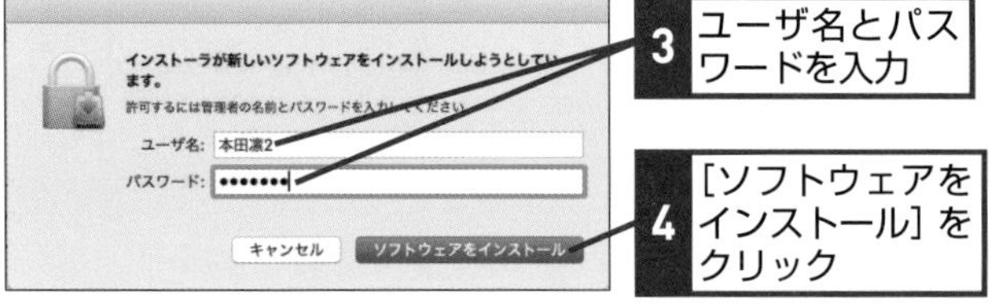

HINT!

複数のユーザを設定しているときは

macOSに複数のユーザを設定しているときは、手順4のひとつめの画面に続いて、[インストール先の選択] 画面が表示されます。他のユーザがZoomを使わないときは［自分専用にインストール］を選んで、[続ける] をクリックしましょう。

HINT!

ユーザ名とパスワードは何を入力するの？

手順4でアプリをインストールするとき、ユーザ名とパスワードを入力するダイアログが表示されます。ここではmacOSにサインインするときのものです。すでにZoomアカウントを作成済みの場合、間違えてZoomアカウントのメールアドレスやパスワードを入力してもインストールできないので、注意しましょう。

間違った場合は？

手順4の3つめの画面で [キャンセル] をクリックしてしまうと、インストールできません。もう一度、手順4の2つめの画面で［インストール］をクリックしてください。

5 アプリのインストールを完了する

「インストールが完了しました。」と表示された

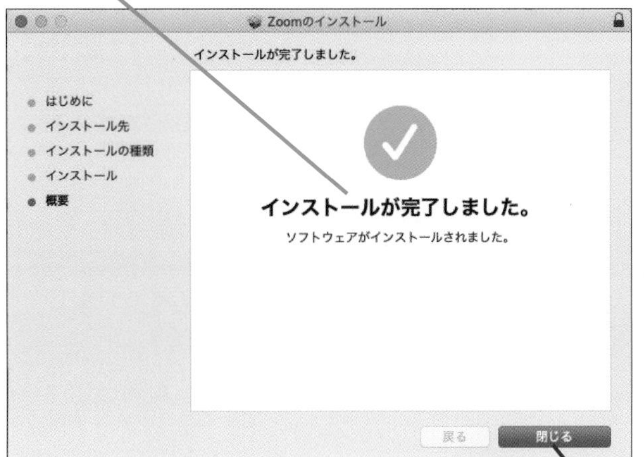

1 [閉じる]をクリック

ここではインストーラを削除する

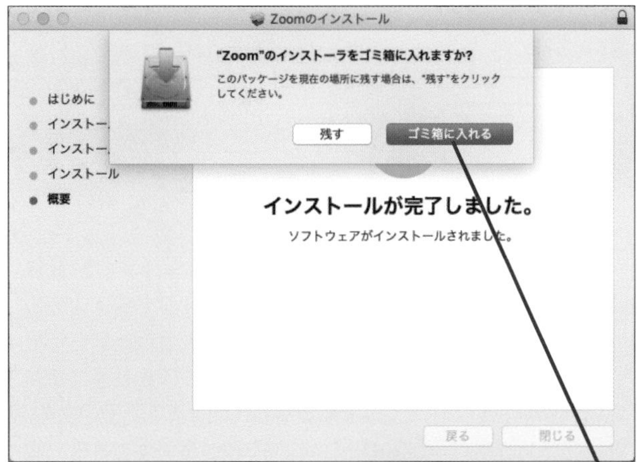

2 [ゴミ箱に入れる]をクリック

HINT!

インストーラを削除してもいいの？

手順5ではアプリのインストールが完了した後、インストーラをゴミ箱に入れ、削除しています。インストールが完了していれば、削除しても問題はありません。再インストールしたいときは、もう一度、Zoomのダウンロードセンターからダウンロードすることができます。

次のページに続く

6 Zoomの利用を開始する

自動的にアプリが起動した

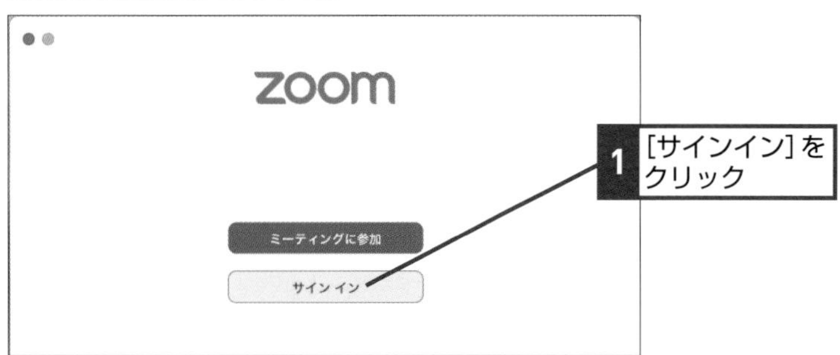

7 サインアップを開始する

[サインイン]画面が表示された

8 生年月日を入力する

ブラウザーが起動した

「検証のために、誕生日を確認してください。」と表示された

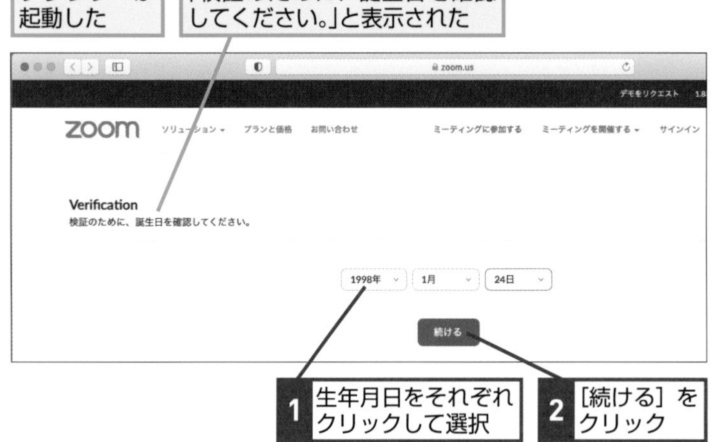

HINT! どうして誕生日を入力するの？

手順8では誕生日を入力していますが、これはZoomを利用できる年齢が16歳以上となっているためです。ユーザーが自ら申告し、利用に同意するために、誕生日を入力しています。

HINT! すでにZoomアカウントを作成済みのときは？

WindowsやiPhone、Androidスマートフォンなど、他の端末ですでにZoomアカウントにサインアップ済みのときは、手順7の画面でZoomアカウントに登録したメールアドレスとパスワードを入力し、[サインイン]をクリックすれば、MacでZoomを使う準備が整います。

HINT! 普段、使っているメールアドレスで登録しよう

手順9ではZoomアカウントを登録するために、メールアドレス入力しています。ここで入力したメールアドレスは、今後、ビデオ会議に参加するときなどに使います。そのため、仕事などでZoomを使うときは、仕事で関係する人たちに周知されているメールアドレスを登録します。

間違った場合は？

手順6の画面で、[ミーティングに参加]をタップすると、「ミーティングに参加」画面が表示されてしまいます。[キャンセル]をタップして、手順6の画面から操作し直しましょう。

⑨ メールアドレスを入力する

［無料サインアップ］画面が表示された

1 メールアドレスを入力

2 ［サインアップ］をクリック

画像認証は33ページのHINT!を参考にする

⑩ Zoomアカウントを有効化する

手順9で入力したメールアドレスのメールを受信できるメールソフトやWebメールを表示しておく

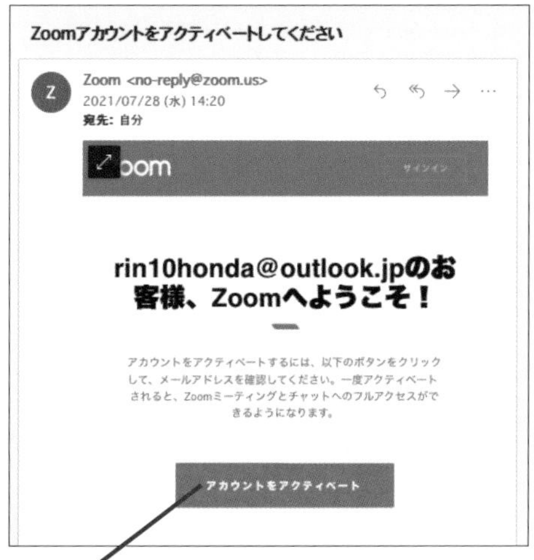

1 ［アカウントをアクティベート］をクリック

レッスン❽の手順5以降を参考に、アカウントを作成しておく

HINT! アカウントをアクティベートって何？

手順10では［アカウントをアクティベート］をクリックしていますが、これは「アカウントを有効にする」という意味です。Zoomアカウントに登録したメールアドレス宛てに送られてきた確認メールから操作することで、そのメールアドレスが有効であることが確認されます。メールソフトの設定などにより、［アカウントをアクティベート］をクリックできないときは、その下に表示されているURLをコピーし、ブラウザーのアドレスの欄に入力します。

Point アプリをインストールしてZoomアカウントを登録

MacでZoomを使えるようにするには、Zoomの「ダウンロードセンター」のWebページを表示して、［ミーティング用Zoomクライアント］をダウンロードして、インストールします。インストール後、アプリを起動すると、Zoomアカウントを登録するWebページが表示されるので、メールアドレスを入力し、確認メールを受信して、Zoomアカウントを有効化します。すでに、Zoomアカウントを登録済みのときは、アプリにメールアドレスとパスワードを入力して、サインインすれば、Zoomが使えるようになります。

レッスン 13

ZoomをChromebookで使えるようにするには

ChromebookでのZoomの準備

ChromebookでZoomを使えるようにするには、Google Playストアで［Zoom for Chrome - PWA］のアプリをインストールし、Zoomアカウントを登録します。

1 アプリを検索する

[Google Play]アプリを起動しておく

1 「アプリやゲームを検索する」をクリック

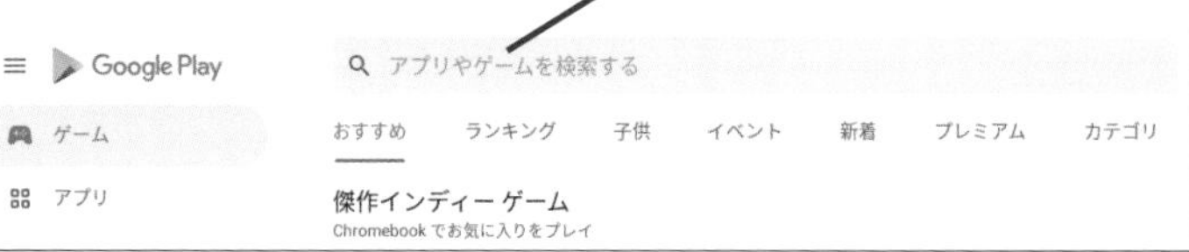

2 「Zoom for chrome」と入力

3 Enter キーを押す

Zoom for chrome

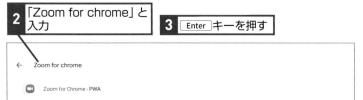

Zoom for Chrome - PWA

2 アプリのダウンロードを開始する

検索結果が表示された

1 [Zoom for Chrome - PWA] アプリの[インストール]をクリック

Zoom for chrome

Zoom for Chrome - PWA

zoom.us

インストール

3.5★ 1165件のレビュー

10万以上 ダウンロード数

3+ 3歳以上

ChromeOS用に構築されたズーム

3 アプリを起動する

ダウンロードが完了した

1 [開く]をクリック

Zoom for chrome

Zoom for Chrome - PWA

インストール済

3.5★ 1165件のレビュー

10万以上 ダウンロード数

3+ 3歳以上

ChromeOS用に構築されたズーム

キーワード

アカウント	p.196
アプリ	p.196
インストール	p.197
パーソナルミーティングURL	p.199
メール	p.200

HINT!

［Zoom for Chrome - PWA］アプリをインストールする

ChromebookでZoomを利用するには、複数の方法がありますが、本書ではGoogle Playストアで配信されている［Zoom for Chrome - PWA］（PWA版）のアプリをダウンロードして、利用します。Chromeウェブストアでも［Zoom］のアプリが配信されていますが、Chromeウェブストアは2022年中に終了が予定されているためです。

間違った場合は？

手順2の画面で［Zoom for Chrome - PWA］以外のアプリが表示されたときは、左上の［←］をクリックして、もう一度、アプリを検索し直してください。

4 Zoomの利用を開始する

[Zoom for Chrome - PWA]アプリが起動した

1 [Sign In]をクリック

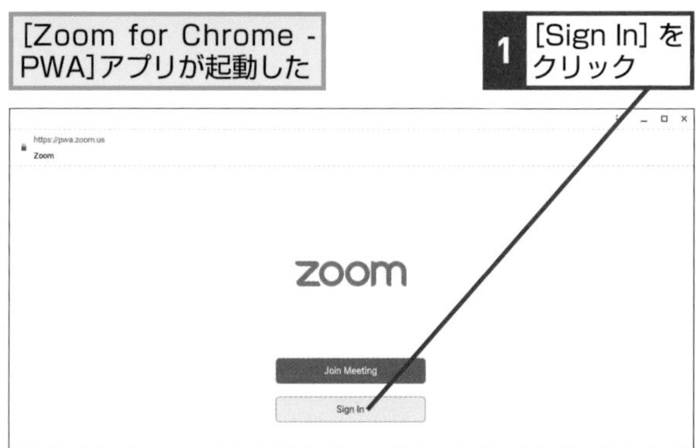

5 サインアップを開始する

[サインイン] 画面が表示された

1 [無料サインアップ]をクリック

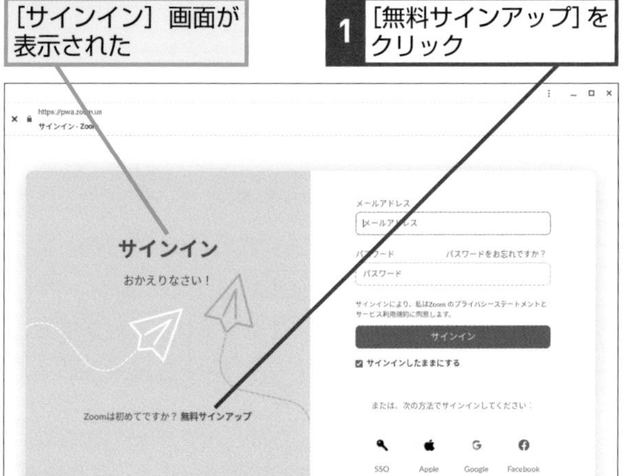

6 生年月日を入力する

「検証のために、誕生日を確認してください。」と表示された

1 生年月日をそれぞれクリックして選択

2 [続ける] をクリック

HINT! 利用できない機能もある

Chromebookにインストールする[Zoom for Chrome - PWA] は、他 のWindowsやmacOS向 け の Zoomと同じように利用できますが、一部の機能は利用できません。たとえば、背景を設定する「バーチャル背景」は、背景に円形を描き、そこにユーザーのカメラ映像を表示する形になっているほか、背景画像のカスタマイズなども制限されています。これらの利用できない機能は、今後、バージョンアップによって、改善されていく可能性があります。

HINT! すでにZoomアカウントを作成済みのときは？

WindowsやAndroidスマートフォンなど、他の端末ですでにZoomアカウントにサインアップ済みのときは、手順5の画面でメールアドレスとパスワードを入力して、[サインイン]をクリックします。Zoomアカウントに登録したメールアドレスとパスワードを入力すれば、ChromebookでZoomを使う準備が整います。

HINT! どうして誕生日を入力するの？

手順6の画面では、誕生日の入力を求められていますが、これはZoomを利用できる年齢が16歳以上となっているためです。ユーザーが自ら申告し、利用に同意するために、誕生日を入力しています。

次のページに続く

7 メールアドレスを入力する

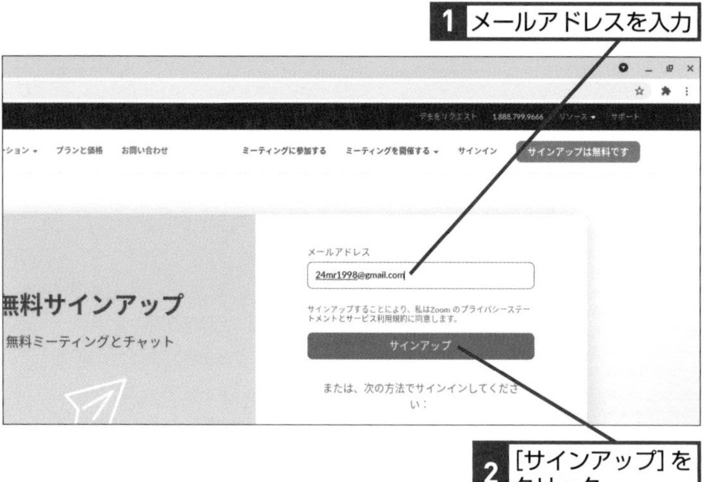

8 Zoomアカウントを有効化する

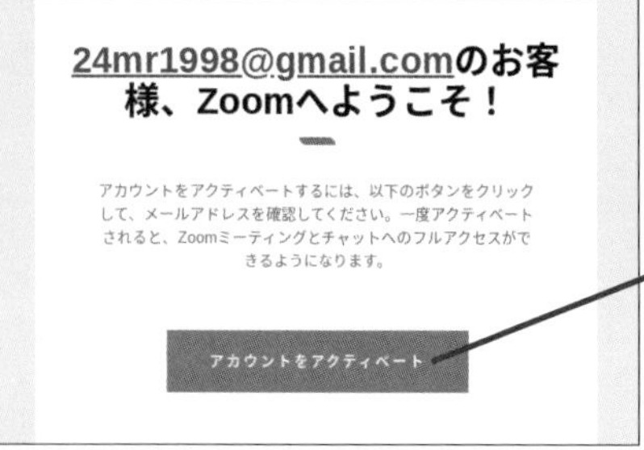

手順7で入力したメールアドレスのメールを受信できるメールソフトやWebメールを表示しておく

1 ［アカウントをアクティベート］をクリック

9 氏名を入力する

「Zoomへようこそ」と表示された

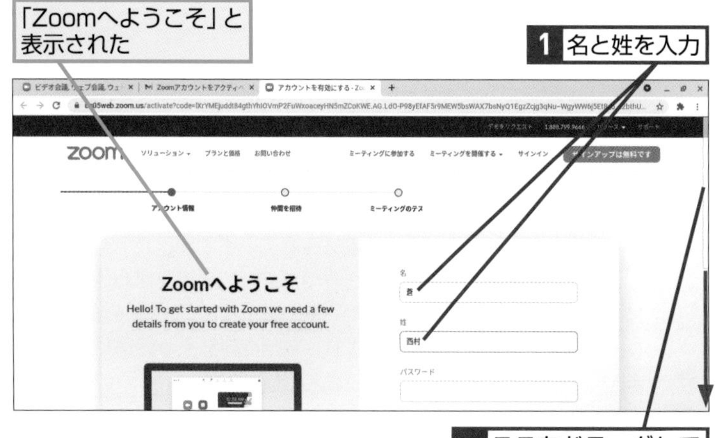

HINT! Zoomからのメールを受信できることを確認

手順7で［サインアップ］をタップすると、入力したメールアドレス宛てに、確認メールが届きます。ここではサインアップするメールアドレスにGmailを利用しましたが、各携帯電話会社のメールサービスのメールアドレスなどを利用するときは、「no-replay@zoom.us」からのメールを受信できるように、迷惑メールフィルターを設定しておきましょう。

HINT! アカウントをアクティベートって何？

手順8では［アカウントをアクティベート］をクリックしていますが、これは「アカウントを有効にする」という意味です。Zoomアカウントに登録したメールアドレス宛てに送られてきた確認メールから操作することで、そのメールアドレスが有効であることが確認されます。メールソフトの設定などにより、［アカウントをアクティベート］をクリックできないときは、その下に表示されているURLをコピーし、ブラウザーのアドレスの欄に入力します。

間違った場合は？

手順7で入力したメールアドレスにメールが届いていないときは、迷惑メールフォルダーなどを確認してみてください。それでも見つからないときは、もう一度、サインアップの手順をやり直してください。

⑩ パスワードを入力する

1 パスワードを2回入力する

2 「私はロボットではありません」のここをクリックしてチェックマークを付ける

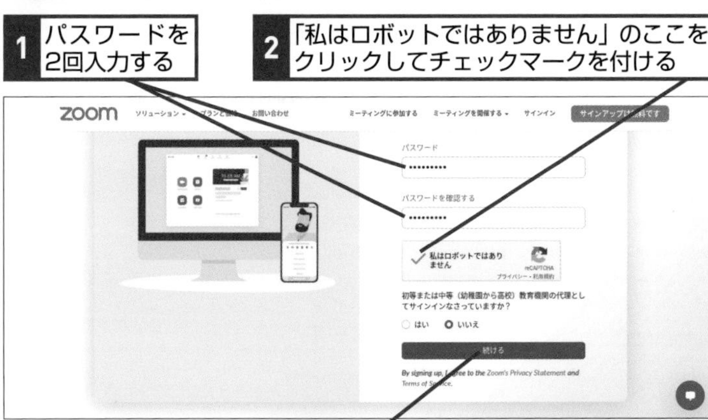

3 [続ける]をクリック

画像認証は33ページのHINT!を参考にする

⑪ ユーザーの追加をスキップする

ここではユーザーを追加しない

1 [手順をスキップする]をクリック

⑫ テストミーティングを開始する

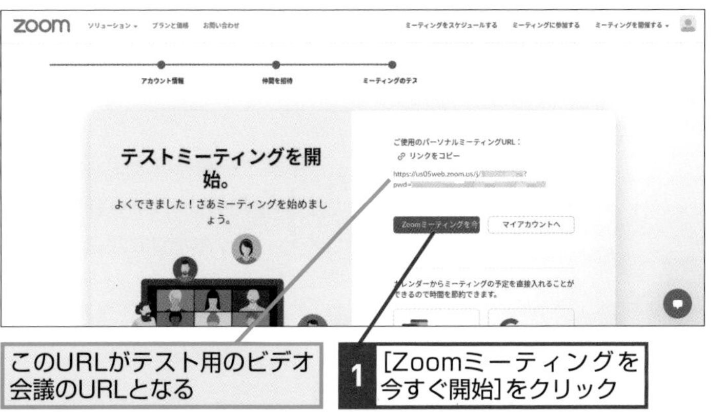

このURLがテスト用のビデオ会議のURLとなる

1 [Zoomミーティングを今すぐ開始]をクリック

HINT!

Chromeウェブストアの「Zoom」アプリもインストールできる

手順12の後、以下のように、「ZoomをChromeに追加してください」と表示されることがあります。ここでは［Zoom for Chrome - PWA］（PWA版）をインストールしましたが、ChromeウェブストアでもZoomのアプリが配布されていて、それをインストールできます。以下のように操作することでインストールできますが、54ページのHINT!でも説明したように、Chromeウェブストアは2022年中に終了することが予定されています。

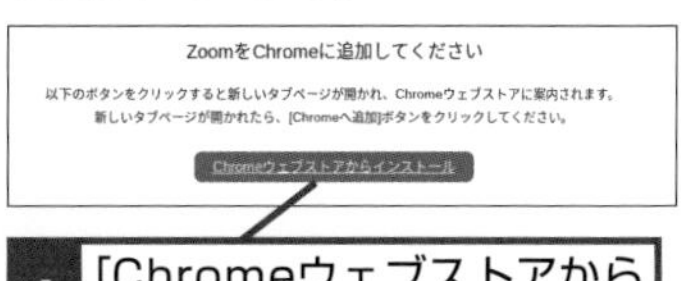

1 [Chromeウェブストアからインストール]をクリック

2 [Chromeに追加]をクリック

Point

ChromebookではPWA版のZoomをインストールする

ChromebookはブラウザーのChromeをベースにしたChrome OSが動作するため、Zoomを利用するアプリが複数あります。ひとつはここで説明した［Zoom for Chrome - PWA］、もうひとつはChromeウェブストアで配布されているものです。2つのアプリはインストールや細かい仕様が違いますが、初期設定の流れは基本的に同じです。アプリをインストールした後、Zoomアカウントを作成し、メールアドレスとパスワードを入力して、サインインすれば、Zoomが使えるようになります。

レッスン 14

ZoomをWebブラウザーで利用するには

Webブラウザーでの Zoomの準備

Zoomはアプリをインストールしなくても Webブラウザーで使うことができます。Webブラウザーで Zoomが使えるように設定してみましょう。

1 Zoomの利用を開始する

以下のURLのWebページをブラウザーで表示しておく

Webページの構成が異なる場合は、右上の[サインアップは無料です]をクリックする

▼ZoomのWebページ
https://zoom.us

1 [新規アカウント登録（無料）はこちら]をクリック

2 生年月日を入力する

「検証のために、誕生日を確認してください。」と表示された

1 生年月日をそれぞれクリックして選択

2 [続ける]をクリック

キーワード

Webブラウザー	p.196
アカウント	p.196
アプリ	p.196
メール	p.200

HINT!

サインアップするときのボタンを間違えないようにしよう

手順1のZoomのWebページには、[新規アカウント登録（無料）はこちら] ボタンが2つ表示されています。手順1の画面では、右上の [新規アカウント登録（無料）はこちら] ボタンをクリックします。左側のオレンジ色のボタンと間違えないように注意しましょう。

間違った場合は？

手順1で［新規アカウント登録（無料）はこちら］をクリックしたのに、画面が変わらないときは、ボタンを押し間違えている可能性があります。上のHINT!を参考に、手順をやり直してください。

③ メールアドレスを入力する

[無料サインアップ] 画面が表示された

1 メールアドレスを入力

2 [サインアップ] をクリック

画像認証は33ページのHINT!を参考にする

④ Zoomアカウントを有効化する

手順3で入力したメールアドレスのメールを受信できるメールソフトやWebメールを表示しておく

1 [アカウントをアクティベート] をクリック

レッスン❽の手順5以降を参考に、アカウントを作成しておく

HINT!

どうしてWebブラウザーで使えるようにするの？

ZoomはWindowsやMac、Chromebook、iPhone、Androidスマートフォンなど、さまざまな環境で利用できますが、これらの環境ではアプリのインストールが必要です。しかし、企業などで社員やスタッフに貸与されるパソコンは、システム管理の方針により、アプリをインストールできないことがあります。そこで、ここで解説しているように、Webブラウザーだけでも利用できるようにするわけです。

Point

Webブラウザーで使うこともできる

Zoomは各プラットフォーム向けにアプリが提供されていますが、アプリをインストールしなくてもWebブラウザーのみで、ビデオ会議を利用できるように設定できます。上のHINT!でも解説しているように、企業などから貸与されたパソコンやスマートフォンは、アプリのインストールが制限されていますが、Webブラウザーで利用できるように設定すれば、そういった環境でもZoomが使えるようになります。

レッスン

15 Zoomの通知設定を変更するには

Zoomの通知設定

Zoomのアプリをインストールすると、Zoomについての新しい情報が届いたことを通知で知らせてくれます。通知の設定を確認してみましょう。

iPhoneの通知を設定する

1 ［設定］アプリを起動する

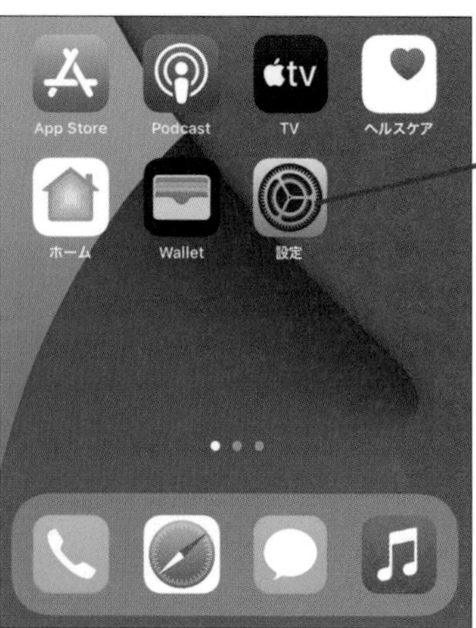

ホーム画面を表示しておく

1 ［設定］をタップ

2 ［通知］画面を表示する

［設定］アプリが起動した

1 ［通知］をタップ

キーワード

アプリ	p.196
通知	p.198
通知ドット	p.198

HINT!

通知って何？

スマートフォンには新しい情報や自分宛ての情報が届いたことを音やメッセージ、アイコンで知らせる「通知」の機能が搭載されています。こうした通知の機能は、アプリごとにオン・オフしたり、機能ごとに通知方法を変更したりできます。Zoomの使い方に応じて、通知方法を変更しておきましょう。

HINT!

iPadも同じように設定できる

ここではiPhoneの通知を設定しましたが、iPadも基本的には同じように通知の設定ができます。

間違った場合は？

手順2で他の項目をタップしたときは、もう一度、［設定］アプリの最初の画面に戻り、［通知］をタップしてください。

3 設定するアプリを選択する

アプリの通知を設定する

1 [Zoom]をタップ

設定するアプリが表示されていないときは、上下にフリックしてアプリを探す

4 通知の設定を変更する

ここでは通知されないように設定する

1 [通知を許可]のここをタップ

通知されないように設定された

もう一度、[通知を許可]のここをタップすると、通知されるように設定される

HINT! 表示方法を選択できる

iPhoneでは以下のように、[通知]の表示方法を3種類から選ぶことができます。[ロック画面(ロック画面に表示)][通知センター(画面上部から引き出した通知センターに表示)][バナー(画面上部に一時的に表示)]から、好みの方法だけをオンにすることもできます。

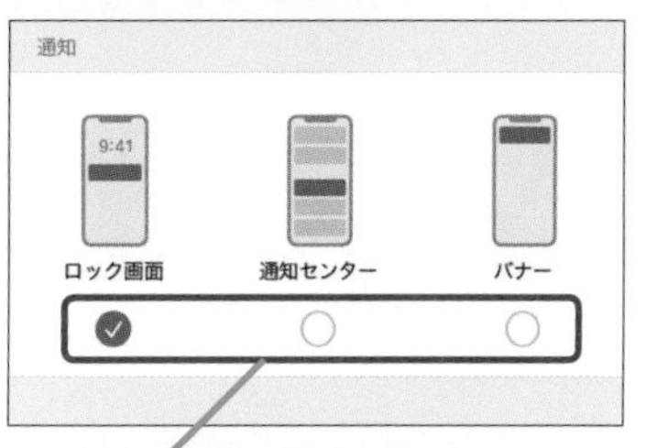

[ロック画面][通知センター][バナー]のそれぞれをタップすると、表示のオンとオフを切り替えられる

HINT! 通知されるときに音が鳴らないようにするには

通常、通知はメッセージが表示されるだけでなく、同時に音も鳴るように設定されています。もし、音が鳴らないようにしたいときは、手順4で画面をスクロールし、[サウンド]をオフに変更しましょう。

1 [サウンド]のここをタップ

次のページに続く

Androidスマートフォンの通知を設定する

1 [設定] アプリを起動する

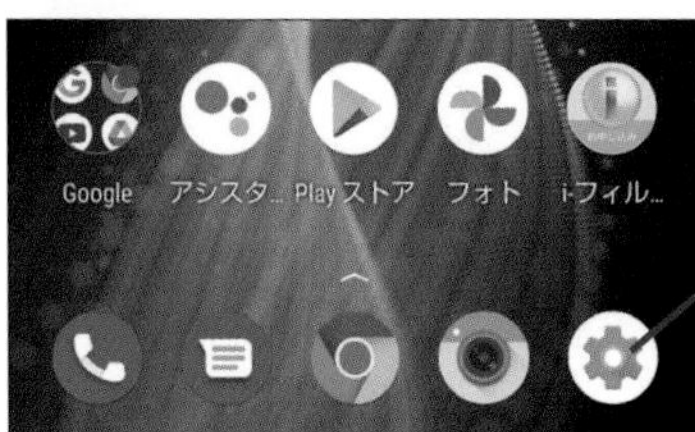

画面は端末によって異なる

1 [設定] をタップ

2 [アプリと通知] 画面を表示する

[設定] アプリが起動した

1 [アプリと通知] をタップ

3 設定するアプリを選択する

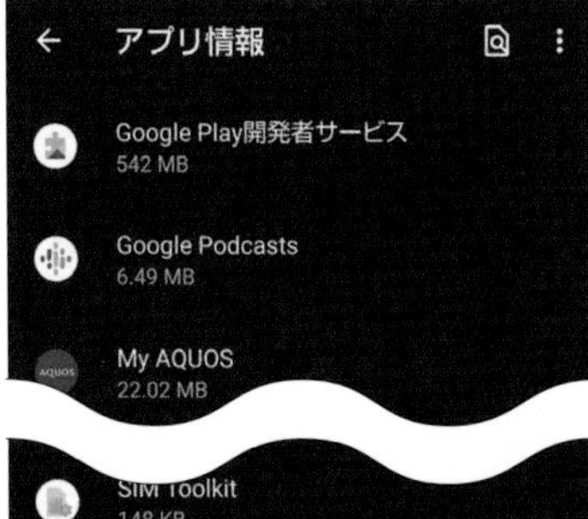

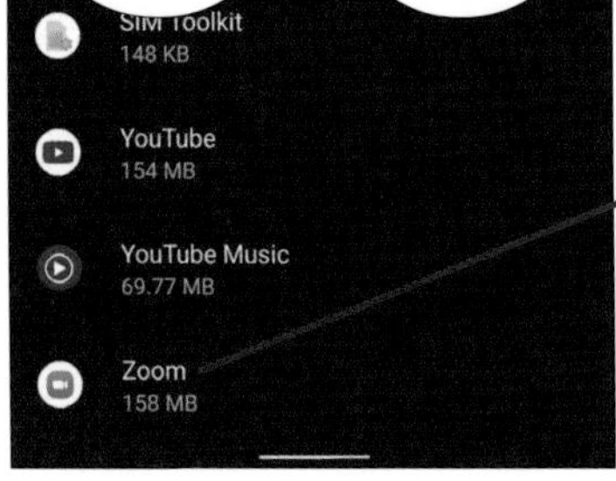

設定するアプリが表示されていないときは、上下にフリックしてアプリを探す

1 [Zoom] をタップ

HINT!

通知って何？

スマートフォンには新しい情報や自分宛ての情報が届いたことを音やメッセージ、アイコンで知らせる「通知」の機能が搭載されています。こうした通知の機能は、アプリごとにオン・オフしたり、機能ごとに通知方法を変更したりできます。Zoomの使い方に応じて、通知方法を変更しておきましょう。

HINT!

Androidタブレットも同じように設定できる

ここではAndroidスマートフォンの通知を設定しましたが、Androidタブレットも基本的には同じように通知の設定ができます。

HINT!

アプリの一覧が表示されないときは

[アプリと通知] を選んだ後、アプリの一覧が表示されないときは、以下のように、「(アプリの数) 個のアプリをすべて表示」をタップします。

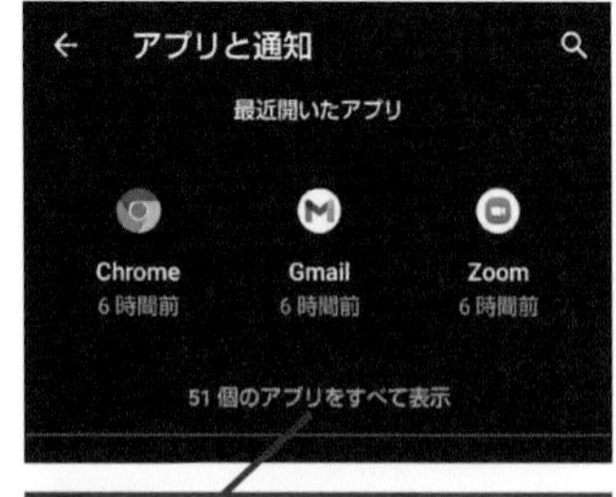

1 [(アプリの数) 個のアプリをすべて表示]をタップ

間違った場合は？

手順3で異なるアプリを選んでしまったときは、画面左上の[←]をタップするか、[戻る] ボタンをタップすると、手順3に戻るので、[Zoom] をタップし直しましょう。

❹ [Zoom]アプリの[設定]画面を表示する

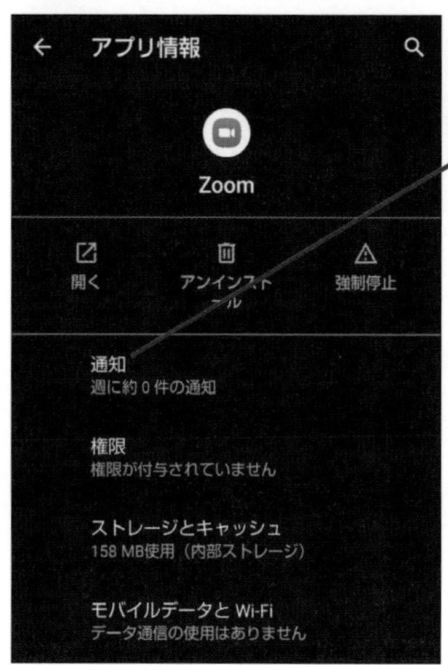

[Zoom]アプリの[アプリ情報]画面が表示された

1 [通知]をタップ

❺ 通知の設定をする

ここでは通知されないように設定する

1 [Zoomのすべての通知]のここをタップ

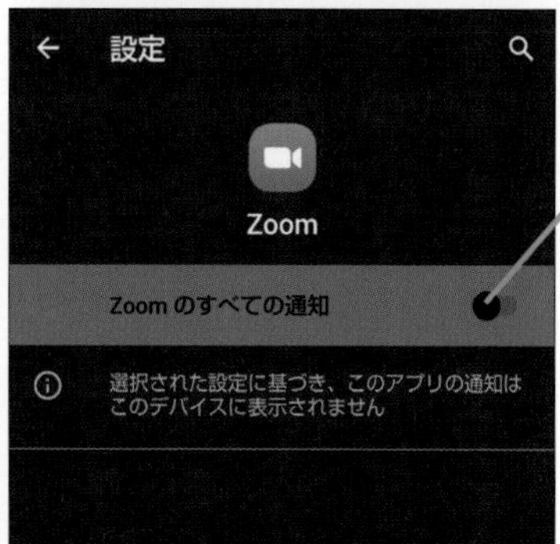

通知されないように設定された

[Zoomのすべての通知]のここをタップすると、通知されるように設定される

HINT!

通知ドットの表示を設定するには

Androidプラットフォームでは通知があったとき、アプリのアイコンの右上に小さなドットを表示する「通知ドット」という機能があります。Zoomアプリの通知ドットの表示は、手順5の画面の[詳細設定]をタップし、以下のように操作すると、設定できます。

手順5の画面を表示しておく

1 [詳細設定]をタップ

[通知ドットの許可]のここをタップすると、通知ドットを[Zoom]アプリのアイコンに表示するかどうかを設定できる

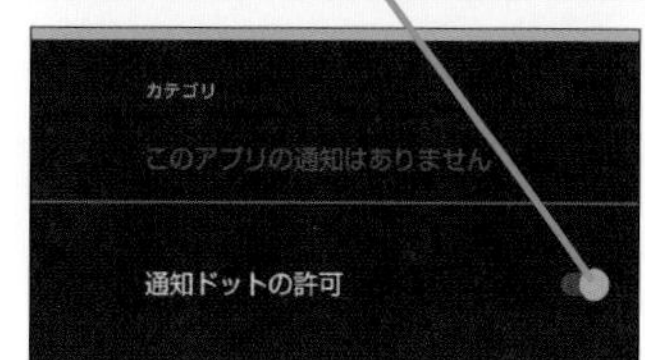

Point

通知を好みに合わせて設定しよう

Zoomアプリはチャットメッセージやミーティングへの招待などがあると、アプリの通知が表示されます。ミーティングのお知らせなどを見逃さないというメリットがある一方、通知の数が増えてくると、煩わしく感じることがあります。また、通知がロック画面などに表示されると、第三者にミーティングを知られるリスクもあります。ユーザーがどういった使い方をするのかにもよりますが、自分の使い方に合わせて、通知を設定しましょう。

レッスン 16

ビデオ会議中に着信しないようにするには

おやすみモード、サイレントモード

ビデオ会議中、スマートフォンに着信があると、ビデオ会議を中断する必要があります。ビデオ会議中に着信を拒否するように設定してみましょう。

iPhoneで着信拒否するには

1 [おやすみモード] を表示する

レッスン⑮の60ページの手順1を参考に [設定] アプリを起動しておく

1 [おやすみモード] をタップ

2 着信拒否の設定をする

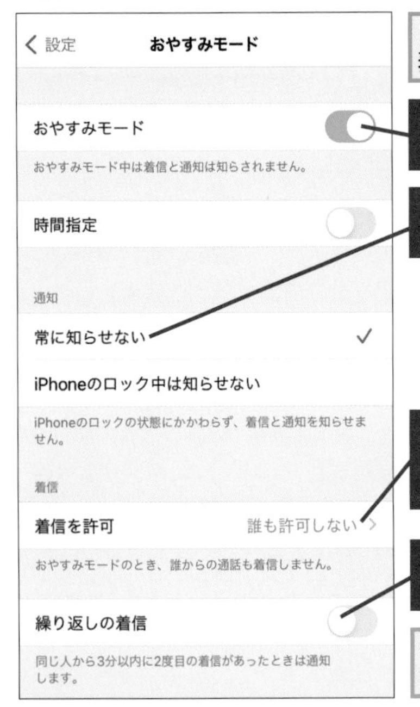

[おやすみモード] が表示された

1 [おやすみモード] のここをタップしてオンにする

2 [通知] の [常に知らせない] をタップ

3 [着信] の [着信を許可] をタップして、[誰も許可しない] を選択

4 [繰り返しの着信] のここをタップしてオフにする

ビデオ会議が終わったら、設定を元に戻しておく

キーワード

アプリ	p.196
通知	p.198
ビデオ会議	p.199

HINT!

ビデオ会議中の着信にどう対応すればいいの？

ビデオ会議中に着信があると、画面上部に電話に対応するかどうかを選択する画面が表示されます。どのように対応すればいいかは、192ページのQ14を参照してください。

HINT!

[おやすみモード] の設定だけでは拒否できない

iPhoneでは [おやすみモード] への切り替えに加え、手順2で説明しているように、通知を[常に知らせない]に、着信は [誰も許可しない]、繰り返しの着信はオフに切り替える必要があります。設定を変更する前に、スクリーンショットを撮っておくと、あとで参照できます。

間違った場合は？

[おやすみモード] に切り替えても着信があるときは、手順2の通知や着信などの項目の設定を見直してください。

Androidスマートフォンで着信拒否するには

1 [通知] の [詳細設定] を表示する

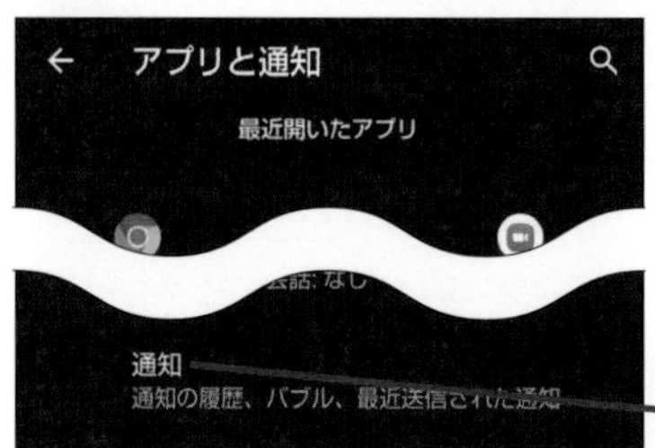

レッスン⑮の62ページの手順1、2を参考に [アプリと通知] を表示しておく

1 [通知] をタップ

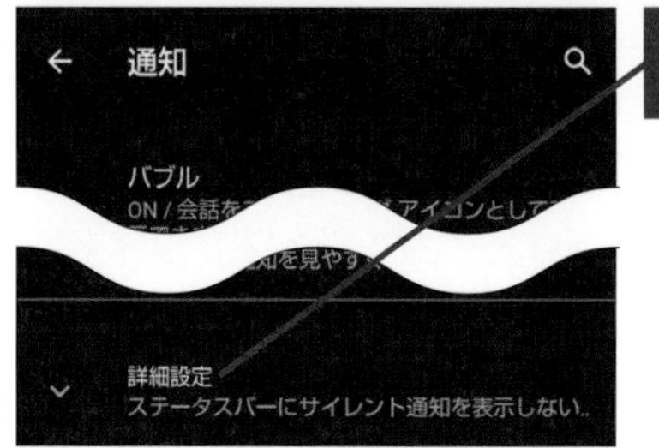

2 [詳細設定] をタップ

2 サイレントモードをオンにする

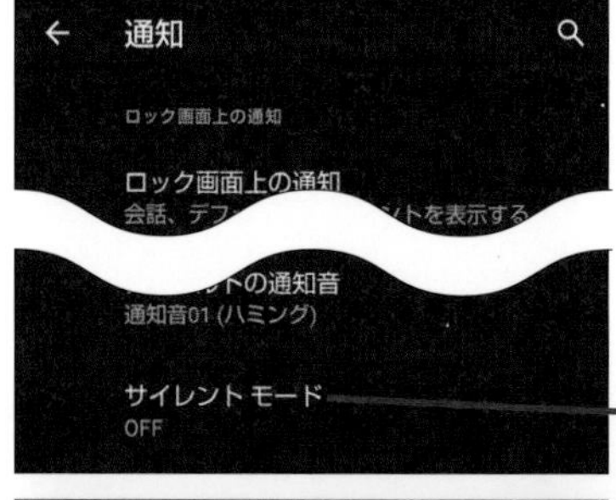

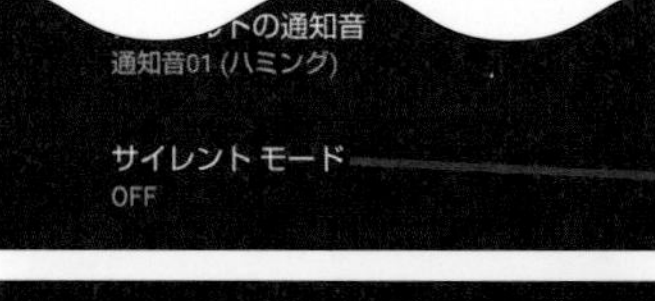

[通知] の [詳細設定] が表示された

1 [サイレントモード] をタップ

サイレント モード

大切な人やアプリからの通知のみ受け取ります

今すぐ ON にする

サイレント モードに割り込み可能なもの

人物
一部のユーザーが割り込み可能

アプリ
アプリは割り込み不可

アラームとその他の割り込み
アラーム、メディア が割り込み可能

2 [今すぐONにする] をタップ

ビデオ会議が終わったら、設定を元に戻しておく

HINT!

通話の割り込みを拒否する設定が必要なこともある

手順2で [サイレントモード] の切り替えに加え、手順2の画面で [人物] - [通話] - [なし] の順にタップすると、すべての着信が拒否できます。

HINT!

ゲーミングモードでも対処できる

一部のスマートフォンではゲームなどに集中するための「ゲーミングモード」などが搭載されています。このモードに切り替えると、着信や通知を一括でオフにできます。

HINT!

ビデオ会議が終わったら設定を元に戻す

おやすみモードやサイレントモードで着信拒否を設定したときは、ビデオ会議が終了したら、それぞれのモードを忘れずにオフに切り替え、その他の設定も元に戻しましょう。そのままの設定では、重要な通知や着信を見逃してしまうからです。

Point

一時的な着信拒否と通知のオフを設定しよう

Zoomのビデオ会議にスマートフォンで参加しているとき、着信があると、ビデオ会議への参加を中断しなければなりません。そこで、おやすみモードやサイレントモードに切り替え、一時的に着信を拒否し、通知も表示されないようにします。機種によって違いますが、こうした機能は「集中モード」などの名前で搭載されていることがあります。また、HINT!でも説明しているように、ビデオ会議終了後は、元の設定に戻すことを忘れないようにしましょう。

Zoom お役立ちコラム❷

スマートフォンやタブレットなど、「もうひとつのディスプレイ」で、ビデオ会議を使いやすくしよう

Zoomのビデオ会議は、参加者がお互いに話をするだけなら、パソコンでもスマートフォンでもタブレットでも同じように使えますが、実際には資料の画面を共有したり、参考のためにブラウザーでWebページを表示することがあります。その結果、画面上にはいくつもウィンドウが表示されて、見えにくくなってしまい、ビデオ会議に集中できなかったり、思わぬ操作をミスしてしまうかもしれません。こうしたとき、ノートパソコンなどに外付けディスプレイを接続し、マルチディスプレイの環境で利用すると、快適に使うことができます。また、スマートフォンやタブレットでも同時に会議に参加し、画面共有などはパソコンの画面を使い、ビデオ会議の映像はスマートフォンに映し出すといった使い方もできます。「もうひとつのディスプレイ」で、ビデオ会議を使いやすくしましょう。

複数のディスプレイを活用する

片方にビデオ会議の映像、もう片方に作業用の画面を映して、作業を効率化する

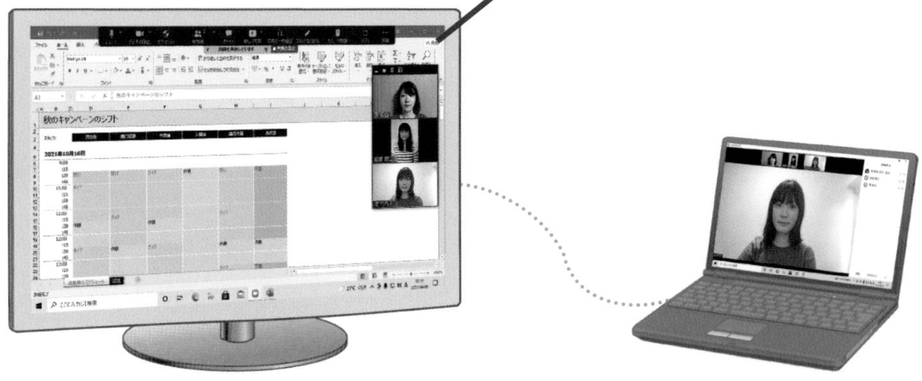

第3章

必要な機材を準備しよう

Zoomでビデオ会議を行なうには、パソコンやスマートフォンなどに必要な機材を準備する必要があります。マイクやスピーカー、カメラなどの動作も確認して、Zoomが利用できる環境を整えましょう。

●この章の内容

⑰ Zoomに必要な機材を知ろう……68
⑱ Bluetooth機器を接続するには……72
⑲［Zoom］アプリを起動するには……76
⑳ マイクの動作を確認するには……78
㉑ スピーカーの動作を確認するには……80
㉒ カメラの動作を確認するには……82

レッスン 17

Zoomに必要な機材を知ろう

マイクとカメラ、スピーカー

パソコンやスマートフォンなどでZoomを利用するには、追加で必要な機材がいくつかあります。それぞれの機器に必要な機材を確認してみましょう。

機器によって、必要な機材は変わる

Zoomでビデオ会議を行なうとき、利用するデバイスによって、必要な機材は違ってきます。たとえば、スマートフォンにはマイクやスピーカー、カメラが内蔵されているため、ほぼそのままでも利用できますが、デスクトップパソコンなどはカメラを用意したり、マイクを接続する必要があります。また、どういった環境（場所）でビデオ会議を行なうのかにもよりますが、周囲に会議の内容が聞こえてしまうことはあまり好ましくないため、ヘッドセットやイヤホンマイクを用意しておくと便利です。それぞれのデバイスについて、必要な機材を確認してみましょう。

キーワード

カメラ	p.197
スピーカー	p.198
ヘッドセット	p.200
マイク	p.200

●Zoomに必要な機材

	マイク	カメラ	スピーカー
ノートパソコン	Windows 10搭載ノートパソコンは、ほぼ全機種がマイク内蔵。外付けは3.5mmイヤホン端子か、Bluetoothヘッドセットが便利。	ノートパソコンは、ディスプレイ上部にカメラを内蔵。非搭載の機種ではUSB接続のWebカメラを利用。	ほぼすべての機種にスピーカーが内蔵されている。会議中、周囲に音が聞こえてしまうため、Bluetooth接続のヘッドセットが便利。
デスクトップパソコン	マイクを内蔵していないので、外付けマイクを利用。USB接続か、3.5mmイヤホン端子に接続。Webカメラ内蔵マイクも利用可。	カメラを内蔵していないので、USB接続のWebカメラを利用。マイク内蔵のWebカメラを利用することも可能。カメラを内蔵していないので、USB接続のWebカメラを利用。マイク内蔵のWebカメラを利用することも可能。	ディスプレイにスピーカーが内蔵されていないときは、背面のオーディオ出力端子に外付けスピーカーを接続。
Mac	MacBookシリーズには内蔵。最新のiMacはマイク内蔵だが、旧機種やMac miniは非搭載なので、3.5mmイヤホン端子にマイクを接続。	MacBookシリーズやiMacには内蔵。Mac miniは非搭載なので、USB接続のWebカメラを接続。	MacBookシリーズとデスクトップのMacは、いずれのモデルもスピーカーを内蔵。Bluetooth接続のヘッドセットも利用可能。
Chrome book	ほぼすべての機種にマイクが内蔵されている。外付けはBluetoothワイヤレスヘッドセットが便利。	ほぼすべての機種にWebカメラが内蔵されている。USB接続のWebカメラはChrome OSに対応したものが利用可能。	ほぼすべての機種にスピーカーが内蔵されている。周囲に音が聞こえるため、Bluetoothヘッドセットが便利。
スマートフォン	本体内蔵のマイクが利用可能だが、スピーカーホンでの会話になるため、イヤホンマイクがあると使いやすい。	本体内蔵のインカメラが利用可能。会議中は本体を固定するため、スタンドや三脚があると便利。	本体内蔵のスピーカーが利用可能だが、スピーカーホンでの会話になるため、イヤホンマイクがあると便利。
タブレット	大半の機種がマイクを内蔵しているが、Androidタブレットの一部機種は外付けマイクが必要。Bluetoothヘッドセットは利用可能。	ほとんどの機種がインカメラを搭載。会議中は本体を固定するため、スタンドや三脚があると便利。	本体内蔵のスピーカーが利用可能だが、スピーカーホンでの会話になるため、イヤホンマイクがあると便利。

ノートパソコンに必要な機材

ノートパソコンは比較的、新しい機種であれば、マイクやスピーカー、カメラを搭載しているため、機材を追加しなくてもビデオ会議ができます。ただし、そのままの状態では周囲に会議の内容が聞こえてしまうため、イヤホンマイクを接続した方が安心です。3.5mmイヤホンマイク端子を備えた機種であれば、市販のイヤホンマイクを接続できますが、一部に備えていない機種があります。これに対し、ほとんどのパソコンはBluetoothを搭載しているため、Bluetoothヘッドセットを使い、ワイヤレスで利用するのも便利です。Chromebookについてもノートパソコンと同様です。

●ノートパソコン単体

ノートパソコンにマイクとカメラ、スピーカーが内蔵されていれば、そのまま使える

●ノートパソコン＋ヘッドセット

ヘッドセットを利用するとさらに便利になる

HINT! ビデオ会議には安定した通信回線が求められる

Zoomを利用したビデオ会議は、インターネットに接続して、行ないます。そのため、安定した通信回線が求められます。光ファイバーを利用した光回線、CATVインターネット回線など、ブロードバンド回線があれば、快適に利用できますが、通信速度が遅かったり、不安定な回線では、送受信する映像や音質が低下します。

HINT! Bluetoothヘッドセットはどういうタイプがいいの？

Bluetoothのヘッドセットは、一般的な音楽再生用のものでもマイクが内蔵されている機種であれば、パソコンやスマートフォンとペアリングして、ビデオ会議に利用できます。ただし、音楽再生用のBluetoothヘッドセットやイヤホンマイクは、耳を塞ぐ「カナル型」などが中心で、周囲の音が聞こえにくくなるので、注意が必要です。また、ビデオ会議は一般的な音声通話などよりも利用時間が長いため、ネックバンド型など、長時間、装着しても疲れないヘッドセットやイヤホンマイクがおすすめです。

次のページに続く

デスクトップパソコンに必要な機材

デスクトップパソコンはほとんどの機種がマイクやカメラを搭載していないため、外付けタイプのマイクやWebカメラが必要になります。デスクトップパソコンは本体の背面などに、オーディオ端子やイヤホン端子、スピーカー端子を備えていて、そこに外付けのマイクやスピーカーを接続します。ディスプレイにスピーカーを内蔵した機種もあります。WebカメラはUSBポートに接続し、ディスプレイの上部などに固定します。Webカメラに内蔵されているマイクが利用できる製品もあります。

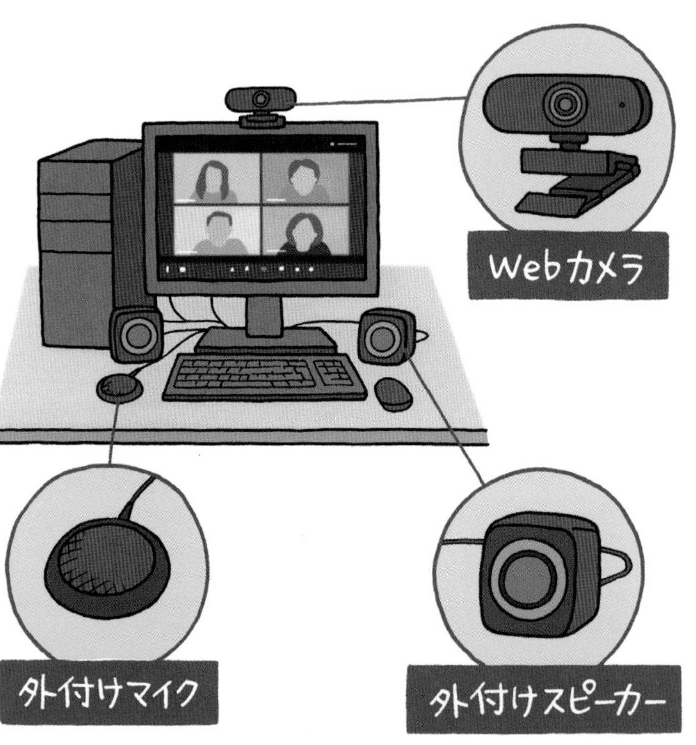

デスクトップパソコンには外付けのマイクやカメラ、スピーカーを接続する

スマートフォンなどをマイクやカメラ、スピーカーの代わりにしてもよい

HINT!

ディスプレイ内蔵のスピーカーが使える

デスクトップパソコンは外付けのディスプレイを利用しますが、ディスプレイによってはスピーカーが内蔵されていて、本体とHDMI端子やDisplay Port端子と接続していると、ディスプレイ内蔵のスピーカーから音声が聞こえます。

HINT!

オーディオ端子の違いに注意しよう

デスクトップパソコンの背面には、3.5mmイヤホンプラグなどを挿すオーディオ端子が備えられていますが、ノートパソコンやスマートフォンなどに備えられているものと違い、機種によってはマイク端子とスピーカー端子（イヤホン端子）が分かれています。そのため、スマートフォン用などのイヤホンマイクを使うときは、イヤホンプラグの分岐コネクタなどが必要になります。

スマートフォンやタブレットに必要な機材

スマートフォンやタブレットは、マイク、カメラ、スピーカーを本体に内蔵しているため、ほとんどの機種が本体のみでビデオ会議に参加できます。ただし、ビデオ会議中、本体をどこかに置いておく必要があるため、スタンドや三脚などを別途、用意した方が安心です。また、クリアに音声をやり取りするため、イヤホンマイクを利用するのもおすすめです。Bluetoothで接続するヘッドセットなどはハンズフリーで利用できるメリットがあります。

●スマートフォンやタブレット単体

スマートフォンやタブレットなら、機種やOSに関係なくそのまま利用できる

●スマートフォンやタブレット+ヘッドセット

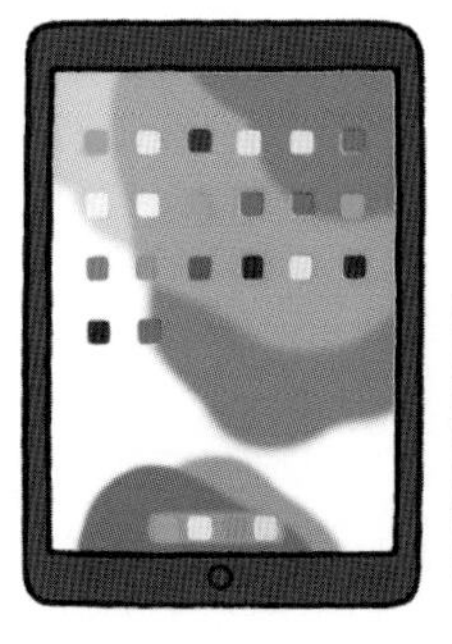

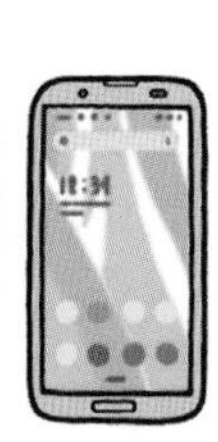

＋

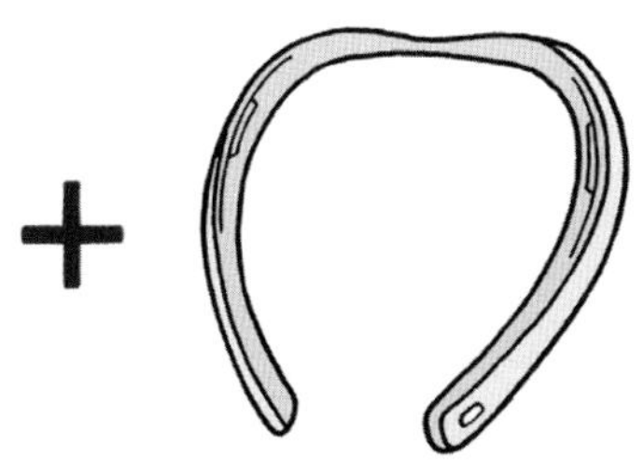

ヘッドセットを利用するとさらに便利になる

HINT!

スマートフォンやタブレットを立てるスタンドを用意しよう

スマートフォンやタブレットはパソコンなどと違い、基本的には手で持って、操作をします。そのため、ビデオ会議のように、ある程度の時間、継続して利用するには、スマートフォンやタブレットを立てておくスタンドやホルダーを用意しておくことをおすすめします。何かに立てかけておくこともできますが、倒れたり、傾いたりすると、ビデオ会議に参加している他の人にも迷惑が掛かります。ある程度、カメラの角度を変えられるように、三脚にスマートフォンホルダーを組み合わせたものを用意しておくと、より便利です。

Point

マイク、カメラ、スピーカーなどの機材を揃えよう

Zoomによるビデオ会議を行なうには、パソコンやスマートフォン、タブレットに、いくつか追加の機材が必要になります。たとえば、相手と映像をやり取りするためのカメラは、ノートパソコンやスマートフォンに内蔵されていますが、デスクトップパソコンでは別途、必要です。スマートフォンやタブレットは、マイク、カメラ、スピーカーが揃っていますが、HINT!でも説明したように、本体を固定するスタンドがあると便利です。また、いずれの環境でもイヤホンマイクやBluetoothヘッドセットなどを用意したいところです。離れた場所からビデオ会議に参加できるとは言え、業務上の情報が周囲に聞こえてしまうことは好ましくないからです。

レッスン
18 Bluetooth機器を接続するには

Bluetooth機器の接続

パソコンやスマートフォン、タブレットなどで、Bluetoothヘッドセットを利用するには、ペアリングが必要です。Bluetoothヘッドセットを接続してみましょう。

WindowsパソコンでBluetooth機器に接続する

1 Bluetoothの設定画面を表示する

レッスン❼を参考に、[Windowsの設定]画面を表示しておく

1 [デバイス]をクリック

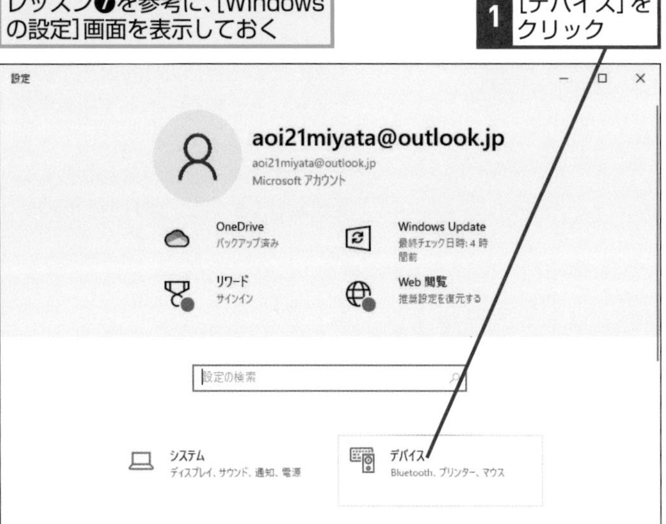

2 Bluetooth接続を開始する

[Bluetoothとその他のデバイス] 画面が表示された

1 [Bluetoothまたはその他のデバイスを追加する]をクリック

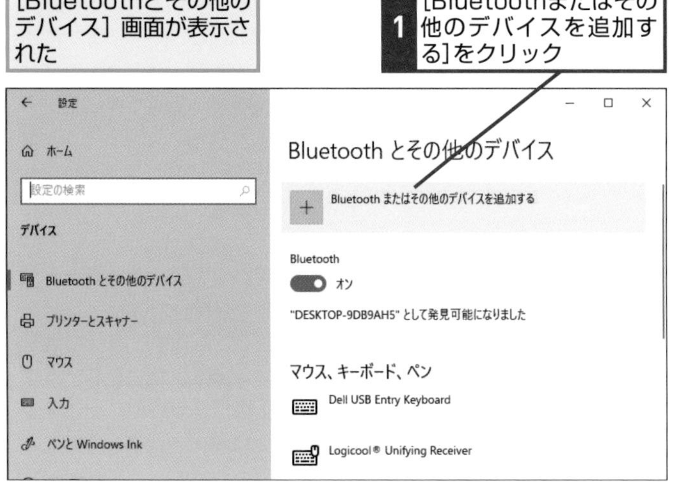

キーワード

Bluetooth	p.196
デバイス	p.199
ペアリング	p.200

HINT!

パソコンがBluetoothに対応していない場合は

手順2の画面に［Bluetooth］という項目が表示されないときは、パソコンがBluetoothに対応していません。USBポートに装着するBluetoothアダプターが市販されているので、購入を検討しましょう。

HINT!

ペアリングって何？

Bluetooth機器を使うには、接続する機器との「ペアリング」が必要です。ペアリングはBluetooth機器をパソコンやスマートフォンに接続できるように、登録する操作のことです。Bluetooth機器のボタンを長押しすることなどで、登録可能な「ペアリングモード」に切り替えると、パソコンやスマートフォンなどから検出できるようになります。製品によっては「0000」などのパスコードの入力が必要です。ペアリングは初回のみ必要な操作です。

間違った場合は？

手順4で接続するBluetooth機器が表示されないときは、取扱説明書を参考に、Bluetooth機器のボタンなどを操作して、ペアリングモードに変更しましょう。また、Bluetooth機器のバッテリーの残量も確認しましょう。

3 追加するデバイスの種類を選択する

[デバイスを追加する]画面が表示された

1 [Bluetooth]をクリック

4 接続する機器を選択する

Bluetooth機器が一覧で表示された

ここではワイヤレスヘッドフォンを接続する

1 [(デバイス名)]をクリック

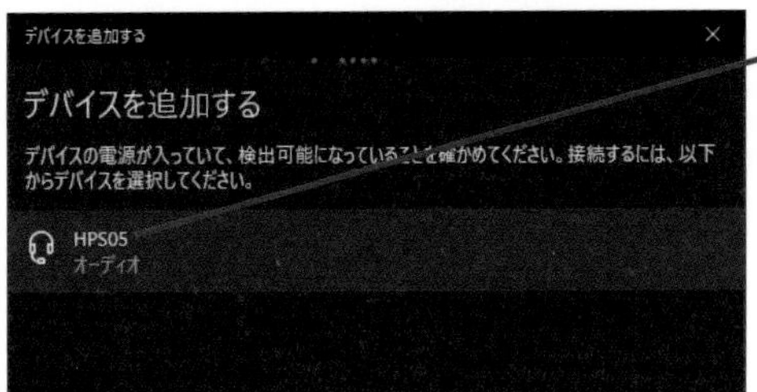

5 機器が接続された

ワイヤレスヘッドフォンが利用可能になった

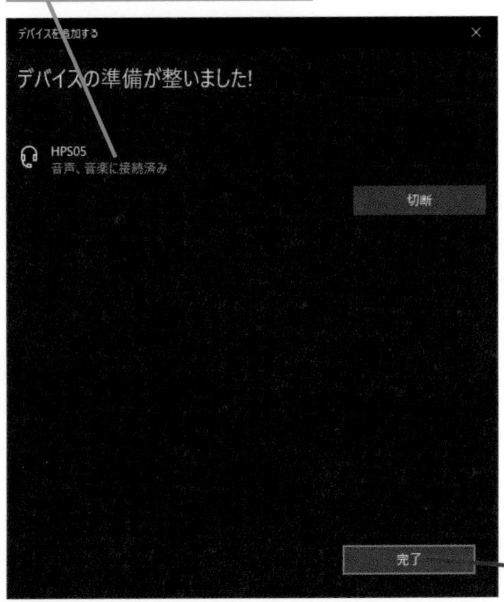

1 [完了]をクリック

HINT! ペアリングモードに切り替えるには

Bluetoothヘッドセットなどの Bluetooth機器は、本体のボタンを長押しすることなどで、ペアリングモードに切り替えられます。機器によって、切り替え操作が異なるので、各製品の取扱説明書を確認しましょう。機器によってはペアリングモードに切り替わると、LEDなどが点滅し、待機状態であることを通知します。

HINT! ChromebookでBluetooth機器を接続するには

Chromebookでは画面右下のステータス領域をクリックし、[設定] ボタン（⚙）をクリックします。接続したい機器をペアリングモードに切り替え、Chromebookの設定の画面で左列の [Bluetooth] をクリックします。Bluetoothの画面が表示されるので、「ペア設定されていないデバイス」の一覧に接続したいBluetooth機器が表示されたら、クリックすると、接続されます。Bluetooth機器によってはパスコードの入力が必要です。

HINT! 検出するまでに時間がかかることがある

機器によっては、パソコンで検出され、一覧に表示されるまでに、少し時間がかかることもあります。しばらく待って、検出されないときは、Bluetooth機器の電源を入れ直したり、機器側でペアリングモードに移行するための操作をもう一度、やり直してみましょう。

次のページに続く

AndroidスマートフォンでBluetooth機器に接続する

1 ［設定］アプリを起動する

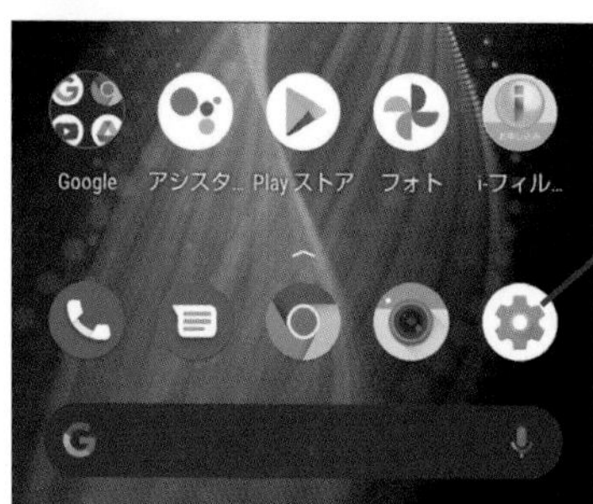

ホーム画面を表示しておく

1 ［設定］をタップ

2 ［接続済みの端末］画面を表示する

［設定］アプリが起動した

1 ［設定済みのデバイス］をタップ

3 Bluetooth機器との接続設定を開始する

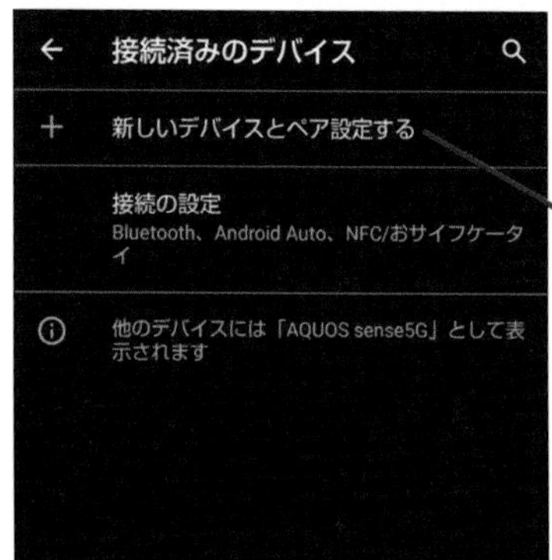

ここではまだ接続したことのないBluetooth機器に接続する

1 ［新しいデバイスとペア設定する］をタップ

HINT!

iPhoneでBluetooth機器に接続するには

iPhoneやiPadでBluetooth機器に接続するには、［設定］アプリで［Bluetooth］を選びます。［その他のデバイス］にペアリング可能なデバイスが一覧で表示されるので、ペアリングしたい機器をタップします。接続する機器がペアリングモードなど、ペアリングが可能な状態になっていないときは表示されません。

［設定］アプリを起動しておく

1 ［Bluetooth］をタップ

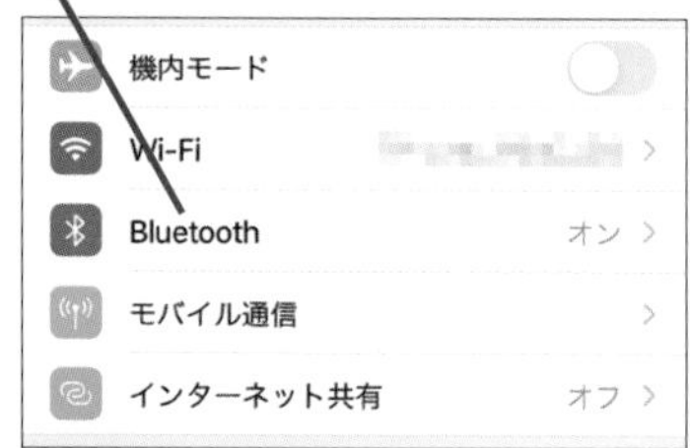

2 機器名をタップ

［接続済み］と表示された

間違った場合は？

手順3で［接続の設定］を選んでしまったときは、［戻る］ボタンをタップして、もう一度、［新しいデバイスとペア設定する］をタップし直してください。

4 Bluetooth機器を選択する

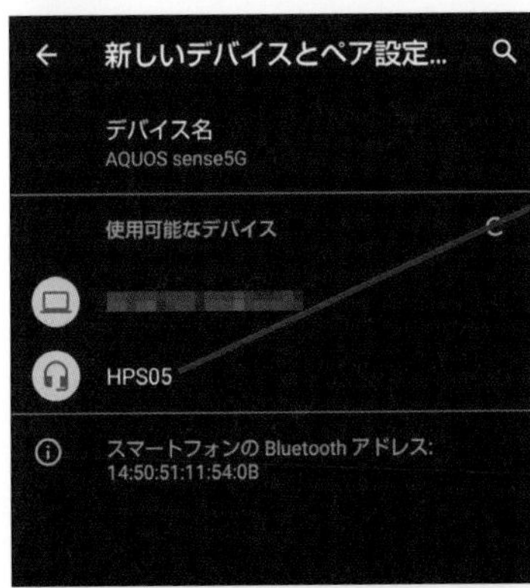

接続可能なBluetooth機器の一覧が表示された

1 機器名をタップ

HPS05をペアに設定しますか？

連絡先と通話履歴へのアクセスを許可する

キャンセル　ペア設定する

2 ［ペア設定する］をタップ

5 Bluetooth機器との接続設定が完了した

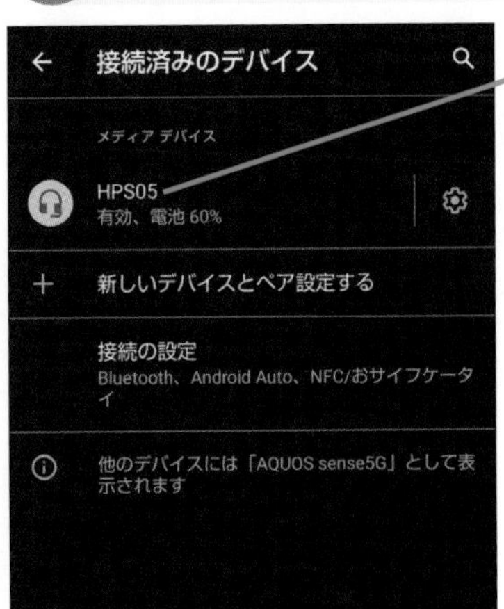

選択したBluetooth機器の名前が［メディアデバイス］に表示された

HINT!

MacでBluetooth機器に接続するには

MacでBluetooth機器に接続するには、49ページのテクニックを参考に、［システム環境設定］の画面を表示します。［デバイス］の下段にペアリング可能なデバイスが一覧で表示されるので、ペアリングしたい機器の右側の［接続］をクリックします。過去にペアリングしたことがある機器は［デバイス］の上段に表示されるので、クリックして、接続します。左側に［Bluetooth:オフ］と表示されているときは、［Bluetoothをオンにする］をクリックして、Bluetoothをオンに切り替えます。

49ページのテクニックを参考に、［システム環境設定］の画面を表示しておく

1 ［Bluetooth］をクリック

2 ［接続］をクリック

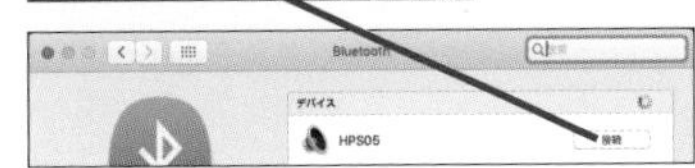

Point

ワイヤレスで手軽に接続できる

Bluetoothは周辺機器をワイヤレスで接続できる規格です。ビデオ会議で使う機器としては、ワイヤレスで音声のやり取りができるBluetoothヘッドセットが利用されています。Bluetoothヘッドセットをパソコンやスマートフォンで利用するには、「ペアリング」という登録が必要です。一度、登録すれば、それ以降はほぼ自動的に接続され、ビデオ会議の音声がワイヤレスでやり取りできます。Bluetoothヘッドセットは内蔵バッテリーで動作しているので、必要に応じて、充電をしましょう。

レッスン 19

[Zoom] アプリを起動するには

Zoom

[Zoom] アプリのインストールやZoomアカウントの登録などが完了したら、[Zoom] アプリを起動して、画面の内容を確認してみましょう。

1 [Zoom] アプリを起動する

デスクトップを表示しておく

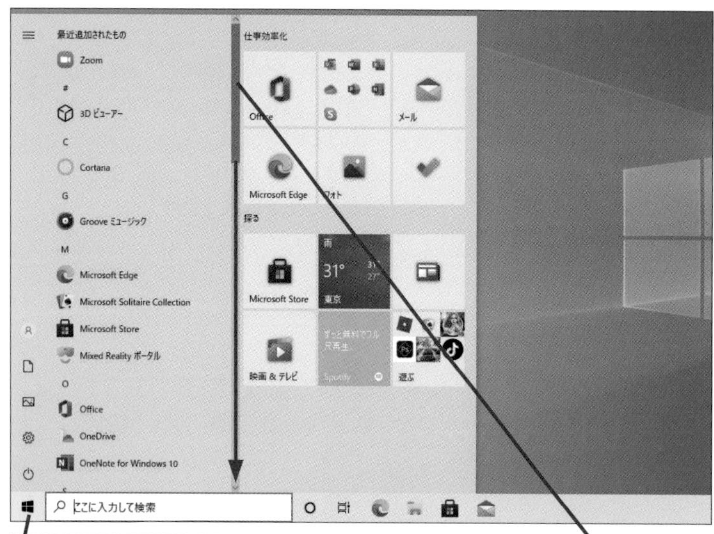

1 [スタート]をクリック

「Z」の項目までドラッグする

2 ここを下にドラッグしてスクロール

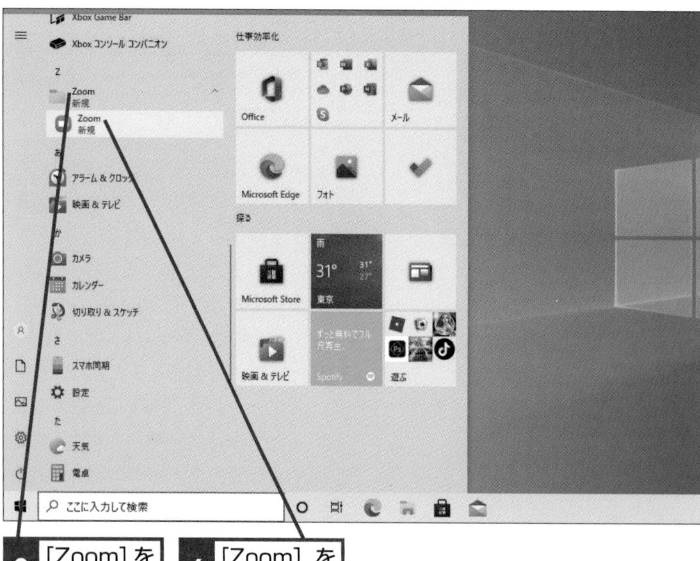

3 [Zoom] をクリック

4 [Zoom] をクリック

キーワード

Webブラウザー	p.196
アプリ	p.196

HINT!

iPhoneやAndroidスマートフォンでZoomにサインインするには

スマートフォンでZoomにサインインするには、[Zoom] アプリを起動し、[サインイン] をタップします。Zoomアカウントのメールアドレスとパスワードを入力し、[サインイン] をタップします。

[Zoom]アプリを起動しておく

1 [サインイン]をタップ

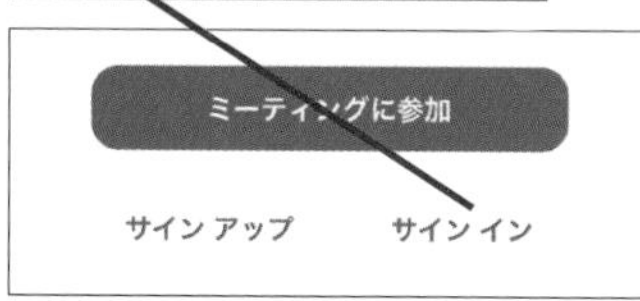

2 メールアドレスとパスワードを入力

キャンセル zoom

yuasekiguc@yahoo.co.jp

サイン イン

3 [サインイン]をタップ

間違った場合は？

手順1で他のアプリを起動してしまったときは、もう一度、[スタート] から [Zoom] - [Zoom] の順にクリックして、[Zoom] アプリを起動してください。

第3章 必要な機材を準備しよう

2 Zoomにサインインする

サインインの画面が表示された

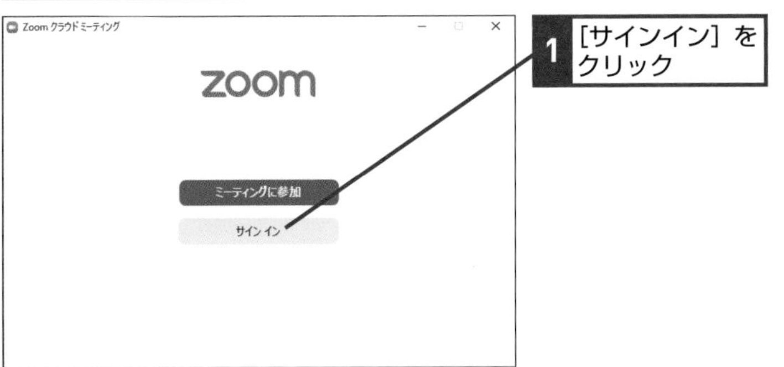

1 ［サインイン］をクリック

レッスン❽で設定したアカウントでサインインする

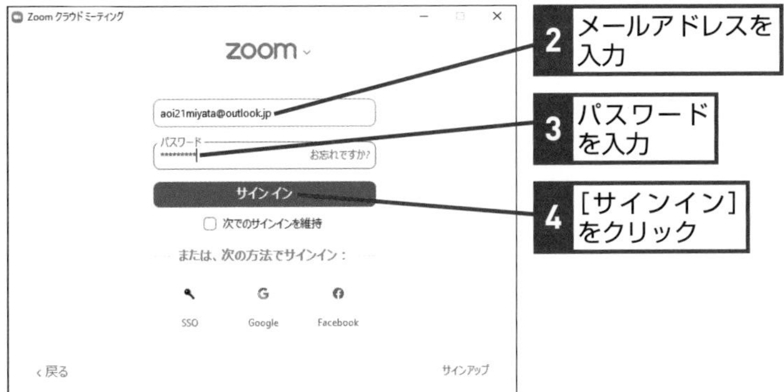

2 メールアドレスを入力

3 パスワードを入力

4 ［サインイン］をクリック

3 ［Zoom］アプリが起動した

この画面から、新しいビデオ会議を主催したり、スケジュールを組んだりする

HINT!

WebブラウザーでZoomにサインインするには

［Zoom］アプリを使わずに、WebブラウザーでもZoomのビデオ会議に参加できます。Webブラウザーから以下のURLのWebページを表示して、［サインイン］をクリックすると、Zoomを利用できる準備が整います。

以下のURLのWebページをブラウザーで表示しておく

▼ZoomのWebページ
https://zoom.us/jp-jp/meetings.html

1 ［サインイン］をタップ

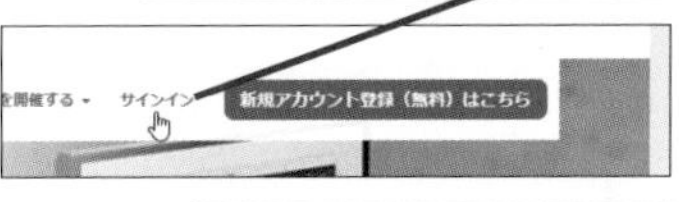

2 メールアドレスとパスワードを入力

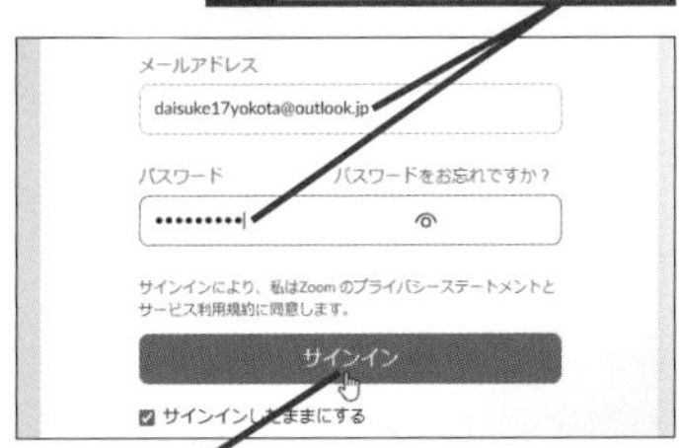

3 ［サインイン］をタップ

Point

［Zoom］を起動してサインインしよう

Zoomでビデオ会議を主催したり、参加したりするには、［Zoom］のアプリを起動し、サインインする必要があります。サインアップ時に登録したZoomアカウントとパスワードを入力して、サインインします。手順2の2つめの画面で、［次のサインインを維持］にチェックを付けておけば、次回以降は［Zoom］アプリを起動するだけで、サインインができますが、パソコンを他の人に使われて、勝手に［Zoom］アプリを起動されないように注意が必要です。

レッスン

20 マイクの動作を確認するには

マイクのテスト

［Zoom］アプリを起動したら、ビデオ会議などで使うマイクの動作を確認してみましょう。マイクのテストは［Zoom］アプリで実行します。

1 ［設定］画面を表示する

注意 ここではWindowsで利用するZoomのアプリを解説していますが、利用するプラットフォームによって、画面の内容は異なります。また、ChromebookのPWA版については、マイクのテストができないなど、仕様上の制限があります

レッスン⓳を参考に、［Zoom］アプリを起動しておく

1 ［設定］をクリック

2 設定する項目を選択する

［設定］画面が表示された

ここからさまざまな設定が実行できる

1 ［オーディオ］をクリック

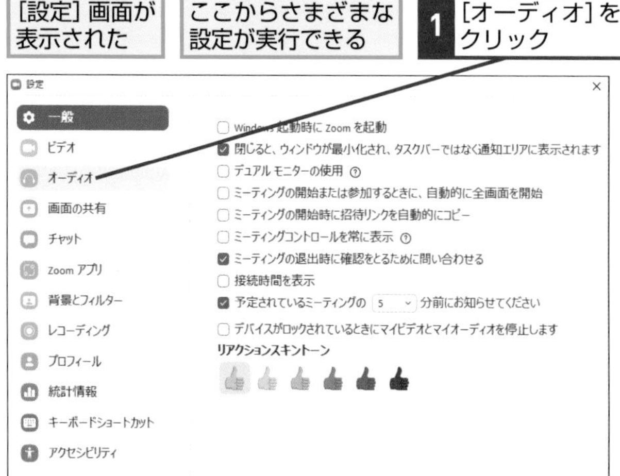

動画で見る
詳細は2ページへ

キーワード

マイク	p.200

HINT!

マイクが反応しないときは

［マイクのテスト］をクリックしてもマイクが反応しないときは、手順3の画面で、正しくマイクが選ばれていることを確認します。パソコンのマイク端子に接続されていたり、Bluetoothヘッドセットを接続しているときは、それぞれのマイクを一覧から選びます。また、パソコンによってはマイク端子が背面と前面に備えられているため、外付けマイクを接続した側を選びます。

HINT!

マイクの音量は自動で調整できる

手順3の画面では、マイクの音量のスライダーの下に、［自動で音量を調整］という項目が表示されています。これはマイクの音を小さくしたり、大きくしたりすることで、音量を調整し、会議の参加者に音声を聞きやすくするための機能です。通常はオンの状態で使いますが、音声が途切れてしまうようなときはオフも試してみるといいでしょう。

間違った場合は？

手順2で画面で、左の列の他の項目をクリックしたときは、［オーディオ］をクリックし直してください。

第3章 必要な機材を準備しよう

3 マイクの動作を確認する

オーディオの画面が表示された

1 [マイクのテスト]をクリック

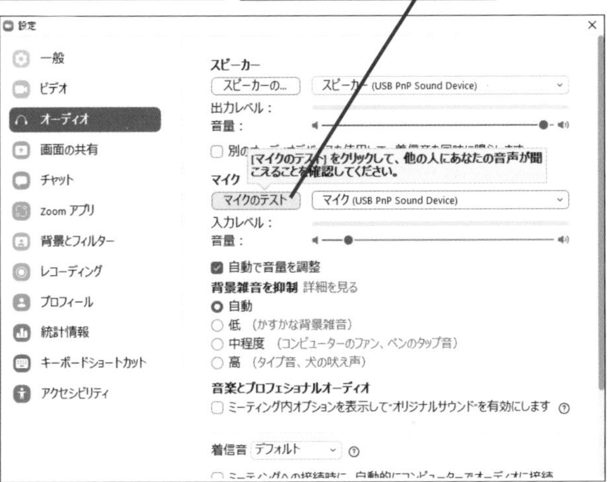

2 マイクに向かって音声を発する

[入力レベル]に青い棒が表示されれば、マイクが正常に動作している

次のレッスンでスピーカーのテストをするので、画面はそのままにしておく

HINT!
複数のマイクが接続されているときは

パソコン本体に内蔵されているマイクのほかに、Bluetoothヘッドセットなど、複数のマイクが接続されているときは、以下のように操作すると、一覧から利用するマイクを選ぶことができます。

[(マイク名)]のここをクリックすると、接続されているマイクの一覧が表示され、クリックすると選択できる

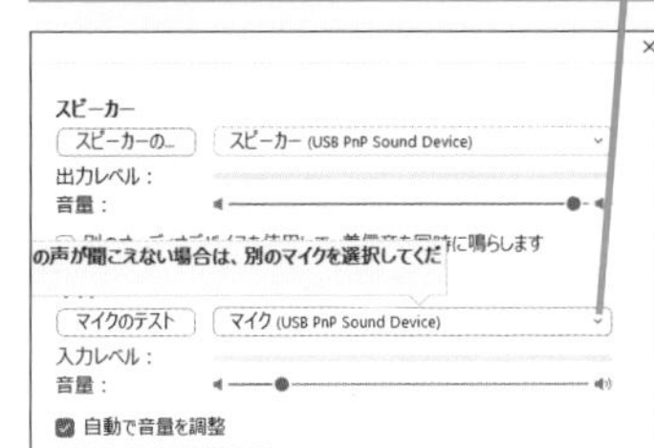

Point
マイクの動作を確認しておこう

Zoomによるビデオ会議では、Webカメラで映像を送受信したり、画面共有など、いろいろな機能が利用できますが、基本になるのは音声です。音声がきちんとやり取りできなければ、ビデオ会議は成立しません。その音声を正しく伝えられるようにするため、まずはマイクのテストを実行しておきましょう。特に、Bluetoothヘッドセットを利用したり、デスクトップパソコンで前後にマイク端子があるような場合は、実際に使うマイクを選び、自分の声にマイクが反応することを確認しましょう。相手の声を聞くためのスピーカーについては、次のレッスンで説明します。

レッスン

21 スピーカーの動作を確認するには

スピーカーのテスト

［Zoom］アプリで音声が正しく聞こえることを確認するため、スピーカーの動作を確認します。［Zoom］アプリでテストを実行しましょう。

1 スピーカーの動作を確認する

注意 ここではWindowsで利用するZoomのアプリを解説していますが、利用するプラットフォームによって、画面の内容は異なります。また、ChromebookのPWA版については、スピーカーのテストができないなど、仕様上の制限があります

レッスン⑳を参考に、［設定］画面を表示しておく

1 ［スピーカーのテスト］をクリック

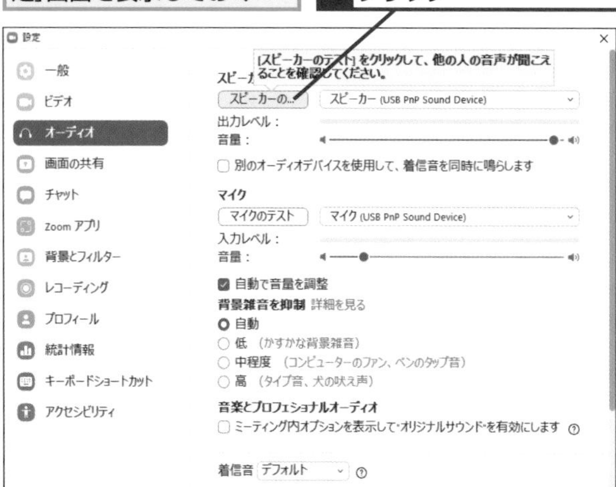

スピーカーから音楽が流れだした

［出力レベル］に青い棒が表示されれば、スピーカーが正常に動作している

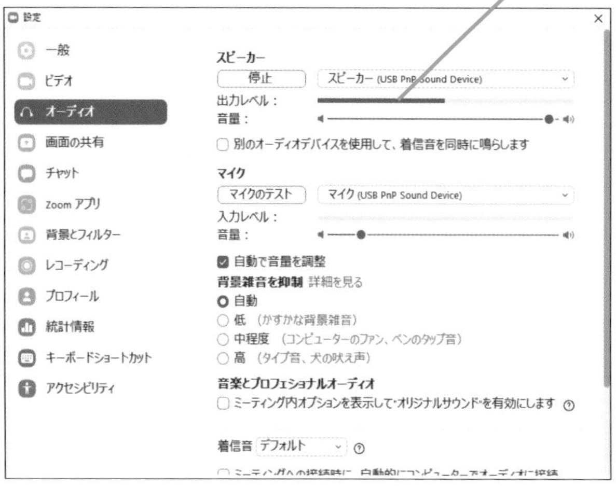

動画で見る

詳細は2ページへ

キーワード

スピーカー p.198

HINT!

スピーカーから音が聞こえないときは？

［スピーカーのテスト］をクリックしても音が聞こえないときは、いくつかの理由が考えられます。まず、手順2の画面で、正しくスピーカーが選ばれていることを確認します。パソコンの内蔵スピーカーだけでなく、オーディオ端子にスピーカーが接続されていたり、Bluetoothヘッドセットを接続しているときは、それぞれを一覧から選びます。また、パソコンによってはイヤホン端子が本体の背面と前面に備えられていることがあるため、イヤホンを接続した側を選びます。同様に、オーディオ端子やイヤホン端子にスピーカーやイヤホンが正しくマイク端子に接続されていることも確認します。また、パソコンやBluetoothヘッドセットに音量キーが備えられているときは、それらも操作して、音量の変化を確認してみましょう。

間違った場合は？

手順1で［スピーカーのテスト］ではなく、［マイクのテスト］をクリックしたときは、マイクの［停止］をクリックして、［スピーカーのテスト］をクリックし直してください。

2 スピーカーの動作確認を終了する

スピーカーの動作を確認できた

1 ［停止］をクリック

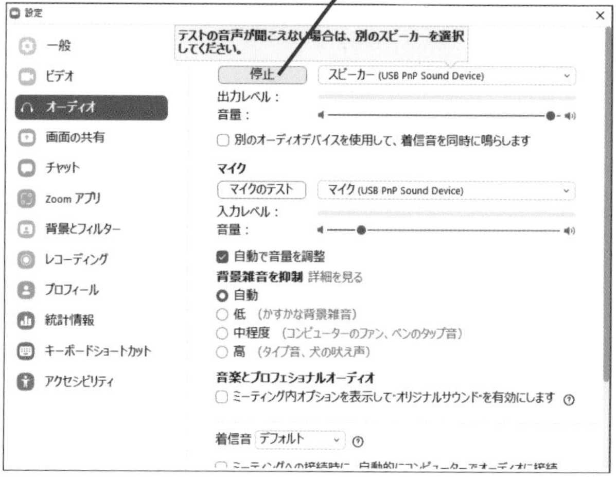

テストの音声が聞こえない場合は、別のスピーカーを選択してください。

3 ［設定］画面を閉じる

流れていた音楽が停止した

1 ［閉じる］をクリック

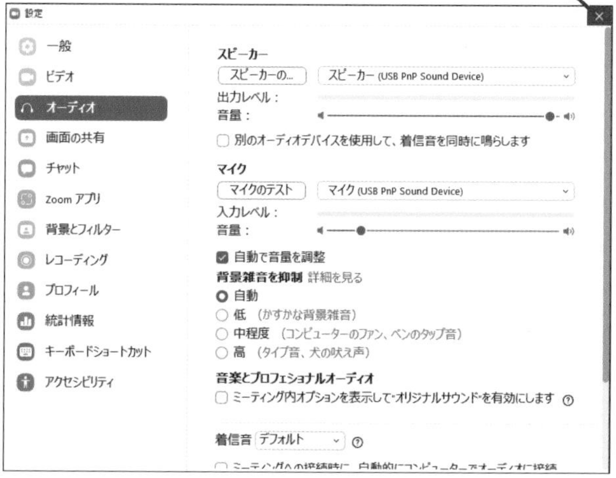

HINT! 複数のスピーカーが接続されているときは

パソコン本体に内蔵されているスピーカーのほかに、オーディオ端子に接続したスピーカー、イヤホン端子に接続したイヤホンマイク、Bluetoothヘッドセットなど、複数のスピーカーや再生機器が接続されているときは、以下のように操作すると、一覧から再生するスピーカー（機器）を選ぶことができます。

［(スピーカー名)］のここをクリックすると、接続されているスピーカーの一覧が表示され、クリックすると選択できる

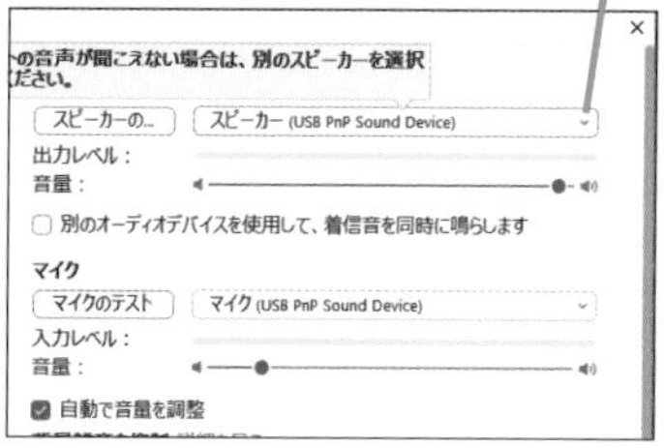

Point スピーカーやイヤホンの動作を確認しておこう

ビデオ会議では普段の会議と同じように、参加者と声で会話をします。円滑なコミュニケーションのためには、こちらの声をマイクから伝えるだけでなく、スピーカーやイヤホンから相手の声がクリアに聞こえることも重要です。レッスン⑳のマイクのテストに続き、スピーカーのテストも実行してみましょう。パソコン本体内蔵のスピーカーのほかに、イヤホンマイクやBluetoothヘッドセットなど、複数の機器を利用しているときは、再生する機器を切り替え、それぞれの機器で正しく音が聞こえることを確認しておきましょう。

レッスン

22 カメラの動作を確認するには

カメラのテスト

Zoomによるビデオ会議ではカメラを使って、映像をやり取りすることができます。Zoomで利用するカメラの動作を確認してみましょう。

1 設定する項目を選択する

レッスン⑳を参考に、[設定]画面を表示しておく

1 [ビデオ]をクリック

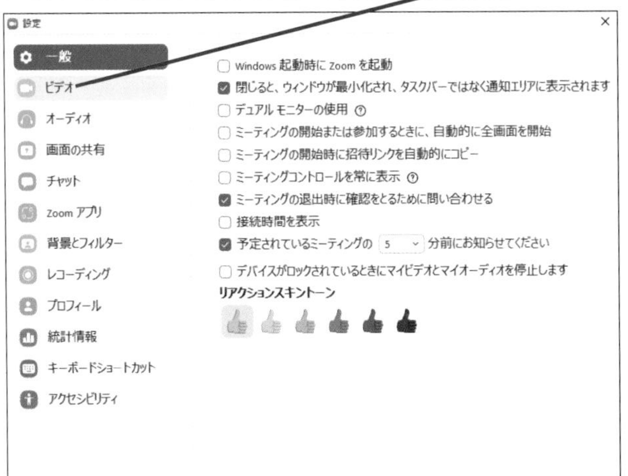

2 映像の左右反転を修正する

自分の映像が映し出された

映像が左右に反転してしまっている

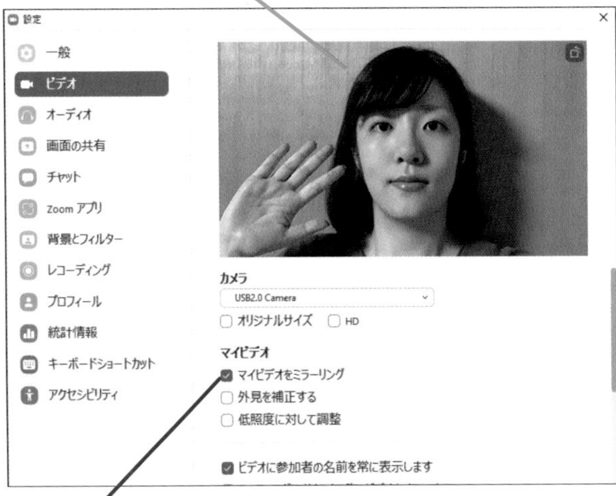

1 [マイビデオをミラーリング]のここをクリックしてチェックマークをはずす

▶キーワード

カメラ p.197

HINT!

Webカメラのユーティリティソフトを便利に使おう

市販の外付けタイプのWebカメラは、専用のユーティリティソフトが提供されていることがあります。Zoomを利用するときは、[Zoom]アプリがカメラを制御するため、専用ユーティリティを使いませんが、Webカメラのファームウェアなどが更新されることもあるので、インストールしておき、各メーカーのサポートのWebページなどもチェックしておきましょう。

HINT!

画面の上下が反転しているときは

画面の上下が反転しているときは、手順2のプレビューの右上に表示されている[90°回転]ボタンをくり返しクリックして、正しい向きにしましょう。

[90°回転]をクリックするたびに、90°ずつ反時計周りに回転する

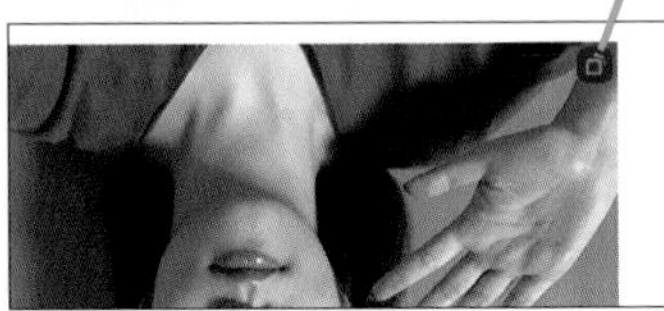

間違った場合は？

手順2で間違って映像を反転させてしまったときは、もう一度、[マイビデオをミラーリング]をクリックして、正しい向きに設定し直してください。

第3章 必要な機材を準備しよう

テクニック スマートフォンやデジタルカメラをWebカメラとして使える

パソコンでZoomを利用するとき、専用のアプリやツールを組み合わせることで、スマートフォンやデジタルカメラなどをWebカメラとして使うことができます。たとえば、「iVCam」や「EpocCam」、「DroidCam」などのツールは、iPhoneやAndroidスマートフォンをWindowsパソコンやMacのWebカメラとして利用できます。パソコンとスマートフォンの双方にアプリをインストールし、同じネットワーク（Wi-Fi）に接続するか、USBケーブルで接続して、利用します。いずれも無料で使いはじめられますが、すべての機能を利用するには有料版を購入する必要があります。また、キヤノンやソニー、ニコン、富士フイルム、オリンパスなどは、各社のデジタルカメラをWebカメラとして利用するための専用ツールを提供しています。これらのツールを組み合わせ、Zoomで利用するWebカメラの環境を整えていくのもいいでしょう。

▼iVCam
https://www.e2esoft.com/ivcam/

▼EpocCam
https://www.elgato.com/ja/epoccam

▼DroidCam
https://www.dev47apps.com/

［iVCam］アプリを使えば、スマートフォンがWebカメラの代わりになる

3 カメラの動作を確認できた

左右に反転した映像が元に戻った

［閉じる］をクリックして［設定］画面を閉じておく

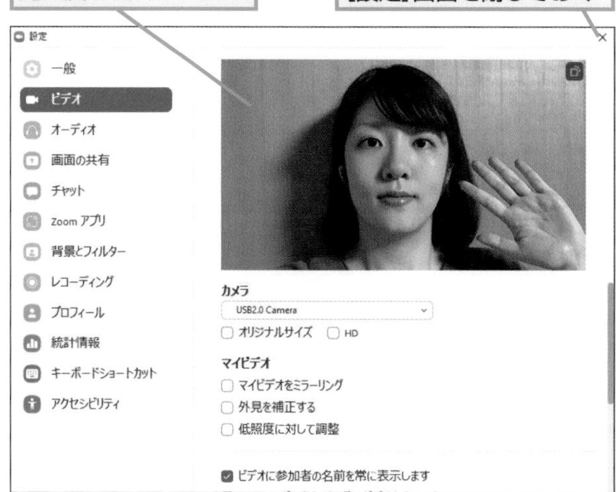

Point

カメラの方向や見える範囲を確認しておこう

Zoomを利用したビデオ会議で、映像をやり取りするには、カメラを使います。実際に、ビデオ会議を使いはじめる前に、カメラがどのように動作するのかをZoomで確認しておきましょう。ここで説明したように、カメラの天地左右の向きも重要ですが、ノートパソコンなどでは内側と外側にカメラが備えられていることもあるので、どちらのカメラが有効なのかも確認が必要です。また、カメラではどれくらいの範囲が映るのかも確認しておきましょう。背景に余計なものが映らないように、カメラの向きや画角を調整したり、部屋の片付けなども検討しましょう。

Zoom お役立ちコラム❸

快適なビデオ会議のために、もう一台のデバイスを用意しておこう

Zoomによるビデオ会議は、パソコンにアプリをインストールし、アカウントを設定すれば、利用できますが、同じアカウントを使い、スマートフォンやタブレットなどにもZoomの環境を整えておくと便利です。急遽、移動中や外出先でビデオ会議に参加しなければならないとき、スマートフォンなどがあれば、すぐに参加できるからです。自宅やオフィスなどでもビデオ会議はスマートフォンなどに任せておき、パソコンでは資料を確認したり、メモを取るといった使い方もできます。また、快適なビデオ会議には、基本となる音声の品質が重要です。パソコンやスマートフォンなどに内蔵のマイクとスピーカーでも会話はできますが、有線のイヤホンマイクやBluetoothヘッドセットを使えば、音質も優れているうえ、周囲の雑音も抑えられ、スムーズにコミュニケーションができます。同時に、会議の内容が周囲に聞こえないというプライバシー面のメリットもあります。

複数のデバイスでビデオ会議を快適にする

パソコンとスマートフォンなど、複数のデバイスを用意すれば、それぞれに役割を分担させて便利にビデオ会議を進められる

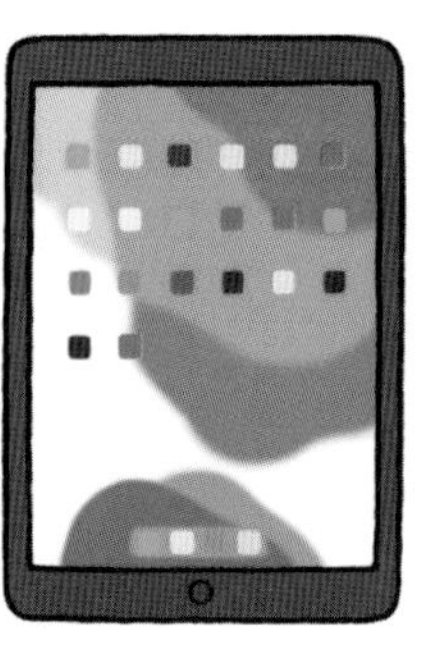

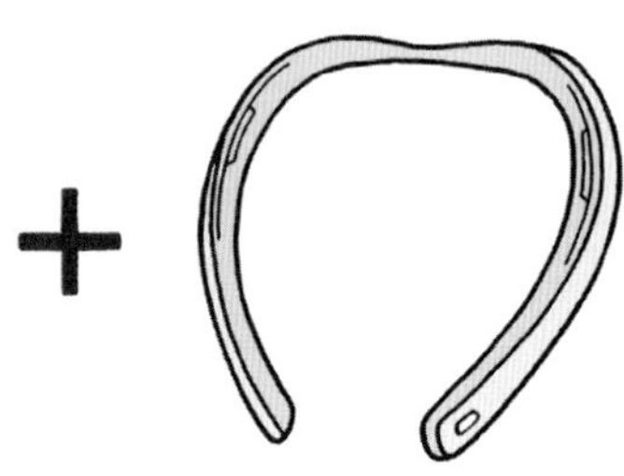

第3章 必要な機材を準備しよう

第4章 ビデオ会議をしよう

Zoomでビデオ会議を実施してみましょう。この章では、ビデオ会議を開催したり、招待されたビデオ会議に参加したりする方法はもちろん、Zoomを利用するときに知っておきたい基本的な機能について、説明します。

●この章の内容

㉓ ビデオ会議の基本を知ろう……86
㉔ ビデオ会議を主催するには……88
㉕ 招待されたミーティングに参加するには……98
㉖ ビデオ会議のスケジュールを設定するには……100
㉗ ビデオ会議の日時を変更するには……104
㉘ 映像の見え方を変更するには……106
㉙ マイクやカメラのオンとオフを切り替えるには……108
㉚ 背景を自由に変更するには……110
㉛ Zoomのミーティングを記録するには……114

レッスン 23

ビデオ会議の基本を知ろう

ビデオ会議の基本的な流れ

実際にビデオ会議を開催する前に、Zoomによるビデオ会議の全体像を確認しておきましょう。Zoomならではの用語や会議の流れを押さえておくと安心です。

ホストと参加者の違いを知ろう

ひと口に「ビデオ会議」と言ってもツールによって、用語や開催方法が異なります。まず、Zoomならではのビデオ会議の定義を押さえておきましょう。Zoomによるビデオ会議を「ミーティング」と呼びますが、このミーティングを開催する人のことを「ホスト」と呼びます。ホストは会議のスケジュールを決めたり、会議のメンバーを招集したりします。一方、ミーティングに参加する人のことを「参加者」と呼びます。参加者は基本的にホストから招待されないと、ミーティングに参加できません。

ホストに招待されない人はビデオ会議に参加できない

キーワード

参加者	p.197
ビデオ会議	p.199
ホスト	p.200
ミーティング	p.200

HINT!

ミーティングって何?

Zoomでは一般に広く使われている「ビデオ会議」を「ミーティング」という機能名で呼んでいます。このため、本書でもZoomを使って開催するビデオ会議のことを「ミーティング」と表記しています。

HINT!

有料版ではユーザーやグループを管理できる

有料プランのZoomを使うと、社員やスタッフをユーザーとして登録したり、部署ごとにグループを作ったりすることができます。グループを活用することで、部署単位で簡単にミーティングを開催したり、ミーティングのスケジュールを設定したりできます。

ビデオ会議の開始と基本的な機能

Zoomでビデオ会議をするための流れを確認しておきましょう。まず、自分でミーティングを開催するかどうかを決めます。ホストとしてミーティングを開催する場合はレッスン㉔に、参加者として他の人が開催したミーティングに参加する場合はレッスン㉕に進みましょう。ミーティング開催後の基本操作に関しては、ホストでも参加者でも変わりません。

●Zoomでビデオ会議をするための流れ

❶ ホストとしてミーティングを新規に開始して、参加者を招待する
→レッスン㉔

❶ 参加者として、招待されたミーティングに参加する
→レッスン㉕

❷ ミーティングのスケジュールを設定、変更する
→レッスン㉖、㉗

❸ 画面の見え方を変更する
→レッスン㉘

❹ マイクやカメラのオンとオフを切り替える
→レッスン㉙

❺ 背景を変更する
→レッスン㉚

❻ ビデオ会議の内容を記録する
→レッスン㉛

HINT!
招待されて参加するだけでもアカウントは必要？

Zoomのミーティングには、アカウントがなくても参加することができます。メールでZoomのミーティングに招待されたり、SNSなどに掲示されたZoomのミーティングに参加したりするときでも事前に特別な設定や登録は不要です。また、Zoomを利用するためのアプリをインストールできなくても問題ありません。レッスン⑭で説明したように、招待されたミーティングにはブラウザーのみで参加することができます。

Point
Zoomのビデオ会議は難しくない

ビデオ会議にZoomを活用するには、まず、Zoomで使われている用語やビデオ会議の実施方法を知っておくことが大切です。とは言え、難しいものではないので、安心してください。「ミーティング」や「ホスト」など、普段の生活でも耳にする言葉が多く使われているうえ、ビデオ会議を開催する流れも顔を合わせた実際の会議と大きな違いはありません。誰でも簡単にビデオ会議をはじめることができます。

レッスン 24

ビデオ会議を主催するには

新規ミーティング

実際にZoomのミーティングを開催してみましょう。日程や参加者を決めて、会議を進行する「ホスト」としてミーティングを開始します。

Windowsパソコンの［Zoom］アプリで招待する

1 ミーティングを開始する

レッスン⑲を参考に、［Zoom］アプリを起動してサインインしておく

1 ［新規ミーティング］をクリック

2 ［コンピューターでオーディオに参加］をクリック

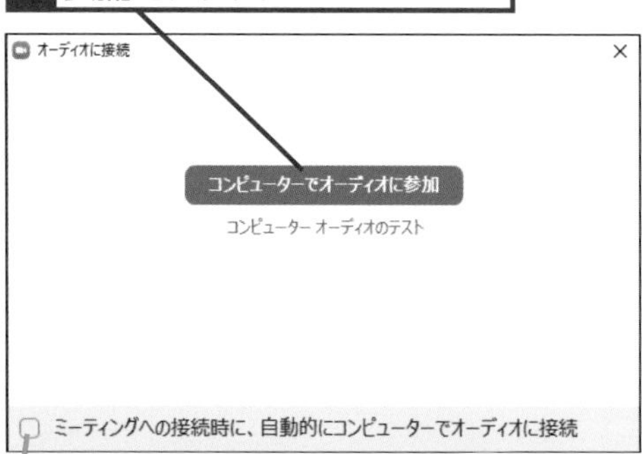

ここをクリックして、チェックマークを付けておくと、次回からこの画面が表示されなくなる

キーワード

Gmail	p.196
待機室	p.198

HINT!

音声だけのミーティングを開始するには

手順1で、次のように操作すると、ビデオ映像を使わない音声のみのミーティングを開催できます。ただし、ホスト、参加者ともに、ミーティング開始後に［ビデオの開始］をクリックすることで、ビデオ映像をオンにすることができます。つまり、ミーティング開始時にビデオ映像をオンにするか、オフにするかという設定になります。

1 ［新規ミーティング］のここをクリック

2 ［ビデオありで開始］のここをクリックして、チェックマークをはずす

手順1から操作する

間違った場合は？

［Zoom］アプリがインストールされていないときは、ブラウザーで「https://zoom.us/」にアクセスし、自分のアカウントでサインイン後、［ミーティングを開催する］からミーティングを開催できます。

第4章 ビデオ会議をしよう

2 参加者を表示する

自分の映像が表示された

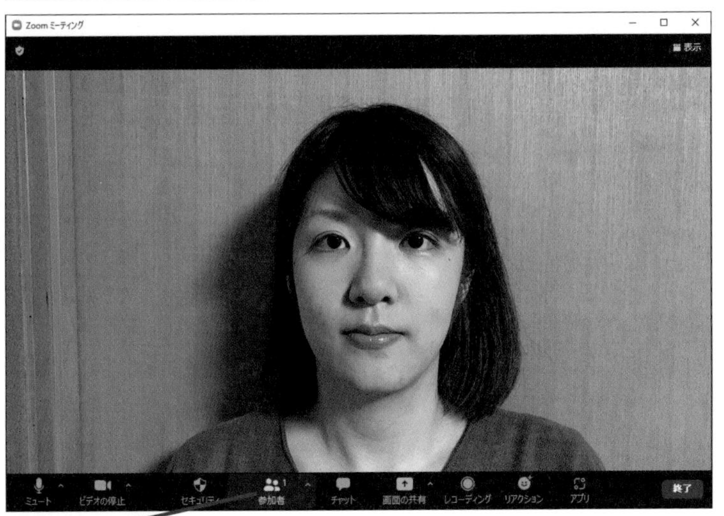

1 [参加者]をクリック

3 招待を開始する

まだ自分しか参加していない

◆参加者の一覧/待機室

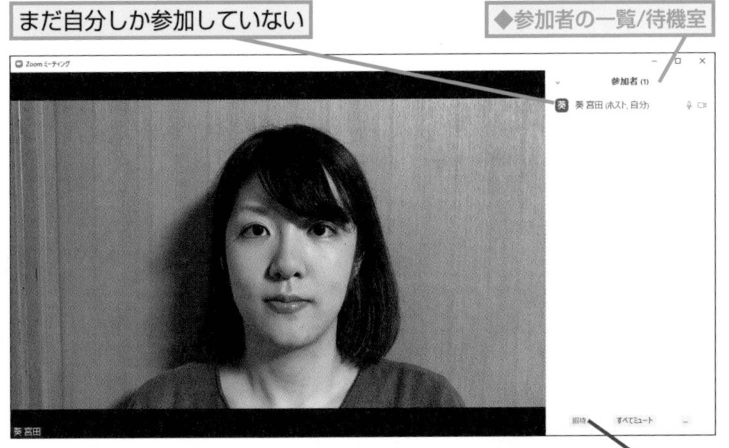

1 [招待]をクリック

HINT! ミーティングを終了するには

手順2で右下の［終了］をクリックすると、ミーティングを終了できます。ただし、ホストとしてミーティングを開催しているときは、以下の2つから終了方法を選ぶ必要があります。

1 [終了]をクリック

[全員に対してミーティングを終了]をクリックすると、ミーティングが終了し、ほかの参加者も自動的にミーティングから退出する

[ミーティングを退出］をクリックすると、自分だけがミーティングから退出し、ほかの参加者の中からホストを指名することで、ミーティングはそのまま継続される

HINT! 参加者の一覧が表示される

手順3の右側のウィンドウには、ミーティングの参加者の一覧が表示されます。名前の右側に表示されているアイコンは、マイクやカメラの状態です。ユーザーがマイクやカメラをオフにしている場合は、アイコンに赤い斜線が表示されます。なお、もう一度、［参加者］をクリックすることで、非表示にできます。

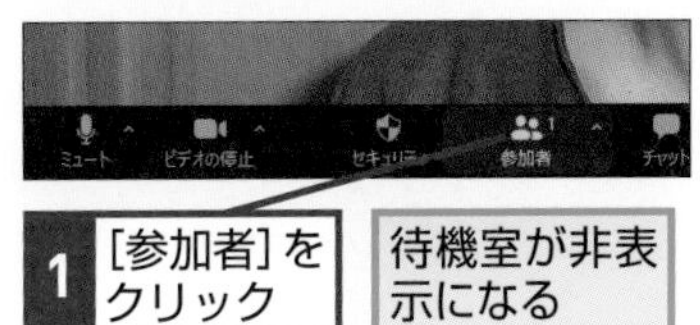

1 [参加者]をクリック

待機室が非表示になる

次のページに続く

4 招待メールを送信する

1 [メール] をクリック

ここでは通常使用しているメールソフトを選択する

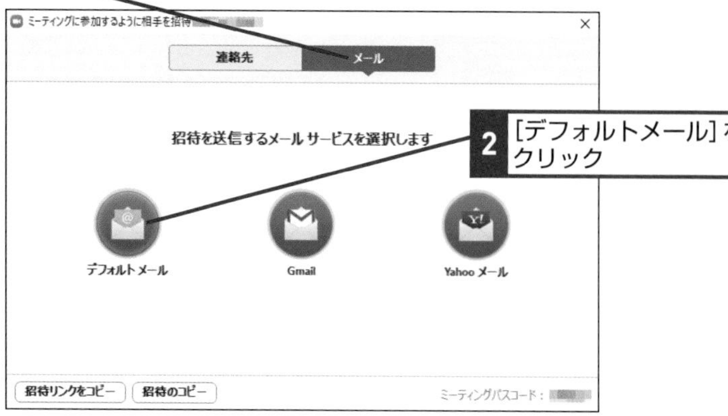

2 [デフォルトメール] をクリック

メールソフトが起動した

ここでは[Outlook]が起動したが、[メール]アプリが起動する場合もある

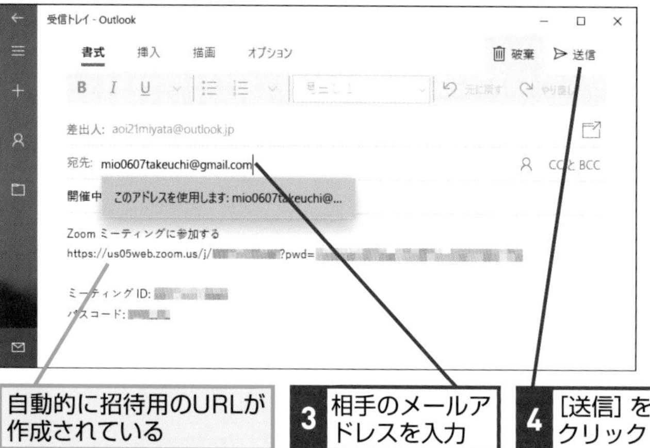

自動的に招待用のURLが作成されている

3 相手のメールアドレスを入力

4 [送信] をクリック

相手にミーティングの通知が送信されるので、参加が承諾されるまで待つ

テクニック 待機室にいる参加者を忘れないようにしよう

Zoomでは、第三者が勝手にミーティングに参加するのを防ぐために「待機室（レッスン㊶参照）」という機能が用意されています。待機室がオン（標準ではオフ）になっている場合は、ミーティングに招待された人が一旦、「待機室」に接続され、ホストに許可されるまで、ミーティングに参加できません。ホストとしてミーティングを開催するときは、参加者の一覧で待機室で待っている人を忘れずに許可しましょう。

HINT! 他のメールでも招待できる

環境によっては、手順4で［メール］アプリなど、普段使っているメールソフトが起動します。アプリが違っても招待する方法は同じなので、相手のアドレスを指定して送信しましょう。また、［Gmail］を選択すると、ブラウザーが起動してWebメールでメールを送信できます。［Yahooメール］は米国向けサービスのため、利用できません。

手順4の1枚目の画面を表示しておく

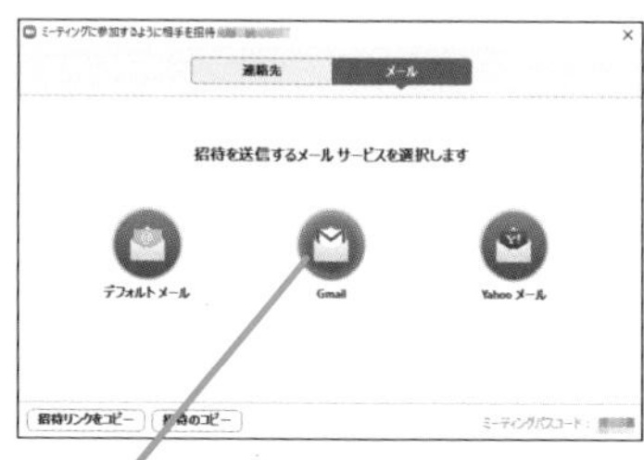

[Gmail] をクリックすると、ブラウザーのWebメールサービスから招待メールを送信できる

HINT! 相手にはどんな招待が送られるの？

Zoomの招待メールは、ミーティング参加用のリンクやパスワードなどが記載されたシンプルなものです。挨拶などのメッセージは記載されていません。詳しくはレッスン㉕で紹介します。

間違った場合は？

間違った相手を招待してしまったときは、手順5で参加者にマウスカーソルを合わせ［詳細］から［削除］を選択します。別途、メールなどで間違って招待してしまった旨を伝えておきましょう。

テクニック メール以外の方法で招待したいときは

ミーティングの参加者は、メール以外でも招待できます。[招待リンクをコピー]や[招待のコピー]で、ミーティングに参加するための情報がコピーできるので、社内SNSや共有カレンダーに貼り付けておくといいでしょう。なお、URL内には参加用のパスワードも含まれています。パスワードはミーティングIDで参加するときは必要ですが、リンクで招待するときは不要です。

[招待リンクをコピー]をクリックすると、ミーティングのURLだけがクリップボードにコピーされる

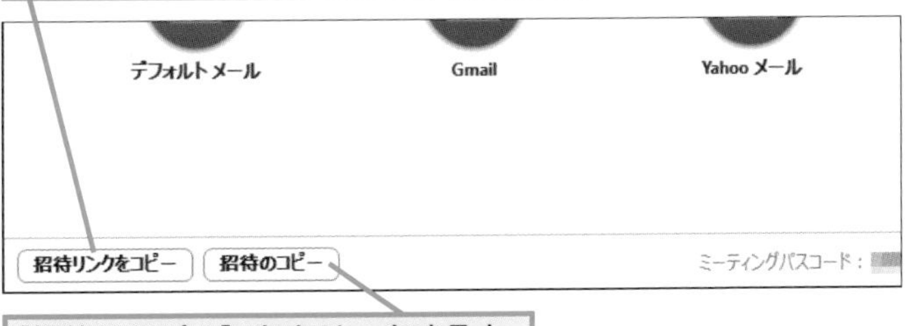

[招待のコピー]をクリックすると、メールで送信する文面がそのままクリップボードにコピーされる

5 ミーティングが開始した

ここに相手の映像が表示される

ここに相手に映る自分の映像が表示される

[ミーティングの終了]をクリックすると、ミーティングを終了できる

HINT! Macでミーティングを開始するには

Macを使っている場合でも操作方法に大きな違いはありません。あらかじめ[Zoom]アプリをインストールしてサインインしておけば、同様に[新規ミーティング]からミーティングを開催できます。

レッスン⓬を参考に、Macに[Zoom]アプリをインストールして、サインインしておく

1 [新規ミーティング]をクリック

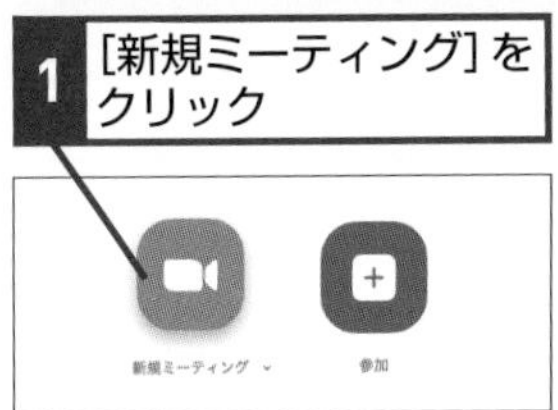

2 [コンピューターオーディオに参加する]をクリック

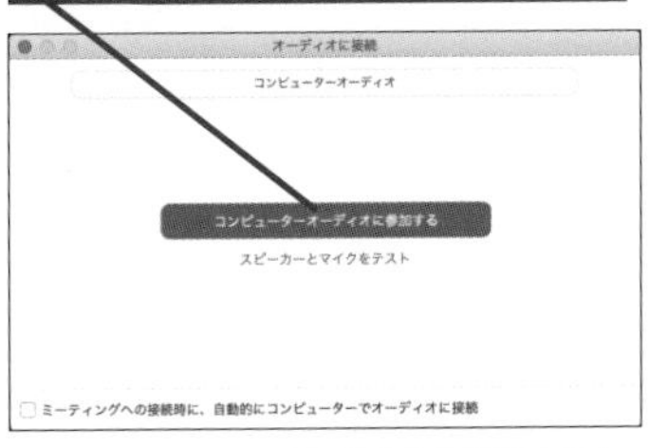

このレッスンの手順を参考に、ミーティングを開始する

HINT! Chromebookでミーティングを開始するには

Chromebookでも同様の手順でミーティングを開始できます。[Zoom]アプリを起動して、[新規ミーティング]をクリックして開始しましょう。

次のページに続く

テクニック 招待メールを送信するメールアプリを変更するには

Zoomで招待メールを送信するときに［デフォルトメール］で起動するアプリは、Windows 10/11の［規定のアプリ］の［メール］に設定されているアプリです。標準では［メール］アプリが設定されていますが、Outlookやほかのメールアプリを利用したいときは、以下の手順で変更できます。ただし、変更すると、Zoom以外の環境でも標準で起動するメールアプリがOutlookになります。なお、Outlookやほかのメールアプリがインストールされていない環境では、設定できません。

レッスン❼を参考に、［Windowsの設定］画面を表示しておく

1 ここを下にドラッグしてスクロール

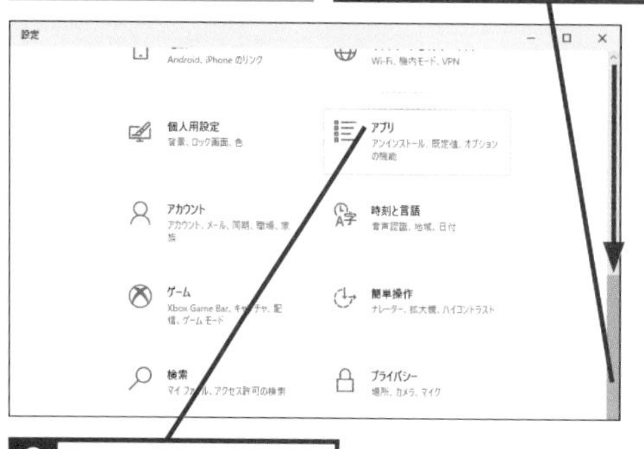

2 ［アプリ］をクリック

3 ［既定のアプリ］をクリック

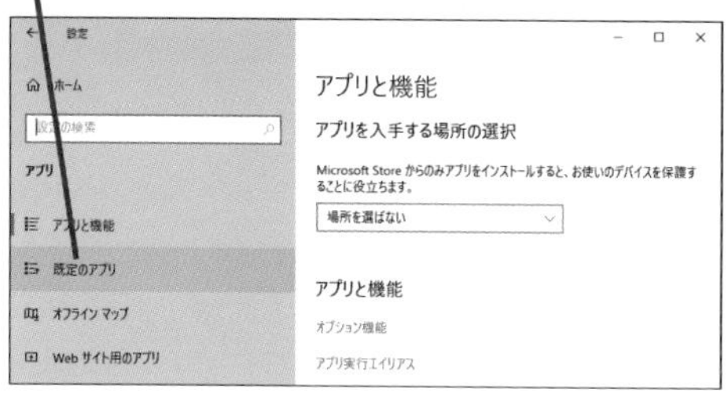

［既定のアプリ］の一覧が表示された

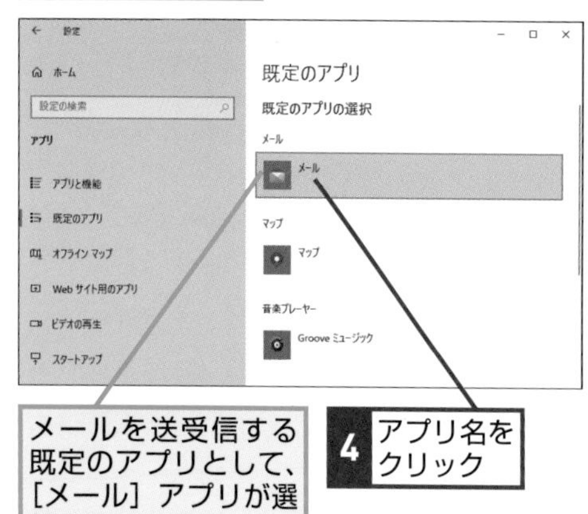

メールを送受信する既定のアプリとして、［メール］アプリが選択されている

4 アプリ名をクリック

ここではOutlookを［既定のアプリ］に設定する

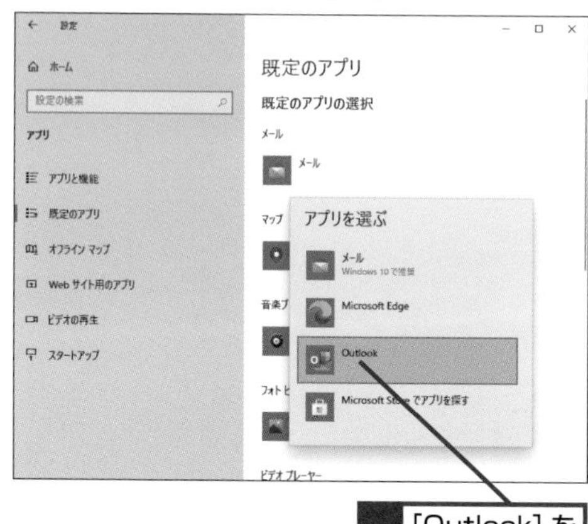

5 ［Outlook］をクリック

Outlookがメールを送受信する［既定のアプリ］として設定された

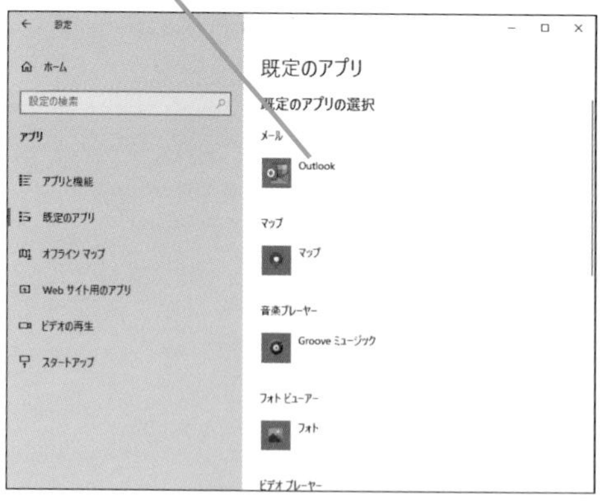

第4章 ビデオ会議をしよう

テクニック 画面に表示される名前を変えるには

画面に表示される自分の名前は会議中に変更することができます。以下のように操作して、変更しましょう。なお、ホストは自分と参加者の両方の名前を変更できますが、参加者は自分の名前しか変更できません。

手順3の画面を表示しておく

1 自分の名前にマウスポインターを合わせる

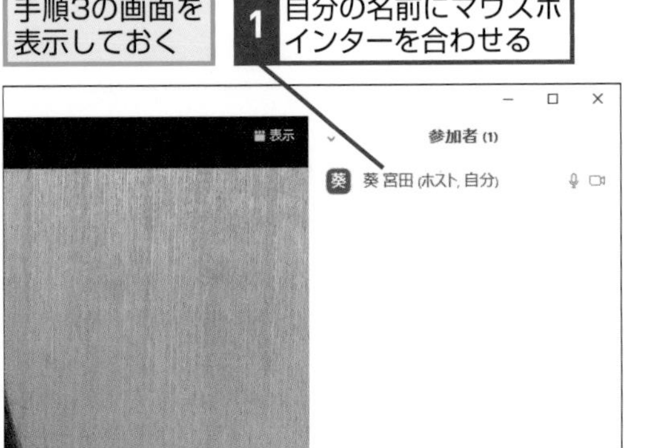

2 [詳細] をクリック

3 [名前の変更] をクリック

[名前の変更] ダイアログボックスが表示された

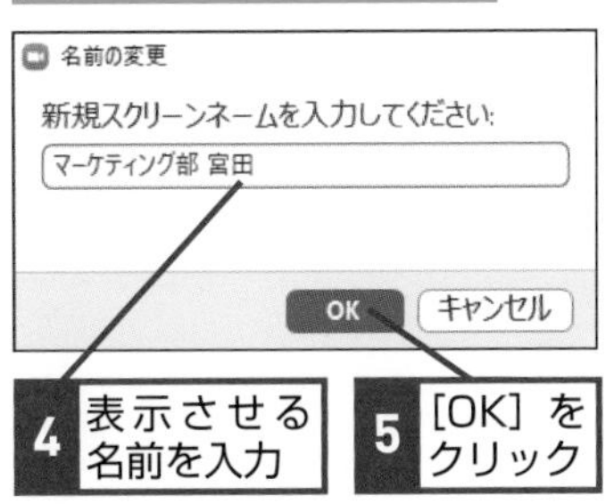

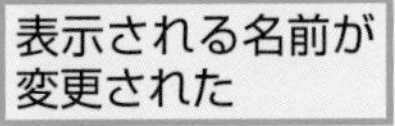

4 表示させる名前を入力

5 [OK] をクリック

表示される名前が変更された

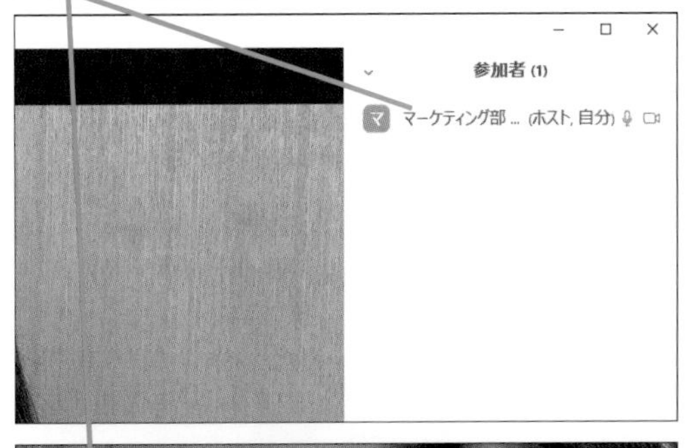

24 新規ミーティング

次のページに続く

iPhoneでビデオ会議を主催する

1 ミーティングを開始する

レッスン⑲の76ページのHINT!を参考に、[Zoom]アプリを起動してサインインしておく

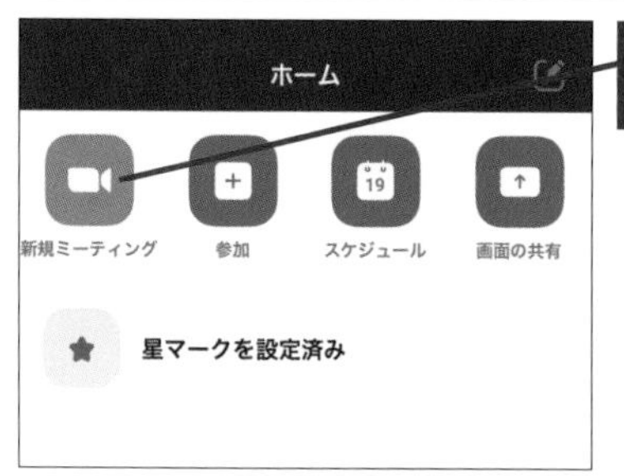

1 [新規ミーティング]をタップ

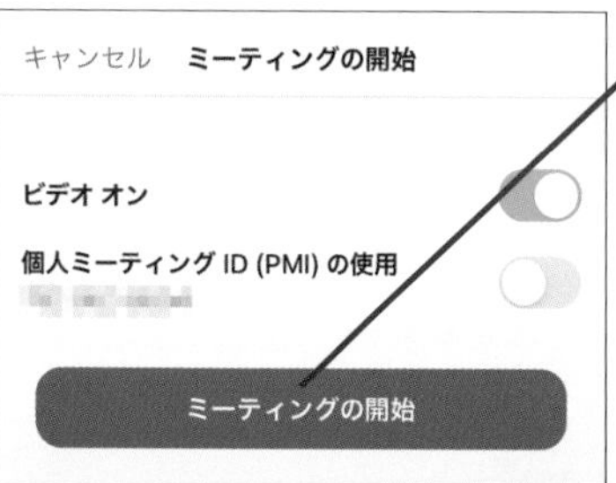

2 [ミーティングの開始]をタップ

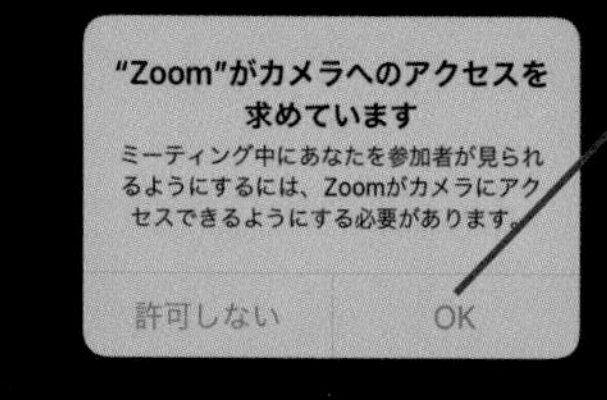

3 [OK]をタップ

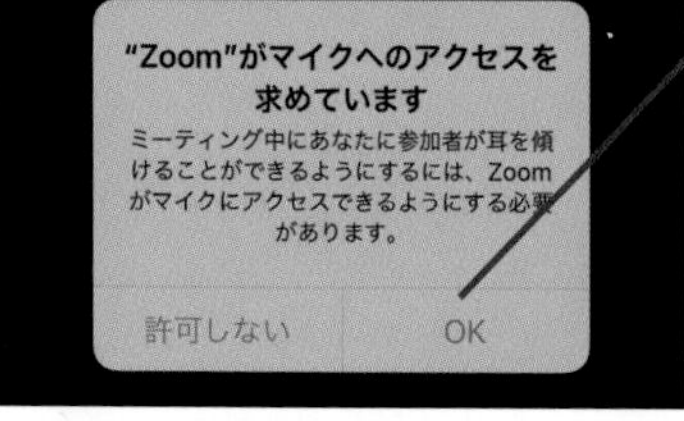

"Zoom"がマイクへのアクセスを求めています
ミーティング中にあなたに参加者が耳を傾けることができるようにするには、Zoomがマイクにアクセスできるようにする必要があります。
許可しない
OK

4 [OK]をタップ

5 [Wi-Fiまたは携帯のデータ]をタップ

HINT!

音声だけでミーティングを開始するには

音声のみでミーティングを開始したいときは、手順1の上から2つめの画面で［ビデオオン］をタップして、オフにします。ただし、ミーティング開始後に［ビデオの開始］をタップすることで、ビデオを表示することができます。

1 [ビデオオン]のここをタップして、オフにする

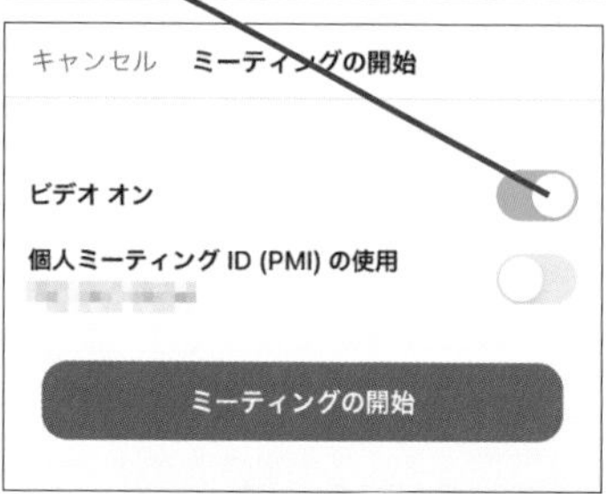

HINT!

Wi-Fiまたは携帯のデータって何？

手順1の操作5の［Wi-Fiまたは携帯のデータ］は、ミーティングの音声をスマートフォンのWi-Fiやデータ通信サービスを利用して（インターネット経由のデータとして）伝える方法です。有料版のZoomでは、スマートフォンの音声通話機能を使って、音声を伝送することもできます。

間違った場合は？

手順1でカメラへのアクセスで［許可しない］をタップしてしまったときは、iPhoneのホーム画面から［設定］アプリを起動後、アプリの一覧から［Zoom］をタップして、[ZOOMにアクセスを許可］の［カメラ］をオンに切り替えます。

2 参加者の一覧を表示する

自分の映像が表示された

1 [参加者]をタップ

3 招待を開始する

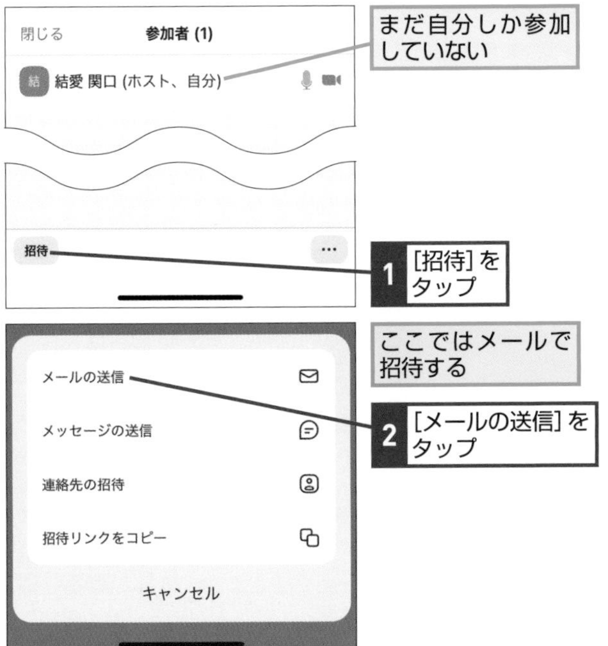

まだ自分しか参加していない

1 [招待]をタップ

ここではメールで招待する

2 [メールの送信]をタップ

HINT! ミーティングIDとパスワードを表示するには

手順2の画面で上部の[Zoom]をタップすると、開催中のミーティングのミーティングIDやパスワードを参照できます。ミーティングIDとパスワードでほかの参加者を招待したいときは、この情報を参照しましょう。

1 [Zoom]をタップ

ミーティングIDやパスワードが表示される

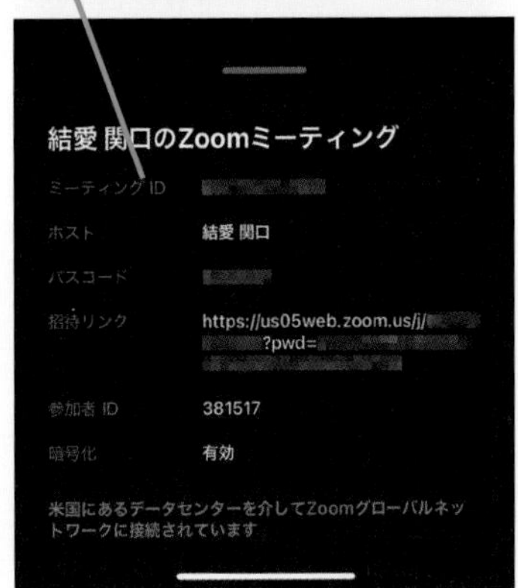

24 新規ミーティング

次のページに続く

4 招待メールを送信する

メールの作成画面が表示された

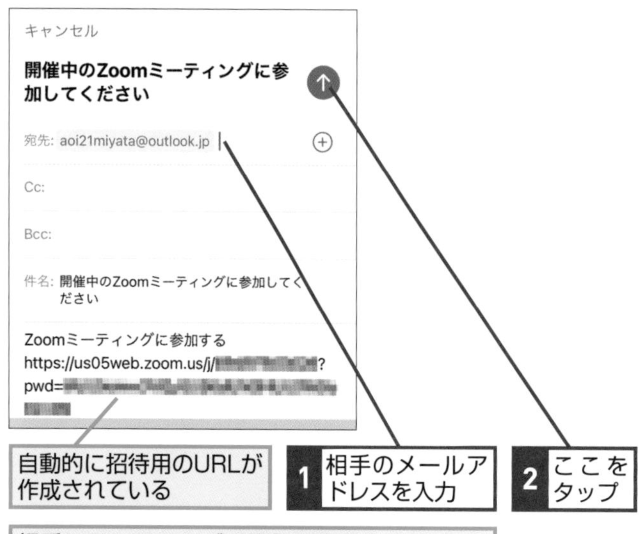

自動的に招待用のURLが作成されている

1 相手のメールアドレスを入力

2 ここをタップ

相手にミーティングの通知が送信されるので、相手が参加するまで待つ

5 ミーティングが開始した

[終了] をタップすると、ミーティングを終了できる

ここに自分の映像が表示される

ここに相手の映像が表示される

HINT!

メール以外の方法で招待したいときは

手順3の下の画面で、招待方法を選択すると、メール以外でも参加者をミーティングに招待できます。[メッセージの送信] ではSMSを使って、招待できます。また、[招待リンクをコピー] でミーティング参加用のURLをコピーして、チャットなどに貼り付けることもできます。なお、[連絡先の招待] はZoomのアカウントがスマートフォンの連絡先に登録されている場合のみ利用できます。

[メッセージの送信] をタップすると、SMSで招待をできる

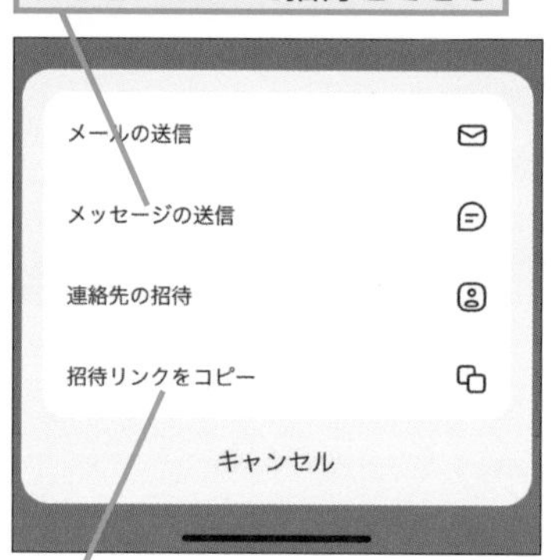

[招待リンクをコピー] をタップすると、招待の内容がクリップボードにコピーされる

間違った場合は？

間違って、本来、参加する予定ではない人の参加を許可してしまったときは、[参加者] の画面で間違った参加者をタップし、[削除] をタップすることで、ミーティングへの参加を拒否できます。なお、[削除] にすると、参加者がもう一度、参加しようとしても自動的に拒否されます。

Androidスマートフォンでビデオ会議を主催する

1 ミーティングを開始する

レッスン⑩を参考に、Androidスマートフォンに［Zoom］アプリをインストールしてサインインしておく

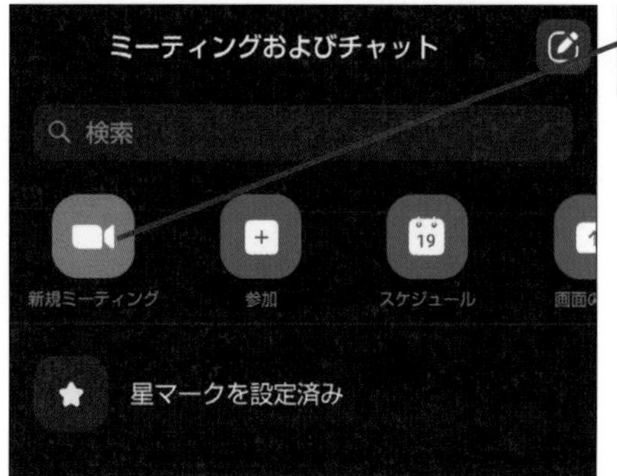

1 ［新規ミーティング］をタップ

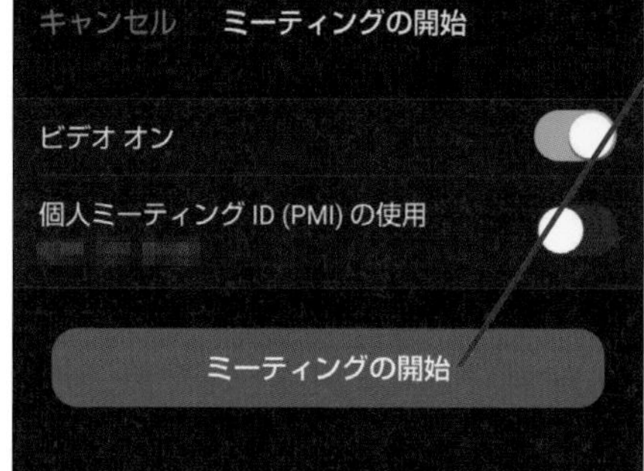

2 ［ミーティングの開始］をタップ

2 アクセスを許可する

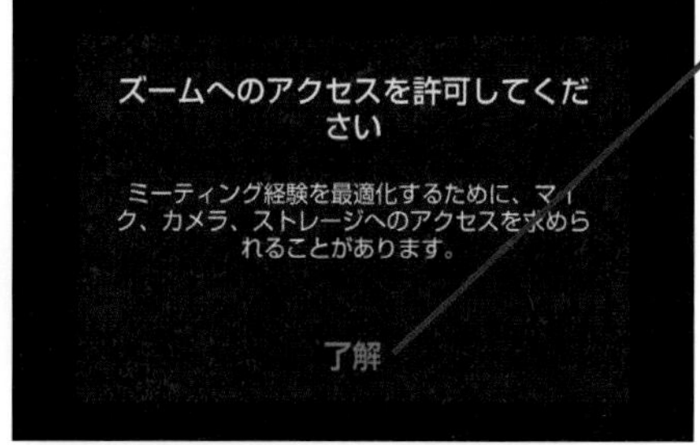

1 ［了解］をタップ

画面の指示に従って、マイクやカメラ、ストレージへのアクセスを許可していく

このレッスンの「iPhoneでビデオ会議を主催する」の手順を参考に、ミーティングを開始する

HINT!

iPadでミーティングを開始するには

iPadを使っている場合でも基本的な操作方法は同じです。画面に違いがありますが、同様の操作でミーティングを開催したり、参加者を招待したりできます。

HINT!

待機室がオンになっているときは

第三者が勝手にミーティングに参加するのを防ぐため、「待機室」の機能がオン（標準ではオフ）になっているときは、［（参加者名）が待機室に入室しました］と表示されます。［許可］をタップして、ミーティングへの参加を許可しましょう（詳しくはレッスン㊶参照）。表示が消えてしまったときは、［参加者］をタップして、［待機室］の一覧に表示されている人の［許可する］をタップします。

Point

ミーティングの作成と招待が必要

Zoomでビデオ会議をはじめるには、ミーティングの作成と参加者の招待という2つの操作が必要です。ミーティングを作成すると、ミーティングに参加するための情報（URLやリンク、パスワードなど）が発行されるので、この情報をメールなどで参加者に伝えましょう。参加者がZoomを使ってリンクにアクセスすれば、映像と音声を使ったビデオ会議をはじめることができます。

レッスン 25

招待されたミーティングに参加するには

ビデオ付きで参加

他の人から招待されたZoomのミーティングに参加してみましょう。リンクをクリックするだけで、すぐにミーティングに参加できます。

1 招待メールからリンクを開く

メールソフトやWebメールで受信した招待メールを表示しておく

1 URLをクリック

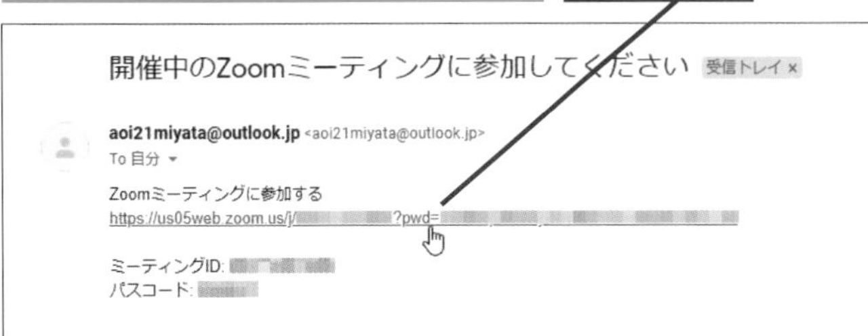

開催中のZoomミーティングに参加してください 受信トレイ ×
aoi21miyata@outlook.jp <aoi21miyata@outlook.jp>
To 自分
Zoomミーティングに参加する
https://us05web.zoom.us/j/ ?pwd=
ミーティングID:
パスコード:

ここでは無料プランで主催された1対1ミーティングに[Zoom]アプリで参加する

2 [Zoom Meetingsを開く]をクリック

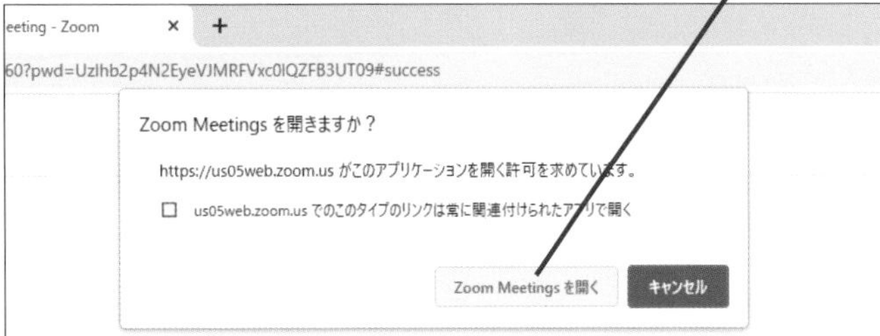

テクニック URLをクリックしてもリンク先が表示されないときは

メール環境によっては、送られてきたURLにリンクが設定されていないためクリックできないことがあります。このような場合は、リンクをコピーしてブラウザーのアドレスバーに貼り付けましょう。

URLをコピーして、ブラウザーのアドレスバーに貼り付ける

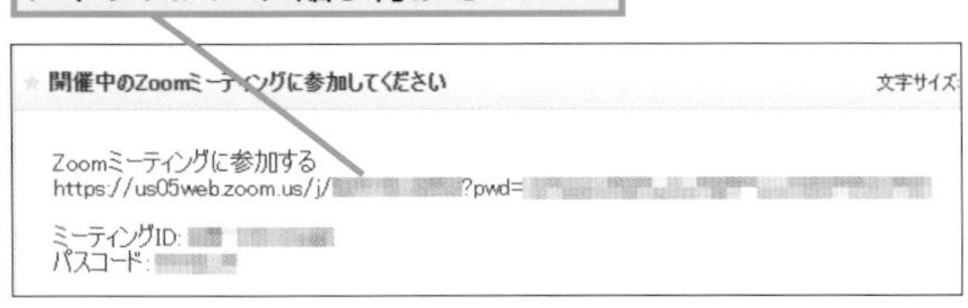

開催中のZoomミーティングに参加してください
文字サイズ
Zoomミーティングに参加する
https://us05web.zoom.us/j/ ?pwd=
ミーティングID:
パスコード:

キーワード

アカウント	p.196
アプリ	p.196
ミーティング	p.200
メール	p.200

HINT! 音声だけでミーティングに参加するには

カメラで自分や自宅の様子を映したくないときは、音声だけでミーティングに参加することもできます。手順2で［ビデオなしで参加］をクリックすると映像なしで参加できます。なお、ウェビナーなどでは、主催者側の設定で、参加者の映像がオフの状態で開催されることもあります。

手順2の画面を表示しておく

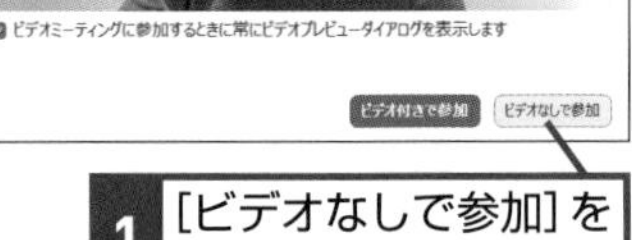

1 ［ビデオなしで参加］をクリック

HINT! 参加前に名前を確認しておこう

ミーティングに参加すると、プロフィールに設定されている名前が画面に表示されます。本名が設定されていると、他の参加者に本名が知られてしまいます。プライバシーを守りたいときは、レッスン㊴を参考に、参加する前に名前を変更しておきましょう。

第4章 ビデオ会議をしよう

② ミーティングへの参加を開始する

[ビデオプレビュー] 画面が表示された

ここに映った映像が相手にも表示される

1 [ビデオ付きで参加] をクリック

表示される名前を変更したいときは、前のページの下のHINT!を参考に、名前を変更しておく

③ ミーティングが開始した

ここに参加を許可した相手の映像が表示される

ここに相手に映る自分の映像が表示される

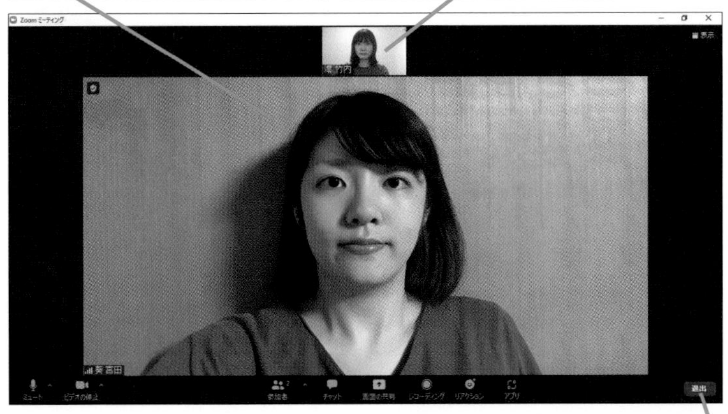

[退出] をクリックすると、ミーティングから退出できる

テクニック Chromebookの場合は

Chromebookを利用している場合は、リンクをクリックすると、ブラウザーが起動します。[ChromeWebストアからインストール] から拡張機能をインストールすることでも接続できますが、本書ではPWA版Zoomを使った操作方法を説明します。画面に表示された [Join via the Zoom for Chrome PWA] をクリックして、Zoomを起動しましょう。

HINT! アカウントやアプリがなくても参加できる

アプリやアカウントがなくてもミーティングに参加できます。手順1でリンクをクリックすると、ブラウザーが起動するので、[ミーティングを起動] から「ブラウザーから起動してください」をクリックしたら、参加者を識別するための名前を入力して参加しましょう。

HINT! すぐにミーティングに参加できないこともある

[ミーティングのホストが間もなくミーティングへの参加を許可します。もうしばらくお待ちください] と表示されたときは、ホストがミーティングへの参加を許可するための操作が必要です。しばらく待ちましょう。

このような画面が表示されたときは、しばらく待つ

ミーティングのホストは間もなくミーティングへの参加を許可します。もうしばらくお待ちください。

凛 横田のZoomミーティング
2020/06/24

間違った場合は？

手順2で映像が表示されないときは、カメラの接続状態やレンズカバーの状態を確認しましょう。

Point リンクからミーティングに参加する

Zoomのミーティングに招待されたときは、相手から送られてきたURLをクリックして参加します。ミーティングIDやパスコードでも参加できますが、リンクなら、クリックするだけでアプリが自動的に起動するうえ、パスコードの入力も省けるので簡単です。

レッスン

26 ビデオ会議のスケジュールを設定するには

スケジュール

実際の利用シーンでは、ビデオ会議をその場ですぐに開催することはまれです。参加者の予定を調整して、将来の開催予定日をスケジューリングしましょう。

Windowsパソコンでスケジュールを設定する

1 [ミーティングをスケジューリング]画面を表示する

レッスン⑲を参考に、[Zoom]アプリを起動しておく

1 [スケジュール]をクリック

2 開始日時を入力する

[ミーティングをスケジューリング]画面が表示された

1 [開始日時]で日付を選択

2 [持続時間]で長さを選択

無料版では40分までしか設定できないので注意する

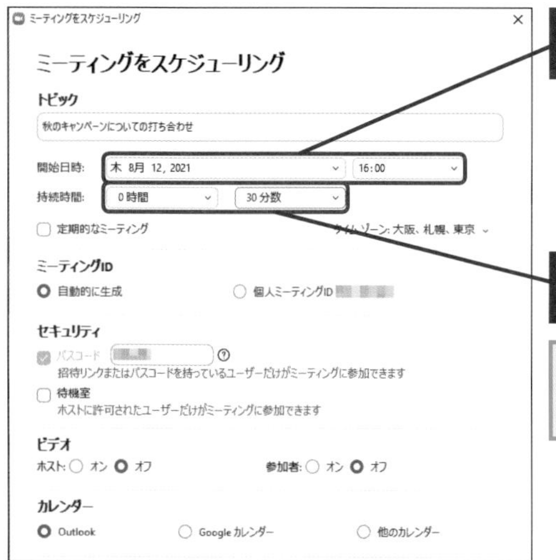

動画で見る 詳細は2ページへ

キーワード

参加者	p.197
スケジュール	p.198
ビデオ会議	p.199

HINT!

Macでスケジュールを設定するには

Macの場合もスケジュールの設定に大きな違いはありません。次のように、アプリから[スケジュール]を選んで設定できます。

1 [スケジュール]をクリック

手順を参考に、スケジュールを設定する

HINT!

Chromebookでスケジュールを設定するには

Chromebookの場合は、ブラウザーからスケジュールを設定できます。アプリの右上のユーザーアイコンをクリックして、[My Profile]を選択後、101ページのHINT!を参考に、ブラウザーで設定します。

第4章 ビデオ会議をしよう

3 映像のオンとオフを選択する

ここでは映像をオンにする

1 [ホスト]の[オン]をクリック

2 [参会者]の[オン]をクリック

3 [他のカレンダー]をクリック

4 [保存] をクリック

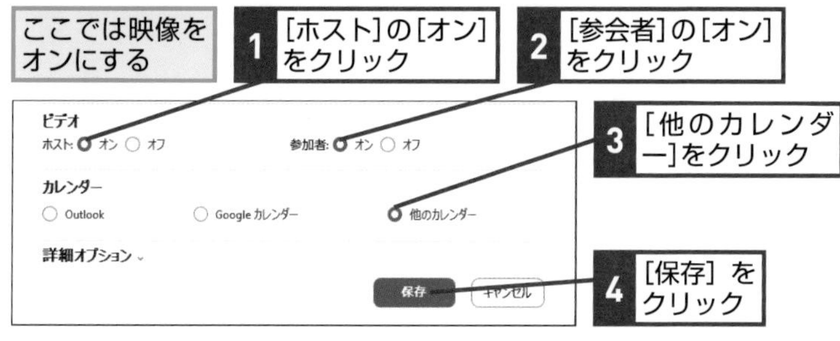

4 ビデオ会議のスケジュールが設定された

設定したスケジュールの詳細が表示された

1 [閉じる] をクリック

[クリップボードにコピー]をクリックすると、詳細をコピーできるので、メールなどで参加者へ伝えておく

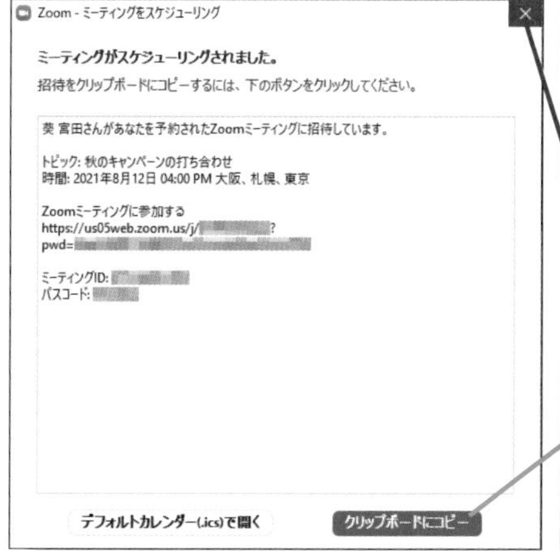

5 設定したスケジュールを確認する

[Zoom] アプリの画面が表示された

1 [ミーティング]をクリック

設定したスケジュールが表示された

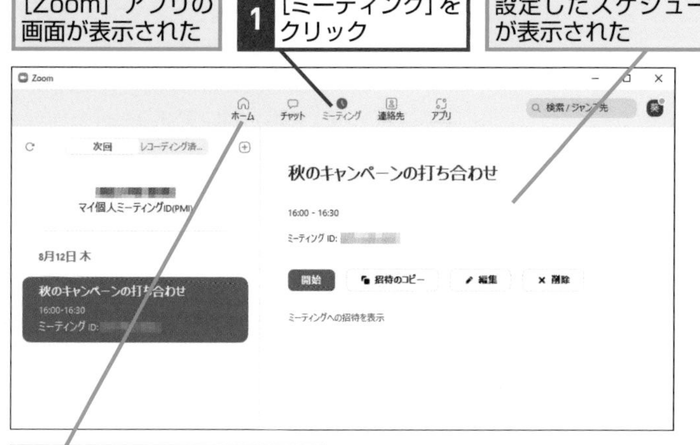

[ホーム] をクリックすると、元の画面に戻る

HINT! Webブラウザーからスケジュールを設定するには

一時的に借りたパソコンなど、Zoomアプリがインストールされていない環境でもスケジュールを設定できます。次のように、ブラウザーでZoomにアクセスし、スケジュールを設定しましょう。

以下のURLのWebページをブラウザーで表示して、サインインしておく

▼ZoomのWebページ
https://zoom.us/jp-jp/meetings.html

1 [ミーティングをスケジュールする]をクリック

2 開催日時などを入力

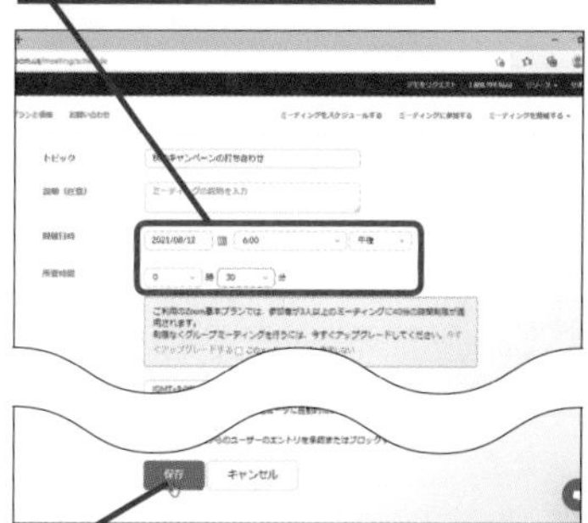

3 [保存]をクリック

HINT! 参加者へ忘れずに告知しておこう

スケジュールを設定したときは、手順4に表示されるミーティングの情報を忘れずに参加者に通知しましょう。コピーした内容をメールなどに貼り付けて送信するといいでしょう。

次のページに続く

iPhoneでスケジュールを設定する

1 スケジュールの設定を開始する

レッスン⑲を76ページのHINT!を参考に、iPhoneの[Zoom] アプリを起動して、サインインしておく

1 [スケジュール]をタップ

2 開始日時を入力する

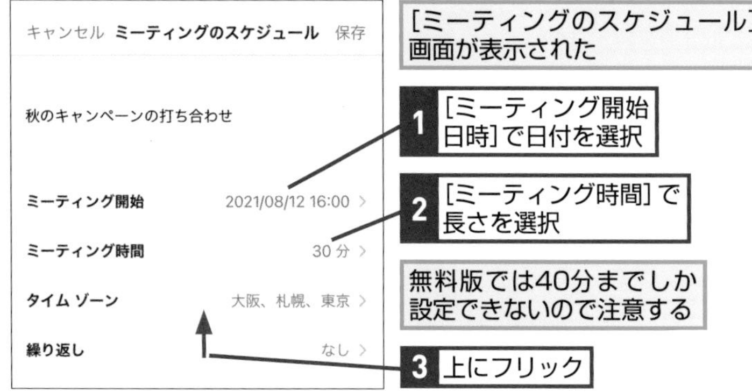

[ミーティングのスケジュール] 画面が表示された

1 [ミーティング開始日時]で日付を選択

2 [ミーティング時間]で長さを選択

無料版では40分までしか設定できないので注意する

3 上にフリック

3 映像のオンとオフを選択する

ここでは映像をオンにする

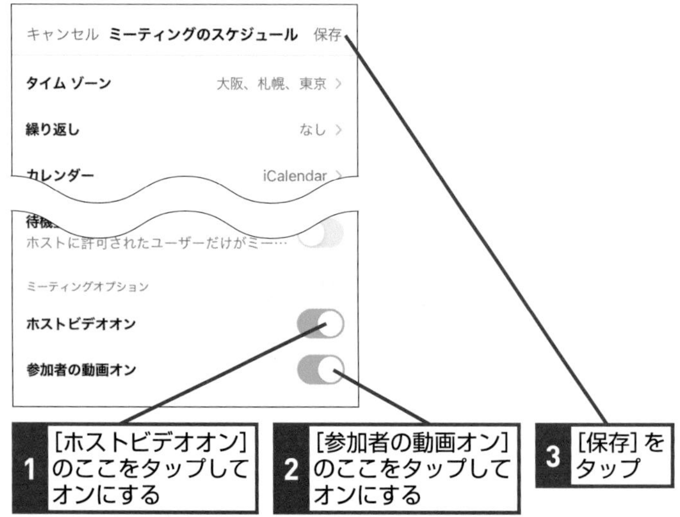

1 [ホストビデオオン]のここをタップしてオンにする

2 [参加者の動画オン]のここをタップしてオンにする

3 [保存]をタップ

HINT!

iPadでスケジュールを設定するには

iPadの場合は、若干、画面が違いますが、次のようにほぼ同じ手順でスケジュールを設定できます。

レッスン⑪を参考に、[ZOOM Cloud Meetings] アプリを起動しておく

1 [スケジュール]をタップ

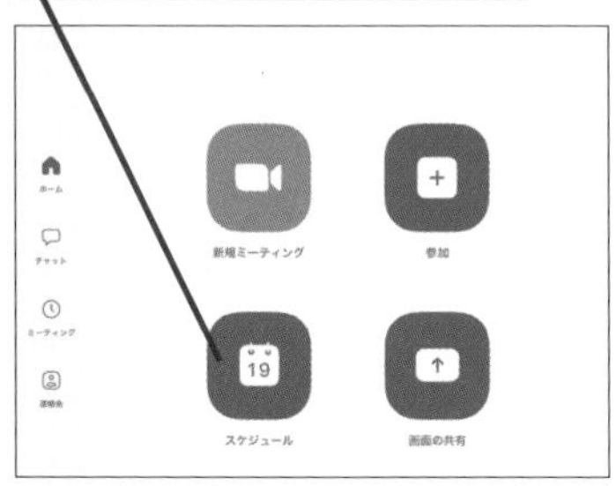

100 ～ 101ページの手順2 ～ 5を参考に、スケジュールを設定する

HINT!

定期的な予定を設定できる

手順2で［繰り返し］を設定すると、定例会議など、定期的に開催するビデオ会議を設定できます。WindowsやMacの場合は、アプリだけでは設定できないので、101ページのHINT!を参考に、ブラウザーから［定期ミーティング］を設定します。

間違った場合は？

日時を間違えたときは、レッスン㉗を参考に、日時を変更しましょう。

4 カレンダーへの追加を設定する

設定したスケジュールの詳細が表示された

1 ［追加］をタップ

5 設定したスケジュールを確認する

スケジュールの一覧を表示する

1 ［ミーティング］をタップ

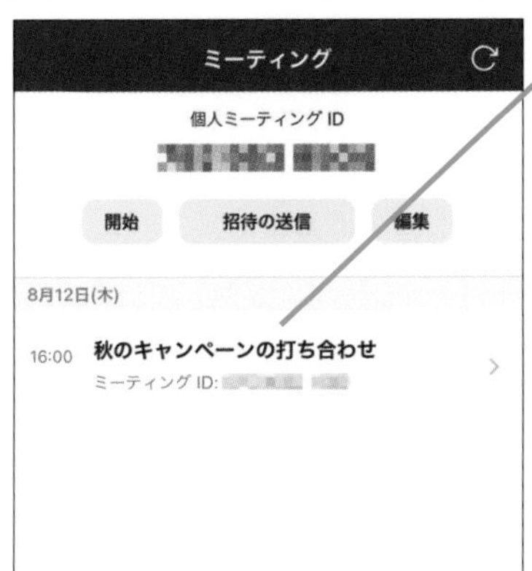

スケジュールの一覧が表示された

HINT!

Androidスマートフォンでスケジュールを設定するには

Androidスマートフォンでもスケジュールの設定方法はほぼ同じです。［スケジュール］から日時などを指定して登録しましょう。

レッスン⑩を参考に、［ZOOM Cloud Meetings］アプリを起動しておく

1 ［スケジュール］をタップ

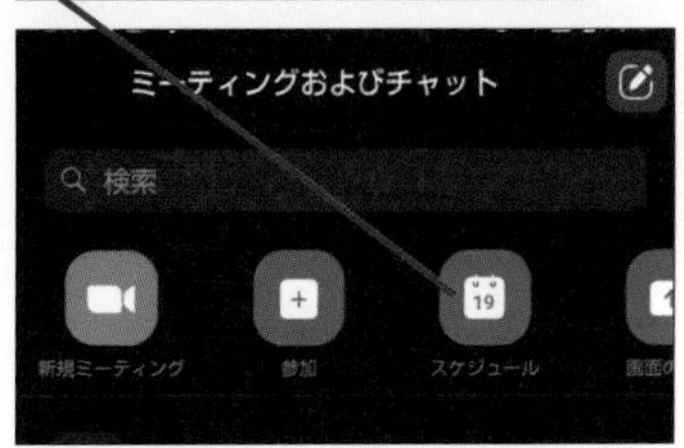

102～103ページの手順2～5を参考に、スケジュールを設定する

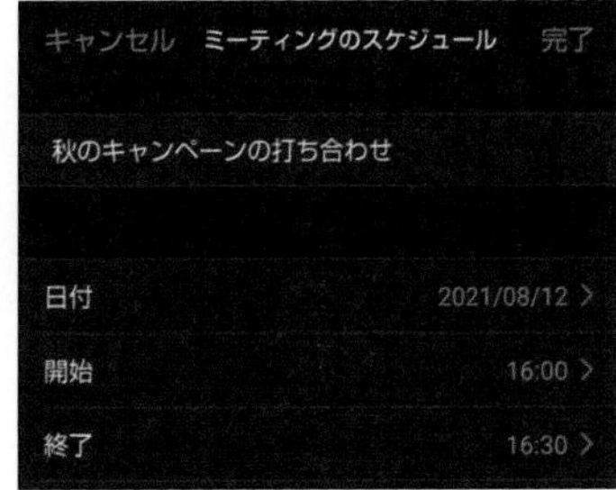

Point

ビデオ会議の予定を立てよう

Zoomではビデオ会議の予定を登録することが簡単にできます。参加者の予定をあらかじめ調整し、日時を指定してミーティングのスケジュールを設定しましょう。ただし、月表示のカレンダー画面などで予定を管理することはできないので、OutlookやGoogleカレンダーなどのカレンダーサービスと組み合わせて、ビデオ会議の予定を管理するといいでしょう。

レッスン

27 ビデオ会議の日時を変更するには

ミーティングの編集

スケジュール設定したビデオ会議の予定を変更してみましょう。[ミーティング]から簡単に登録済みの日時などを変更することができます。

1 ミーティングの一覧を表示する

[Zoom] アプリを起動しておく

1 [ミーティング] をクリック

2 変更するミーティングを選択する

ミーティングの一覧が表示された

1 ミーティングの名前をクリック

2 [編集] をクリック

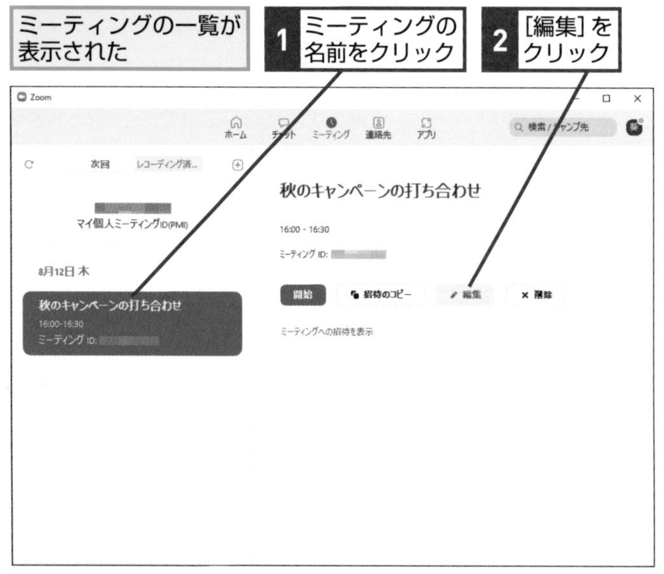

動画で見る
詳細は2ページへ

キーワード

参加者	p.197
スケジュール	p.198
ビデオ会議	p.199

HINT!

開始日時以外も変更できる

登録済みのミーティングでは、日時だけでなく、[トピック] や [ビデオ] のオン/オフなど、すべての項目を変更できます。ビデオ会議で扱う議題が変わったときなどもこの方法で変更するといいでしょう。

HINT!

スマートフォンでミーティングの内容を変更するには

iPhoneの場合は、103ページの手順5を参考に、[ミーティング] 画面を表示し、登録済みのミーティングを選択してから、[編集] をタップして、内容を変更します。Androidスマートフォンも同様の操作で変更できます。

間違った場合は？

手順2で間違って [削除] をクリックして、スケジュールを削除してしまったときは、ZoomのWebページにサインイン後、[マイアカウント]の[ミーティング] から [最近削除済み] をクリックすることで、削除から7日以内の予定を復元できます。

3 ミーティングの内容を変更する

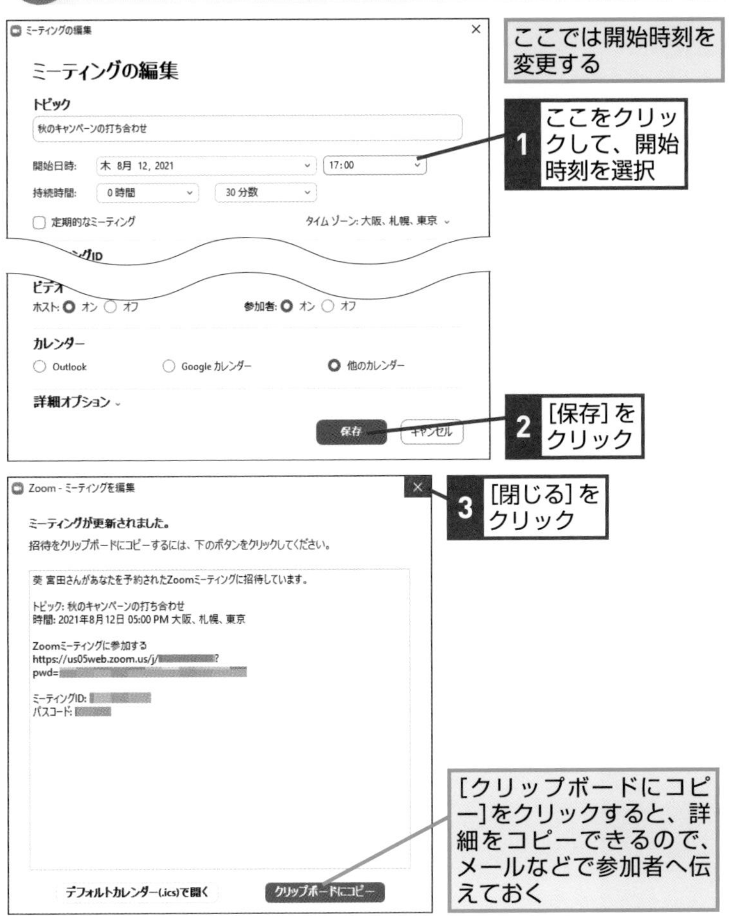

4 ミーティングの内容が変更された

HINT! 参加者へ変更したことを伝えておこう

ミーティングの日時を変更したときは、参加者が日程を間違えないように、きちんと通知することが大切です。手順3の下の画面に表示された変更後のミーティングの情報をコピーし、メールなどで参加者全員に知らせておきましょう。

HINT! ブラウザーで変更する場合は

ミーティングの内容はブラウザーから変更することもできます。ブラウザーで「https://zoom.us」からサインイン後、［ミーティング］の［今後のミーティング］から内容を変更できます。

Point 何度でも変更できる

Zoomのようなオンラインのビデオ会議のメリットは、予定を柔軟に変更できる点です。実際の会議のように会議室が開いているかどうかを気にする必要がないので、何度でも予定を変更することができます。とは言え、参加者の予定も考慮する必要があるので、必ず事前に日程を調整し、変更後に全参加者に告知することが大切です。新しいスケジュールを忘れずに通知しましょう。

レッスン

28 映像の見え方を変更するには

ギャラリービュー、スピーカービュー

Zoomではミーティング中の映像表示方法（ビュー）を複数の方法から選択できます。ミーティングの種類によって、表示方法を切り替えてみましょう。

いろいろな表示方法ができる

Zoomでは映像の表示方法を選択できます。[スピーカービュー]は話している人が大きく表示される方法です。発表者が限られている会議に適した方法です。[ギャラリービュー] は全員が同じ大きさの映像で分割表示されます。複数の人で意見を出し合うときなどに適しています。[イマーシブビュー] は背景に合わせて、全員が並んで表示されます。オンライン授業やオンライン飲み会などには、この表示方法が適しています。

◆スピーカービュー
上段に参加者の小さな映像が並び、発言者が大きく表示される

◆ギャラリービュー
発言者ごとに同じ大きさの映像が並んで表示される

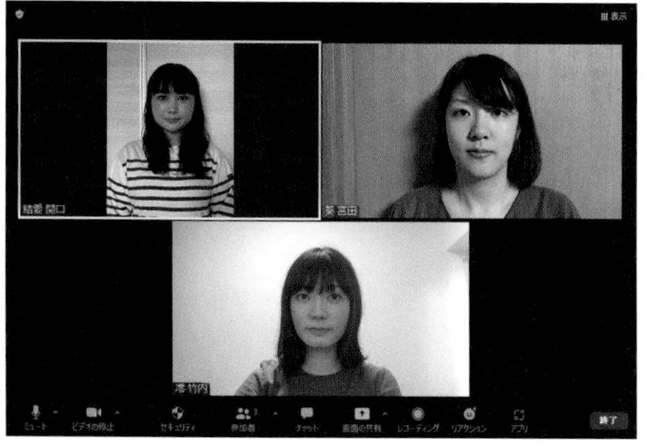

◆イマーシブビュー
バーチャル背景に、参加者全員の映像が表示される（主催者のみパソコン利用時に設定可能）

キーワード

イマーシブビュー	p.197
ギャラリービュー	p.197
スピーカービュー	p.198
ビュー	p.199

ショートカットキー

Alt + F1 …ビューの切り替え

HINT!

最大49人まで表示できる

ギャラリービューでは7×7の最大49人まで、同時に参加者の映像を表示できます。[Zoom] アプリの [設定] から [ビデオ] の [会議] にある [ギャラリービューで1ページに最大49人の参加者を表示する] にチェックを付けましょう。ただし、パソコンの性能が一定条件を満たしていない場合は、この設定がグレーアウトして、有効化できません。

第4章 ビデオ会議をしよう

ビューを切り替える

1 ビューを切り替える

起動時はスピーカービューに設定されている

1 [表示] をクリック

2 [ギャラリー] をクリック

主催者は [イマーシブ] をクリックすると、イマーシブビューに切り替えることができる

2 ビューが切り替わった

ギャラリービューに切り替わった

手順1と同様に、[表示] をクリックすると、ほかのビューを選択できる

HINT!

スマートフォンやブラウザーの場合は

スマートフォンの場合は、ミーティング中に画面を左にフリックすることで、表示方法を切り替えられます。ブラウザーやChromebookのPWA版アプリで参加している場合も右上の [表示] から変更できますが、利用できるビューが限られます。

間違った場合は？

間違ったビューを選んでしまったときは、もう一度、[表示] からビューを選び直します。

Point

ミーティングの種類によって使い分けよう

映像の表示方法は、ミーティングの種類によって使い分けると便利です。ほとんどの会議は、メインで発言する人が決まっており、質問などで話す人も限られているので、スピーカービューで問題ありません。しかし、オンライン授業やオンライン飲み会など、複数の人が活発に発言するミーティングでは、スピーカービューだと頻繁に画面が切り替わるため、ミーティングの状況がつかみにくくなります。こうしたミーティングでは、ギャラリービューやイマーシブビューにに切り替えましょう。なお、表示方法は個人ごとの設定です。ホストが切り替えても参加者の表示方法は変わりません。あくまでも自分自身で選択する設定となります。

レッスン 29

マイクやカメラのオンとオフを切り替えるには

ミュート、ビデオの停止

ミーティングの状況や参加場所に応じて、マイクやカメラのオンとオフを切り替えてみましょう。ワンタッチですぐに切り替えられます。

マイクのオンとオフを切り替える

1 マイクをオフにする

起動時はマイクがオンに設定されている

1 ［ミュート］をクリック

2 マイクがオフになった

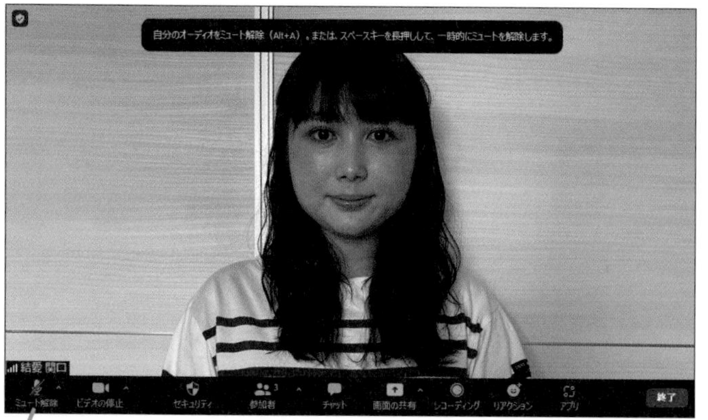

［ミュート解除］に赤い斜線が表示されているときは、マイクがオフになっている

［ミュート解除］をクリックすると、マイクがオンになる

キーワード

カメラ	p.197
参加者	p.197
マイク	p.200
ミュート	p.200

ショートカットキー

Alt + A ／ space の長押し
……マイクのオンとオフの切り替え
Alt + V
……カメラのオンとオフの切り替え

HINT!

ショートカットを活用しよう

マイクやカメラのオンとオフは、ショートカットキーでも設定できます。マイクは Alt + A キーか、 space キーの長押しで、カメラは Alt + V キーで、それぞれオンとオフを切り替えられます。

間違った場合は？

ブラウザーでミーティングに参加中、マイクやカメラがオフのままで、オンに切り替えられないときは、ブラウザーにマイクやカメラの使用を許可する必要があります。アドレスバーの左端のアイコンをクリックするとマイクやカメラの使用を設定できるので、許可しておきましょう。ブラウザーがFirefoxのときは、拒否を削除して、許可し直します。

カメラのオンとオフを切り替える

1 カメラをオフにする

起動時はカメラがオンに設定されている

1 [ビデオの停止] をクリック

2 カメラがオフになった

映像が配信されなくなり、名前だけが表示された

[ビデオの開始] をクリックすると、カメラがオンになる

HINT!

参加者のカメラを停止するには

ホストとしてミーティングを主催しているときは、参加者のマイクやカメラを強制的に停止することもできます。参加者の映像にマウスカーソルを合わせて、[ミュート] をクリックするとマイクを停止できます。次のように操作するとカメラを停止できます。ただし、参加者が自ら操作して、再びマイクやカメラをオンにすることはできます。

1 ここをクリック

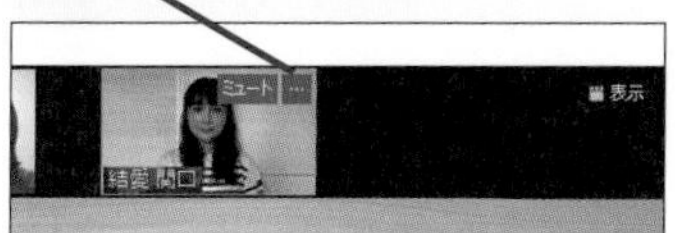

2 [ビデオの停止] をクリック

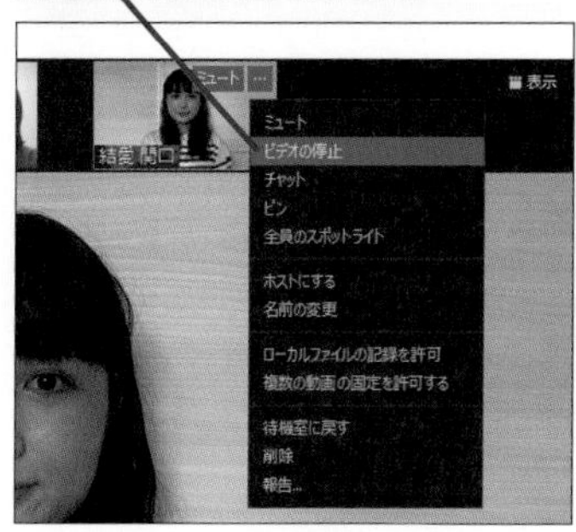

Point

シーンによって使い分けよう

ミーティング中にマイクの音声やカメラの映像を一時的にオフにしたいときは、このレッスンを参考に、操作しましょう。たとえば、ミーティング中に家族が映り込みそうになったときに映像を停止したり、玄関のチャイムや屋外の放送が聞こえそうなときにマイクを一時的にオフにしたりできます。スムーズな会議の進行や雑音を避けるために、発言する人以外は、マイクをミュートした状態で会議を進めるのもよいアイデアです。

レッスン
30 背景を自由に変更するには
バーチャル背景

Zoomではカメラに映る背景を好きな画像に差し換える機能があります。人物はそのままに、背景だけを変えることで、プライバシーを保護できます。

Windowsパソコンで背景を変更する

1 ［設定］画面の［バーチャル背景］を表示する

ここでは標準で用意されているバーチャル背景を利用する

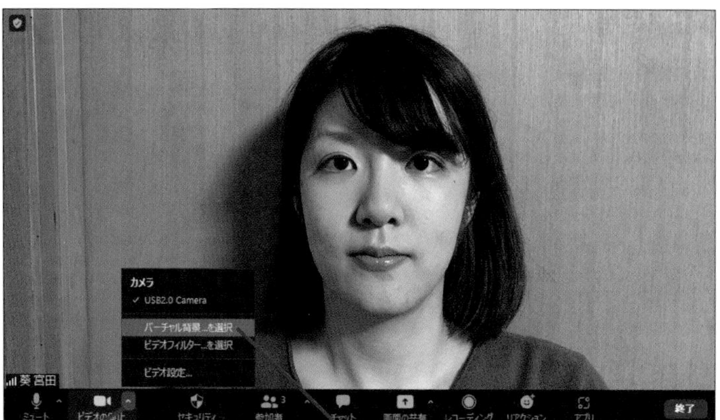

1 ［ビデオの停止］のここをクリック

2 ［バーチャル背景...を選択］をクリック

2 バーチャル背景を選択する

［設定］画面の［バーチャル背景］が表示された

1 バーチャル背景をクリック

2 ［閉じる］をクリック

キーワード

グリーンスクリーン	p.197
バーチャル背景	p.199

HINT!

バーチャル背景って何？

たとえば、自宅からミーティングに参加するときに、部屋が映り込むと、生活の様子が他の参加者に見えてしまったり、屋外の建物などから住所などが推測されてしまったりすることがあります。バーチャル背景を使うと、人物はそのままに背景だけを好みの画像に変えられるので、部屋の様子などが映ることを防げます。プライバシーを守るために活用するといいでしょう。

HINT!

「できる」シリーズのバーチャル背景をダウンロードしよう

バーチャル背景はさまざまなサイトで配布されています。本誌「できる」シリーズでもZoom用のバーチャル背景を配布していますので、以下のURLからダウンロードし、次のページのテクニックを参考に、背景に設定してみましょう。

▼「できる」シリーズのバーチャル背景
https://book.impress.co.jp/books/1119101176

間違った場合は？

間違った背景を選んでしまったときは、もう一度、操作をやり直して背景を選び直します。

第4章 ビデオ会議をしよう

テクニック 好きな背景を利用しよう

バーチャル背景にはあらかじめ用意された画像以外に、追加した好みの画像を選ぶこともできます。次のように［画像を追加］からパソコンに保存されている画像を登録しましょう。Zoom用に配布されている背景ファイルはもちろん、通常の写真などもバーチャル背景に設定できます。

手順2の画面を表示しておく

表示された画面で画像を選択し、［開く］をクリックする

3 背景が変更された

人物以外の背景がバーチャル背景になる

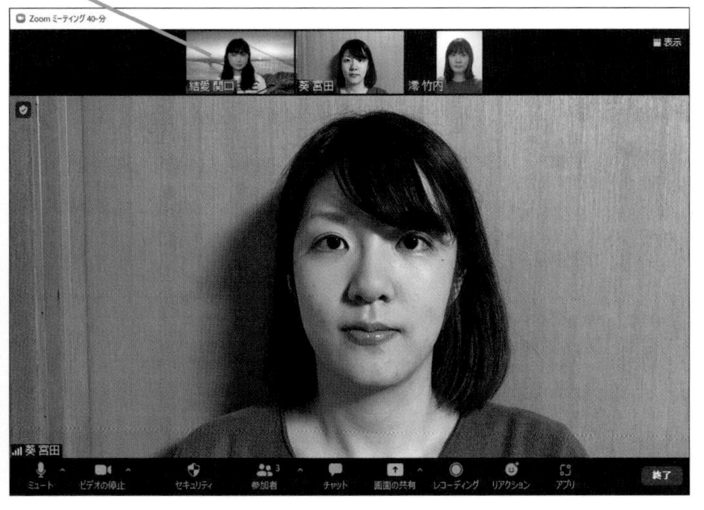

HINT! ミーティングの前に背景を変更するには

背景はミーティングの開始前に設定しておくことができます。参加後では、背景が一瞬、映り込んでしまうため、以下の方法で、あらかじめ設定しておくと安心です。

レッスン⑳を参考に、［設定］画面を表示しておく

手順2以降を参考に、背景を設定しておく

HINT! グリーンスクリーンが必要なこともある

バーチャル背景を利用するには、一定の処理能力を備えたパソコンが必要です。手順2の画面のように［特色ビデオの背景が必要です。緑色が好ましいです。］と表示されたときは、緑色の幕を使ったグリーンスクリーンを人物の後ろに配置する必要があります。

次のページに続く

iPhoneで背景を変更する

1 背景の変更を開始する

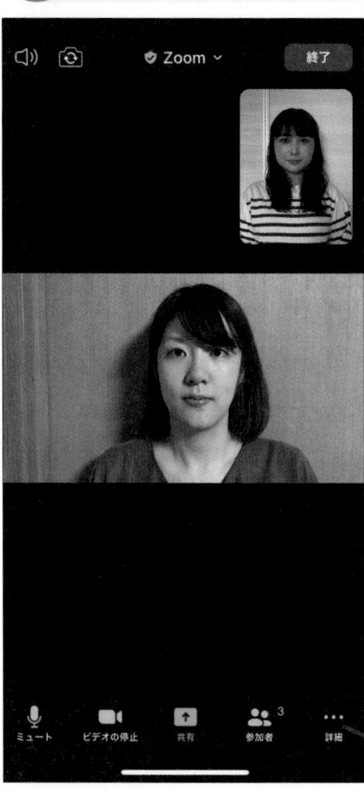

ここでは標準で用意されているバーチャル背景を利用する

1 [詳細]をタップ

2 [背景とフィルター]をタップ

HINT! iPhoneで好きな背景を利用するには

iPhoneで好きな画像をバーチャル背景に設定したいときは、次のように手順2の画面で［+］をタップして写真を選択できます。

手順2の画面を表示しておく

1 [+]をタップ

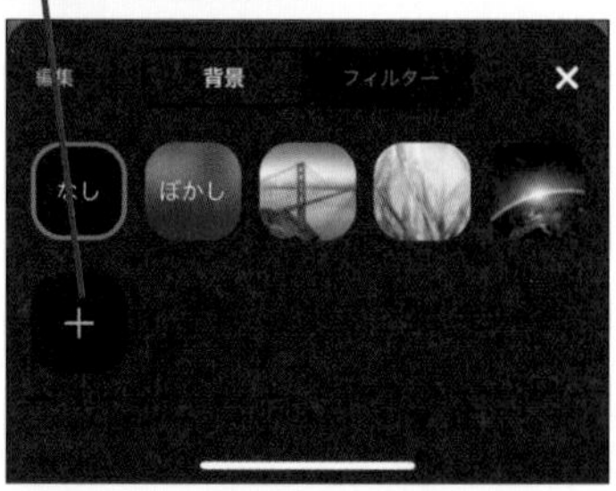

2 [すべての写真へのアクセスを許可]をタップ

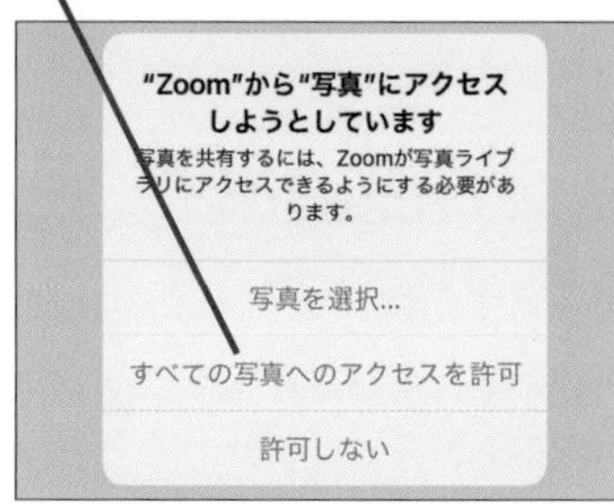

iPhoneに保存された写真の一覧が表示されるので、サムネールをタップすると、背景を変更できる

間違った場合は？

iPhone 8/8 Plus/Xよりも古い世代の機種は、バーチャル背景を設定できません。

② バーチャル背景を選択する

[設定] 画面の [バーチャル背景]が表示された

1 バーチャル背景をタップ

③ ミーティングの画面に戻る

プレビューが表示された

1 [閉じる] をタップ

HINT! ブラウザーやChromebookの場合は

ブラウザーやChromebookのPWA版アプリで利用しているときは、[Settings] ボタンから [Background] を選択することで、背景を設定できます。ただし、顔の部分だけが丸く切り抜かれた背景になるだけなので、完全に背景を隠すことはできません。

HINT! Androidスマートフォンやブラウザーの場合は

Androidスマートフォンの場合は、[詳細] から [バーチャル背景] を選ぶことで背景を設定できます。ただし、アプリのバージョンや機種によっては設定できない場合もあります。

Point 見せたくないものを隠せる

バーチャル背景を利用すると、他の参加者に、現在の場所の様子を見せることなく、ミーティングに参加することができます。自宅の様子を見せたくないとき、外出先から参加するときや背景に他の人が映り込んでしまうときなどに活用すると便利です。好みの画像を選択できるので、凝った写真や好みのイラストなどで、個性を表現してみるのもいいかもしれません。

レッスン

31 Zoomのミーティングを記録するには

レコーディング

Zoomのミーティングの内容を記録してみましょう。[レコーディング]機能を使うと、映像と音声の両方をデータとして保存することができます。

ビデオ会議の音声を記録する

1 記録を開始する

会議を開始しておく

1 [レコーディング]をクリック

記録が開始されて、「レコーディングしています」と表示された

キーワード

ファイル	p.199
ミーティング	p.200
レコーディング	p.200

ショートカットキー

Alt + R……記録の開始、停止

HINT!

記録したデータはどのように保存されるの？

Zoomではミーティングごとにフォルダーを作成し、その中に音声付きの動画と音声のみの2種類のファイルを自動的に保管します。動画はMP4形式の動画として「zoom_0.mp4」というファイル名で保存されます。一方、音声はAAC形式で「audio_only.m4a」というファイル名で保存されます。

HINT!

環境が限られる

端末に録画するローカルレコーディングは、Windows版とMac版、Linux版でのみ利用可能です。スマートフォンやブラウザーでは記録できません。

間違った場合は？

手順1で［ミーティングのホストにレコーディングの許可をリクエストしてください］と表示されたときは、117ページのHINT!を参考に、ホストにレコーディングを許可してもらうように依頼しましょう。

第4章 ビデオ会議をしよう

テクニック 記録したデータはどこにあるの？

レコーディングした映像や音声は、［ドキュメント］の［Zoom］フォルダー内のミーティング名ごとのフォルダーに保存されています。次のようにZoomの設定画面から保存先のフォルダーを参照できます。

レッスン⑳を参考に、［Zoom］アプリの［設定］画面を表示しておく

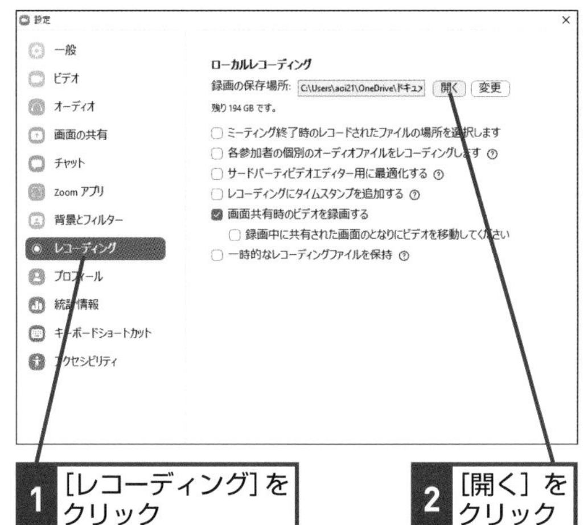

1 ［レコーディング］をクリック

2 ［開く］をクリック

記録した音源が保存されているフォルダーが表示された

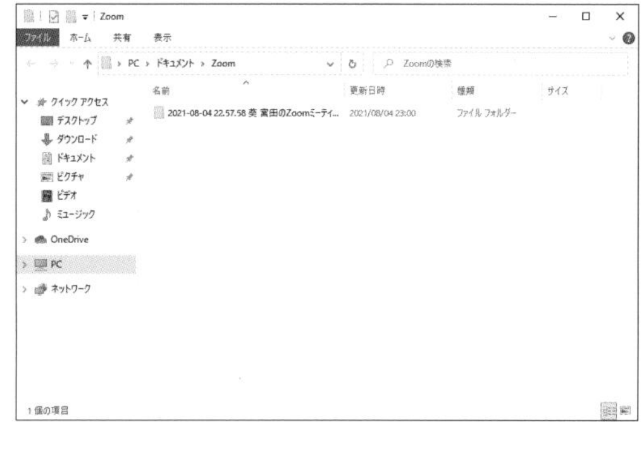

2 記録を停止する

1 ［レコーディングの停止］をクリック

記録が停止する

HINT! 途中で中断したときはどうなるの？

レコーディングを途中で中断したときは、その時点までのファイルが保存されます。中断後に、もう一度、レコーディングを再開すると、「zoom_0.mp4」「zoom_1.mp4」のように、ファイルが分割して保存されます。

31 レコーディング

次のページに続く

自動的に記録されるように設定するには

1 WebページのZoomの［設定］画面を表示する

レッスン⑳を参考に、［Zoom］アプリの［設定］画面を表示しておく

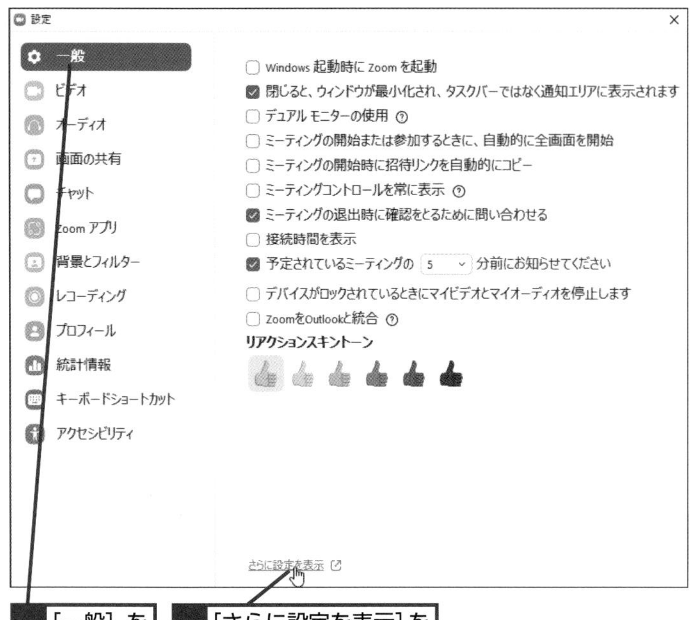

1 ［一般］をクリック

2 ［さらに設定を表示］をクリック

2 ［Zoom］アプリの［設定］画面を閉じる

ブラウザーが自動的に起動して、Zoomのサインイン画面が表示された

1 ［閉じる］をクリック

ウィンドウの切り替えで、［Zoom］アプリの［設定］画面よりブラウザーを前面にできるときは、この操作を省略してもよい

ウィンドウの切り替えでブラウザーを［Zoom］アプリより前面にする

HINT!

［自動記録］って何？

テレワークなどで定期的にZoomを活用する場合、毎回、レコーディングを手動でオン/オフするのは面倒です。このため、ミーティングの開始時に自動的にレコーディングを開始するのが［自動記録］です。重要な会議のレコーディングを忘れないようにしたいときは、有効にしておくと便利です。

HINT!

Webページから設定する項目もある

Zoomでは高度な設定がアプリではなく、Webページから設定できるようになっています。［自動記録］もそのひとつで、手順2以降のように、Webページから設定する必要があります。

HINT!

有料プランならクラウドに保管できる

Zoomを有料プランで利用しているときは、レコーディングされたデータをZoomが提供するクラウドに保管できます。パソコンのストレージを消費せずに済むうえ、会議の内容を他の参加者と共有しやすいのがメリットです。

3 WebページのZoomにサインインする

ホストのZoomアカウントでサインインする

1 メールアドレスを入力

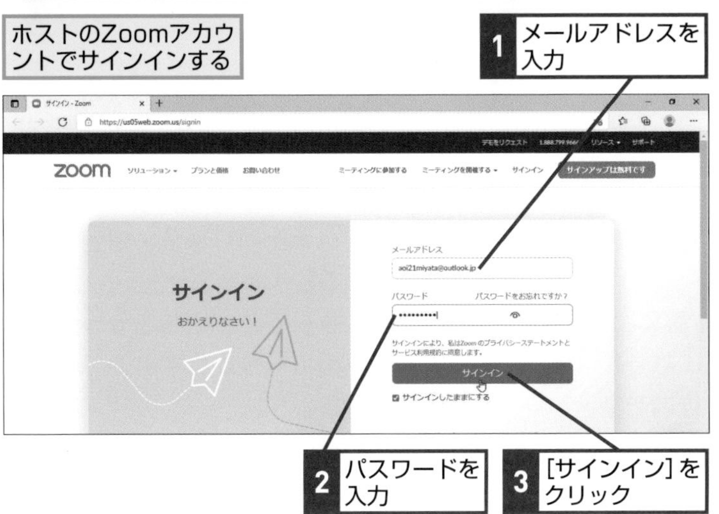

2 パスワードを入力

3 [サインイン]をクリック

4 自動記録をオンにする

Webページ のZoomの[設定]画面が表示された

1 [記録] をクリック

2 [自動記録]のここをクリック

自動記録がオンになった

HINT! 参加者にレコーディングを許可するには

標準の設定では、レコーディングはホストしか利用できません。特定の参加者にレコーディングの許可を与えたいときは、[参加者] ウィンドウで参加者を選び、[詳細] から [ローカルファイルの記録を許す] を選びます。参加者ごとに設定する必要があるので注意しましょう。

間違った場合は？

手順3でパスワードがわからなくなってしまったときは、[パスワードをお忘れですか？] をクリックして、パスワードをリセットします。

Point 議事録や欠席者のフォローに活用できる

ミーティングの動画や音声をファイルとして保管しておくと、議事録として会議の内容を保管したり、ミーティングを欠席した人に内容を伝えたりしやすいため、とても便利です。標準ではホストがレコーディングを開始しないと記録されないので、忘れずにレコーディングを開始するか、手順で説明したように自動記録を有効にして、常にミーティングがレコーディングされるようにしておくといいでしょう。

Zoom お役立ちコラム❹

部屋に言及するのはアウト？ 「リモハラ」にご用心

「パワハラ」や「モラハラ」と並んで、最近では「リモハラ」も大きな問題として話題になるようになってきました。
リモートハラスメントを略したこの言葉は、テレワークで頻繁に実施されるようになったビデオ会議にまつわるハラスメント行為を指すものです。たとえば、次のような行為が問題とされています。

・カメラに映った部屋の様子に言及する
・部屋の様子や私服を映すように強要する
・業務以外でのビデオ会議やオンライン飲み会を要求する
・同居人や家族について言及する
・住所や家賃などを特定しようとする

ビデオ会議では会社とは異なるプライベートなシーンが映し出されることもあるため、誰もが普段とは違う新鮮さを感じるのは仕方がありませんが、それについて言及したり、業務外でのつながりを強要したりすることは、セクハラやパワハラと同じように相手に不快感を与えるものでしかありません。
「つい」「うっかり」であってもこうした行為はトラブルの原因になりかねないので、くれぐれも注意しましょう。
なお、Zoomでは、レッスン㉚で説明したバーチャル背景を使うことで、部屋の様子が他の参加者に見られないようにできます。バーチャル背景として使える画像は、いろいろなサイトからダウンロードできます。
以下のサイトでも詳しく説明されているので、好みのバーチャル背景をダウンロードして、「リモハラ」を受ける機会を減らす工夫をするといいでしょう。

▼できるネット
「公式サイトのバーチャル背景まとめ。Web会議やオンライン飲み会に！」
https://dekiru.net/article/19994/

バーチャル背景で部屋を隠す

「リモハラ」をされないように、バーチャル背景を利用するなどして未然に防ぐ

第4章 ビデオ会議をしよう

第5章 ビデオ会議を円滑化しよう

実際にビデオ会議を体験してみると、その雰囲気が普段の会議と違うことに戸惑いを感じる人も少なくないでしょう。この章では、こうしたビデオ会議ならではの戸惑いをなるべくなくし、スムーズに会議を進められるようにするための工夫を解説します。Zoomのいろいろな機能を活用して、会議を円滑化しましょう。

●この章の内容

㉜ ビデオ会議中にチャットするには……120
㉝ アイコンを使って気持ちを表現するには……124
㉞ 画面を他の参加者に共有するには……126
㉟ 登壇者の背景にスライドを設定するには……128
㊱ 参加者のパソコン画面を操作するには……130
㊲ 自由に手書きしたメモを共有するには……132
㊳ 参加者をグループごとに分けるには……134

レッスン
32 ビデオ会議中にチャットするには

チャット

ミーティング中にチャットを使って、メッセージを伝えてみましょう。発表者への質問、参加者同士の相談など、いろいろな活用ができます。

ビデオ会議中にチャットで会話する

1 チャットを開始する

チャットを表示する

1 [チャット] をクリック

2 メッセージを送信する

チャットが表示された

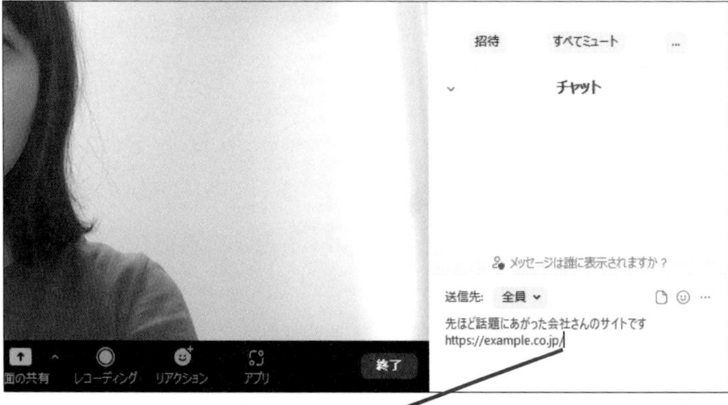

1 メッセージを入力

2 Enter キーを押す

キーワード

チャット	p.198
ファイル	p.199
ログ	p.200

HINT!

メッセージを改行するには

長いメッセージを改行して入力したいときは、改行したい場所で Shift + Enter キー（Macの場合は control + enter ）を押します。

HINT!

チャットは全員が揃ってから

チャットに送られたメッセージは、その時点でミーティングに接続している参加者にしか送信されません。たとえば、ミーティングに遅れて参加した人には、参加前までにチャットで交わされていた会話は表示されず、参加以降に送信されたメッセージのみが表示されます。このため、チャットを使って資料を配付したり、全員にメッセージを送ったりしたいときは、参加者が全員、揃ってからにしましょう。

間違った場合は？

メッセージは投稿後に削除したり、編集したりできません。間違ったメッセージを投稿してしまったときは、新しいメッセージで投稿を訂正したり、発言を取り消すメッセージを投稿したりしましょう。

第5章 ビデオ会議を円滑化しよう

3 メッセージが送信された

入力したメッセージが上に表示された

ビデオ会議の参加者にも同じメッセージが表示されている

4 メッセージを受信した

ほかの参加者のメッセージが表示された

同様の手順でチャットを進める

HINT! 特定の人にだけメッセージを送るには

手順2の画面で［送信先：］から送信相手（ミーティング参加者）を選ぶと、特定の人にだけメッセージを送信できます。選択した相手以外のほかの参加者には、メッセージは表示されません。ミーティング中に内々に相談したいことがあるときなどに使うといいでしょう。

1 ［送信先］のここをクリック

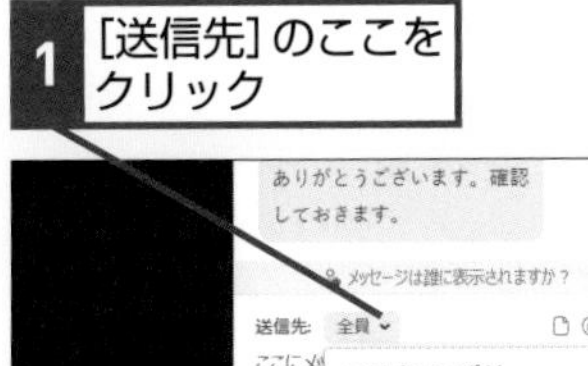

［全員］以外の名前をクリックして選択すると、その相手にだけメッセージが送信される

HINT! チャットウィンドウを閉じているときは

チャットウィンドウを閉じているときにメッセージが投稿されると、画面上に通知が表示され、チャットアイコンに未読のメッセージの件数が表示されます。チャットウィンドウを開いて、メッセージを確認しましょう。

HINT! スマートフォンの場合は

スマートフォンでチャットをするには、ミーティング中に、画面下の［詳細］から［チャット］をタップします。

次のページに続く

チャット自動保存をオンにする

1 チャットの設定項目を表示する

レッスン㉛の116ページからの手順を参考に、Webページのﾞ Zoomの[設定]画面を表示しておく

1 [ミーティングにて(基本)]をクリック

HINT! チャットでできることとできないことを事前に設定しておこう

Zoomではチャットでどのような操作を許可するかを事前に設定できます。たとえば、手順2の画面で［ミーティングからチャットを保存することを許可する］をオフにすると、参加者のチャットの保存を禁止できます。機密情報などをチャットで扱う可能性があるときは、保存を禁止しておきましょう。また、［プライベートチャット］をオフにすると、ホスト以外の特定の相手にメッセージを送信することを禁止できます。必ず全員に見える形でチャットして欲しいときは、オフにしましょう。

テクニック チャットでファイルを送信するには

チャットではメッセージだけでなく、ファイルもやり取りできます。メッセージ入力欄の上にある[ファイル]をクリックして、保存場所を選択しましょう。なお、ChromebookのPWA版など、アプリによってはファイルを共有できないことがありますが、GoogleドライブやOneDriveの共有リンクを貼り付けることで共有できます。

1 [ファイル]をクリック

クラウドサービスの名前をクリックすると、同期されているファイルを送信できる

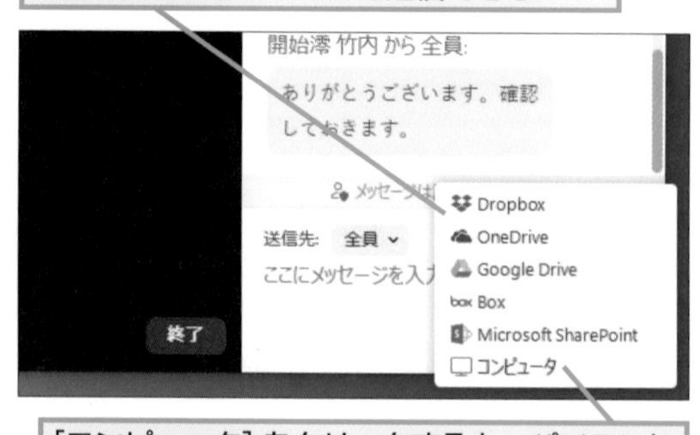

[コンピュータ]をクリックすると、パソコンに保存してあるファイルを送信できる

② チャット自動保存をオンに設定する

チャットの設定項目が表示された

1 ［チャット自動保存］のここをクリック

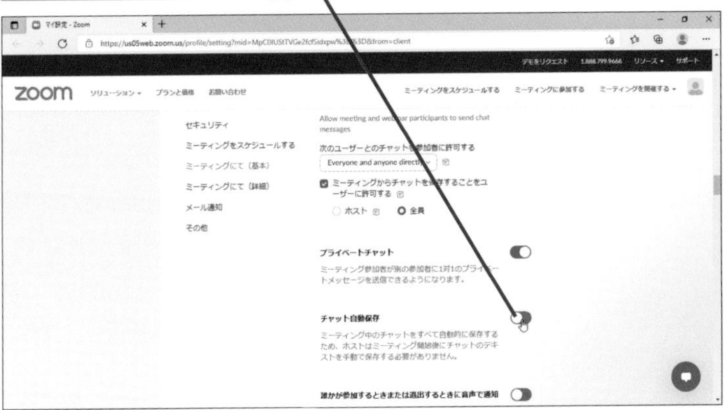

チャット自動保存がオンになった

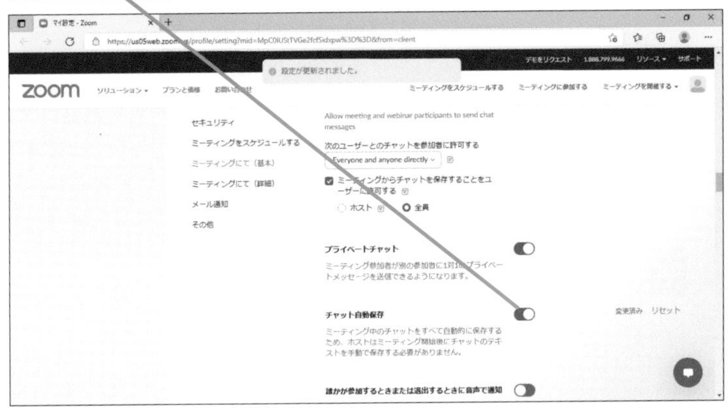

HINT!
チャットのログはどこに保存されるの？

チャットのログは、レッスン㉛で解説したレコーディングのファイルと同じ場所に保存されます。レッスン㉛のテクニックを参考に、保存先フォルダーを表示しましょう。

32 チャット

間違った場合は？

手順1でZoomの［設定］画面を表示するには、Zoomのアカウントでサインインする必要があります。パスワードを忘れたときは、［パスワードをお忘れですか？］をクリックして、パスワードをリセットしましょう。

Point
資料配付や質問に活用しよう

チャットはビデオと音声のミーティングとは別に、文字でコミュニケーションができる便利な機能です。ミーティングの議題を投稿したり、ファイルを選択して資料を配付したりできるほか、参加者からの質問を受け付けることもできます。ただし、チャットの内容はミーティングを終了すると、削除されてしまうので、保存しておくことが重要です。忘れずに自動保存の設定を有効にしておきましょう。

レッスン
33 アイコンを使って気持ちを表現するには

リアクション

通常の会議と違って、Zoomでのミーティングでは、参加者の反応が伝わりにくいことがあります。［リアクション］を使って、アイコンで拍手や賛成を表現しましょう。

1 ［拍手］の気持ちを表示する

ビデオ会議での誰かの発言に対して、拍手する気持ちを伝える

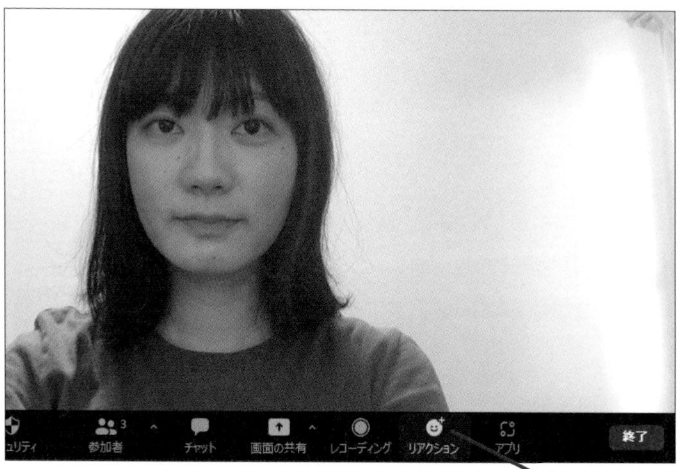

1 ［リアクション］をクリック

2 ［拍手］をクリック

キーワード

リアクション　p.200

HINT!

どんなときに［リアクション］を利用するの？

オンラインのビデオ会議では、参加者が同時に声や音を出すと聞きづらくなるうえ、挙手やうなずくなどの動作をしてもほかの参加者に見えにくいことがあります。このため、参加者が自分の意志を表したいときは、［リアクション］を使って、画面上で明確に意志を伝えることが大切です。たとえば、多数決を採るときに［賛成］で意志を示したり、発表者の意見に同意したりする意味で［拍手］するなどの使い方ができます。また、［拍手］のアイコンは、遠隔授業などの「手を挙げる」としても使うことなどもできます。

間違った場合は？

送信した［リアクション］は取り消すことができません。多数決のときなどに間違って賛成してしまったときは、チャットのメッセージなどで訂正するといいでしょう。

第5章 ビデオ会議を円滑化しよう

2 ［拍手］の気持ちが表示された

自分の映像に、拍手のアイコンが表示された

3 ［賛成］の気持ちを表示する

同様の手順で、［拍手］ではなく、［賛成］をクリックすると、賛成の気持ちを表現できる

HINT! 一定時間で自動的に消える

［リアクション］は常に表示されているわけではありません。しばらく（数秒）すると、自動的に消えます。多数決などで、賛成の数を数えるのに時間がかかりそうなときは、くり返し［リアクション］を送るようにしましょう。

HINT! スマートフォンの場合は

スマートフォンで反応を送るには、ミーティング中に、画面下の［詳細］から［拍手］や［手を挙げる］をタップします。

HINT! ChromebookのPWA版アプリでは

ChromebookのPWA版アプリでは、機能名が［Reactions］となっていたり、［手を挙げる］が［挙手］となっているなど、一部の表記に違いがあります。

Point 意志や気持ちを明確に伝えよう

ビジネスシーンでは、これまで自分の意志や気持ちをアイコンで表現する機会はあまりなかったかもしれません。しかし、テレワークなどお互いに離れた場所にいるときのコミュニケーションでは、自分の意志や気持ちをはっきりと伝えないと、逆に誤解が生まれたり、進行が滞ってしまうことがあります。［拍手］や［賛成］など、［リアクション］をうまく活用して、円滑なミーティングになるように心がけましょう。慣れてない参加者がいるときは、ホストや発表者が率先して使うことで、場をリードするといいでしょう。

レッスン

34 画面を他の参加者に共有するには

画面の共有

ミーティングに表示される画面をビデオ映像から、パソコン上のアプリの画面に切り替えてみましょう。資料を見せながら、発表したいときに便利です。

1 画面の共有を開始する

共有するファイルやWebページを自分のパソコンで表示しておく

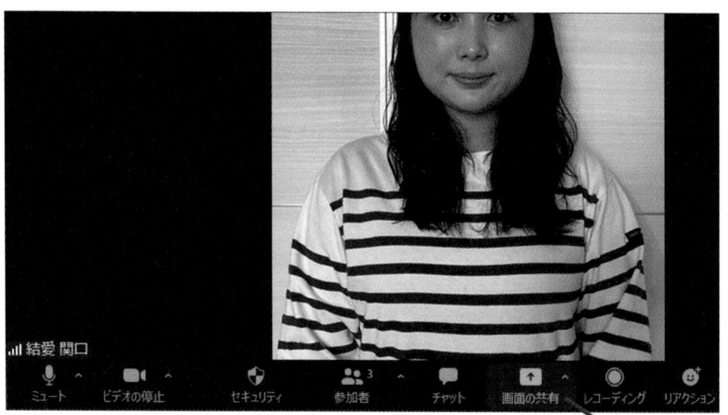

1 [画面の共有]をクリック

2 共有する画面を選択する

[共有するウィンドウまたはアプリケーションの選択]画面が表示された

ここではExcelファイルの表を共有する

1 共有する画面のサムネールをクリック

2 [共有]をクリック

キーワード

参加者	p.197

HINT!

画面の状況がリアルタイムで反映される

画面の共有では、発表者がパソコン上で行なった操作がリアルタイムで参加者にも映像として配信されます。このため、参加者からの意見を参考に、資料をその場で修正することなども簡単にできます。

HINT!

メニューが非表示になったときは

画面上部のメニューは、一定時間が経過すると、非表示になります。もう一度、表示したいときは、マウスポインターを画面上部に移動しましょう。

1 マウスポインターをここに合わせる

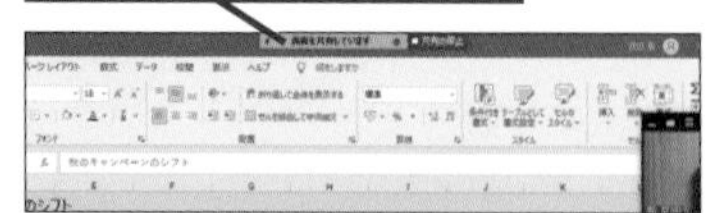

メニューが表示された

間違った場合は？

間違ったアプリを共有してしまったときは、手順3の画面で［新しい共有］をクリックして、別のアプリを選び直します。

第5章 ビデオ会議を円滑化しよう

3 画面が共有された

同じ画面がビデオ会議の参加者それぞれのパソコンやスマートフォンの画面にも表示されている

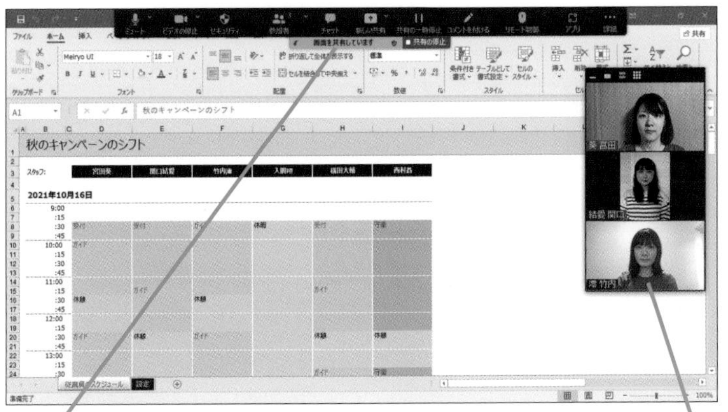

「画面を共有しています」と表示されている間は、画面が共有されている

参加者の映像はサムネイルで表示される

4 画面の共有を停止する

元のビデオ会議の画面に戻す

1 ［共有の停止］をクリック

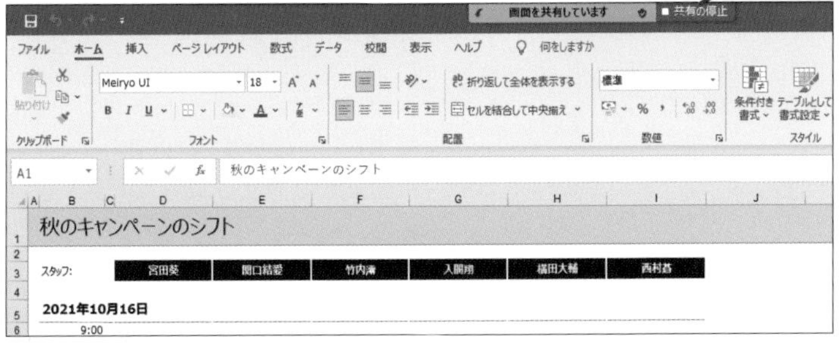

画面の共有が停止して、元のビデオ会議の画面に戻った

HINT!

参加者が画面を遠隔操作することもできる

共有したアプリの画面は、他の参加者に操作してもらうこともできます。詳しくはレッスン㊱で説明します。

HINT!

スマートフォンの場合は

スマートフォンの画面を共有するには、ミーティング中に画面下の［共有］から［画面］を選びます。その後、iPhoneでは［ブロードキャストを開始］を、Androidスマートフォンでは［今すぐ開始］をタップすると、画面を共有できます。なお、iPhoneでは初回のみ、［コントロールセンター］の設定が必要です。

Point

慌てずに発表できるように使い方を確認しておこう

Zoomのミーティングは、参加するだけなら、リンクをクリックするだけなので、簡単です。しかし、ミーティング内で資料を見せながら発表をする場合は、参加者であってもこのレッスンで説明した操作が必要になります。いざ、自分が発表する順番で慌てずに済むように、アプリの共有方法を事前にしっかり確認しておきましょう。

レッスン

35 登壇者の背景にスライドを設定するには

バーチャル背景としてのPowerPoint

発表画面に、自分の姿と資料のスライドを重ねて表示できるようにしてみましょう。資料だけでなく、表情や身振りなども伝えることができます。

1 画面の共有を開始する

レッスン㉞を参考に、[共有するウィンドウまたはアプリケーションの選択]画面を表示しておく

1 [詳細]をクリック

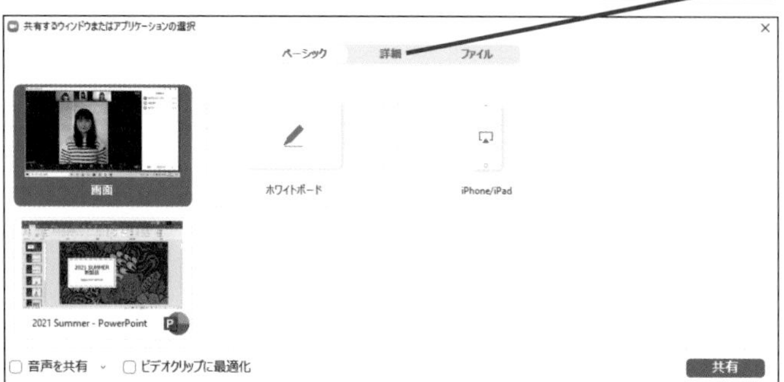

2 [バーチャル背景としてのPowerPoint]をクリック

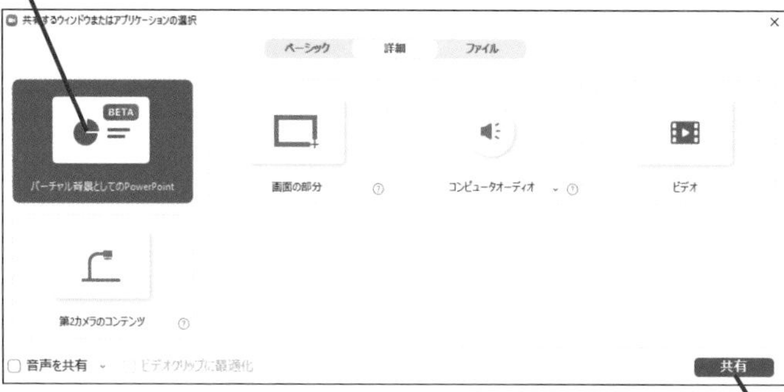

3 [共有]をクリック

キーワード

バーチャル背景	p.199
ファイル	p.199

HINT!

Macで背景にスライドを設定するには

Macを利用している場合は、手順1の操作2の後に、[スマートバーチャル背景パッケージをダウンロードしますか?]というメッセージが表示されます。[ダウンロード]をクリックして、操作を続けましょう。

HINT!

動画やほかのカメラの画像も背景にできる

手順1の下の画面で[ビデオ]を選択すると、パソコンに保存しておいた動画を背景として再生できます。また、パソコンにカメラが2台接続されているときは[第2カメラのコンテンツ]を選択することで、2台目のカメラで撮影した映像（製品紹介での製品アップ映像など）を表示できます。

2 共有するファイルを選択する

［ファイルを開く］ダイアログボックスが表示された

1 保存場所を選択

2 ファイルをクリック

3 ［開く］をクリック

3 背景にPowerPointのスライドが設定された

自分の映像がここに映っている

HINT! 登壇者の位置を変更するには

登壇者の位置（自分の映像の位置）は、標準では右下になっています。スライドの文字などと重なってしまうときは、以下のように、自分の映像をドラッグして位置を変えたり、サイズを変えたりできます。

1 自分の映像をクリック

マウスカーソルの形が変わった

ドラッグして映像を移動できる

間違った場合は？

手順2で間違ったファイルを共有してしまったときは、画面上部の［共有の停止］をクリックして共有を終了し、もう一度、正しいファイルを指定して共有します。

Point より「伝わる」発表ができる

資料の画面と音声に加え、登壇者の映像も一緒に表示すると、発表の表現力が格段にアップします。表情で感情を表現しながら資料を読み進めたり、強調したい部分を身振り手振りを交えながら説明することで、参加者に内容を強く印象付けすることができます。画面を見ながら、淡々と進む会議が一変するので、ぜひ試してみましょう。

レッスン
36 参加者のパソコン画面を操作するには
リモート制御のリクエスト

Zoomでは会議に参加している他のパソコンをインターネット経由で遠隔操作することができます。参加者が共有した画面をリモート制御してみましょう。

参加者側（操作される側）

1 画面の共有を開始する

ここでは参加者のパソコンをホストがリモート操作できるように設定する

ホストは右のHINT!を参考に、参加者が画面の共有をできるように設定しておく

レッスン㉞を参考に、[共有するウィンドウまたはアプリケーションの選択]画面を表示しておく

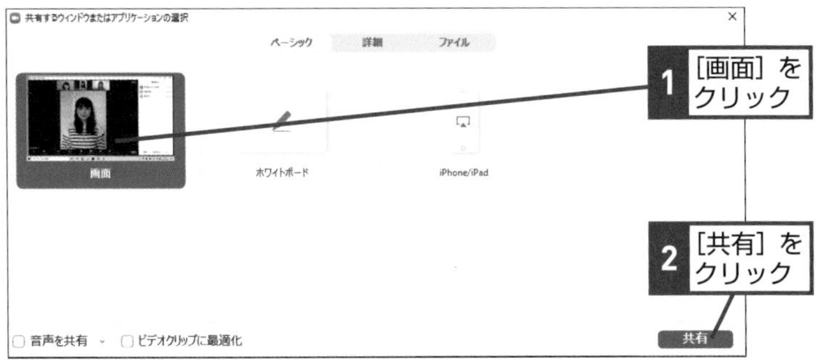

ホスト側（操作する側）

2 リモート制御のリクエストを実行する

参加者のパソコンの画面が表示された

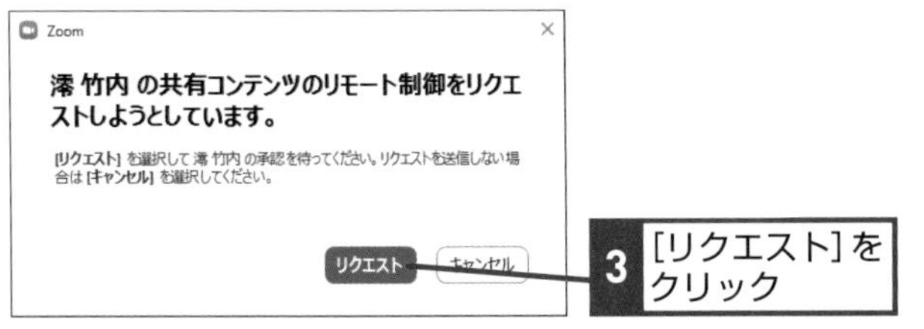

キーワード

参加者	p.197
ホスト	p.200

HINT!

画面の共有を参加者に許可しておこう

遠隔操作するには、まず、操作したい画面を参加者に共有してもらう必要があります。標準の設定では、参加者は画面を共有できないので、[セキュリティ]から[参加者に次を許可]の［画面の共有］をオンにしておきましょう。

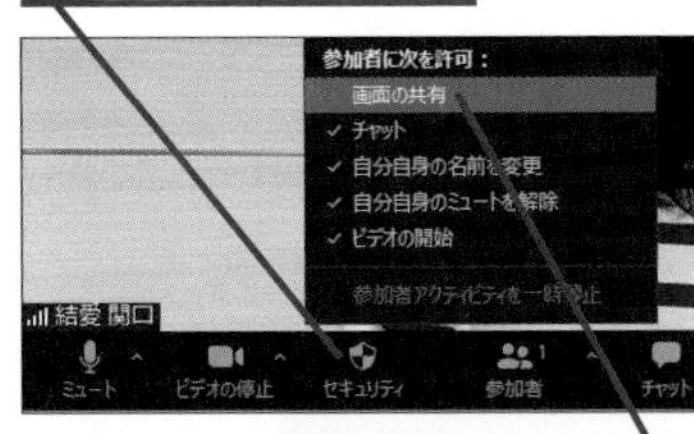

HINT!

Macでリモート制御を許可するには

参加者側（操作される側）がMacの場合、初回のみ設定変更が必要です。macOSの［システム環境設定］の［セキュリティとプライバシー］から［プライバシー］を開き、［アクセシビリティ］で［Zoom］にチェックを付けます。

第5章 ビデオ会議を円滑化しよう

参加者側（操作される側）

③ リモート制御のリクエストを承認する

「(ホスト名) が画面のリモート制御をリクエストしています」と表示された

葵 宮田が画面のリモート制御をリクエストしています

画面をクリックすることにより、いつでも制御を取り戻せます。

1 [承認] をクリック

ホスト側（操作する側）

リモート制御が可能になった

「(参加者名) の画面を制御できます」と表示された

[Zoom] アプリ上で、参加者のパソコンを操作できる

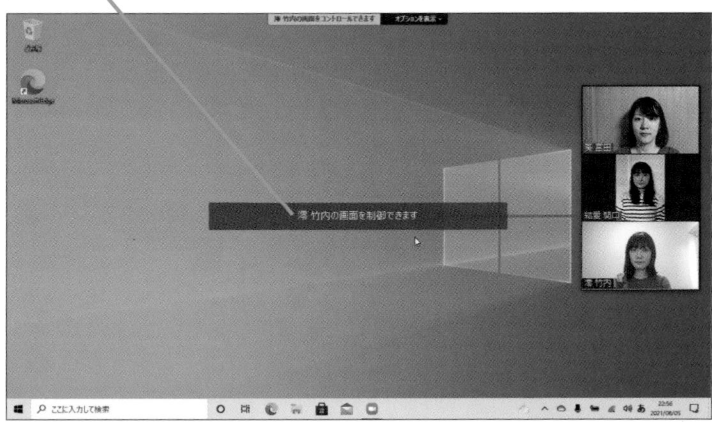

テクニック ホストは相手を選んでリモート制御を許可できる

ホストはこのレッスンの操作をしなくても簡単に他の参加者に画面を操作してもらうことができます。画面を共有中、以下のように［リモート制御］から操作して欲しい相手を選ぶと、その相手が画面を操作できます。

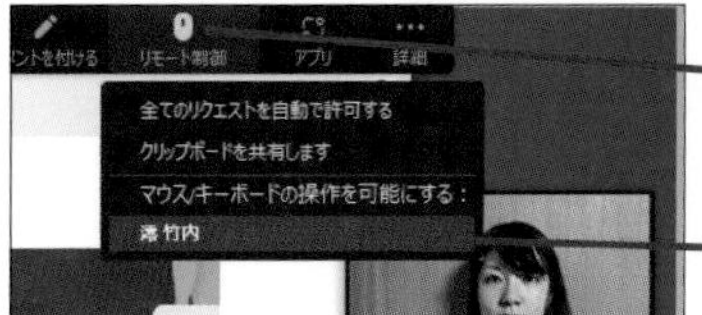

1 [リモート制御] をクリック

2 権限を与える参加者の名前をクリック

HINT! リモート制御を停止するには

リモート制御を停止したいときは、画面上部から以下のように操作します。参加者の場合は、画面共有そのものを停止します。

●参加者が停止する

1 [共有の停止] をクリック

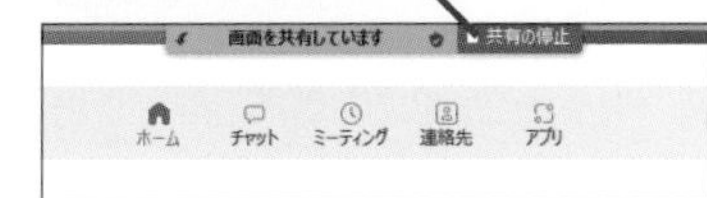

●ホストが停止する

1 [オプションを表示] をクリック

2 [参加者の共有を停止] をクリック

間違った場合は？

参加者（操作される側）がChromebookのPWA版アプリを利用している場合など、リモート制御に対応していない環境は、リモート制御ができません。

Point 画面で直接伝えることができる

発表中に、参加者の質問や指摘で「さっきのスライド」や「あそこの図の右側」などといったように、あいまいな表現が使われることがあります。このような場合、音声を頼りにどこかを探るよりも、思い切って相手に画面操作をまかせて指摘してもらった方が確実です。デスクトップの操作もできるので、代わりにパソコンの設定などをしてもらいたいときなどにも活用できます。

レッスン

37 自由に手書きしたメモを共有するには

ホワイトボード

ホワイトボートを使って、手書きのイラストや図を共有してみましょう。声や文字では伝えにくいことでも簡単に表現することができます。

1 ホワイトボードの利用を開始する

レッスン㉞を参考に、[共有するウィンドウまたはアプリケーションの選択]画面を表示しておく

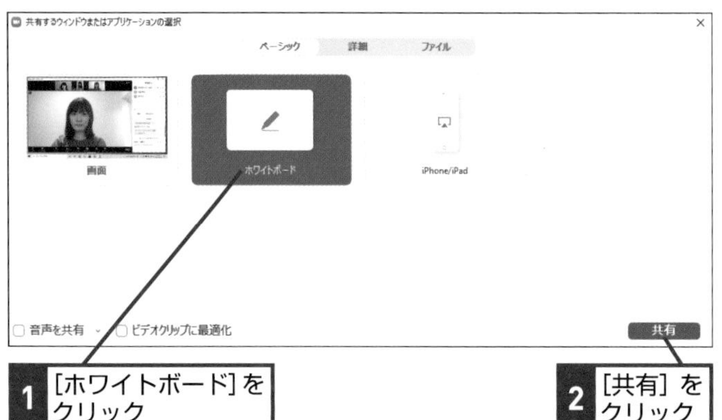

1 [ホワイトボード]をクリック

2 [共有] をクリック

2 ホワイトボードにメモを記入する

マウスポインターの形が変わった

右のページのテクニックを参考に、図版やイラストなどを描画していく

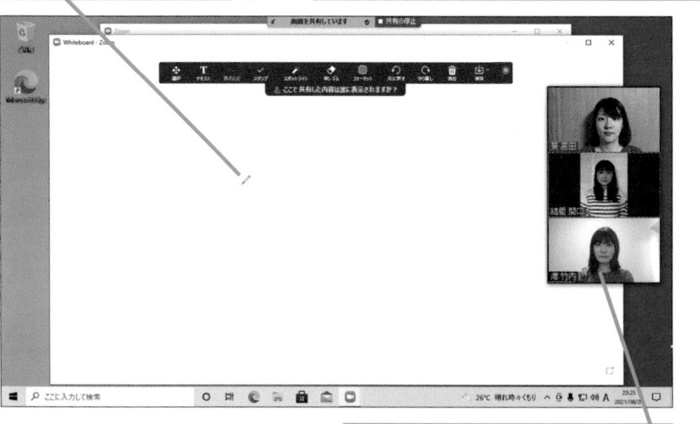

参加者の映像はサムネイルで表示される

キーワード

参加者	p.197
ホワイトボード	p.200

HINT!

参加者の映像は非表示にできる

手順2の画面のように、ホワイトボードが起動すると、参加者の映像がサムネイル表示されます。ホワイトボードと重なって書きにくいときは、サムネイル画面の左上の [サムネイルビデオの非表示] ボタンをクリックして、非表示にするといいでしょう。ただし、完全には消えず、メニューだけが表示されます。また、[サムネイルビデオの表示] をクリックすると、再表示できます。

HINT!

タッチ対応のパソコンやペンタブレットが便利

マウスを使って、ホワイトボードに描画することもできますが、細かな部分や文字が表現しにくくなります。タッチ対応のパソコンやUSB接続のペンタブレットを利用すると、スムーズに描画できるでしょう。

間違った場合は？

間違った線や文字は、[消しゴム] を選択することで消去できます。

テクニック ホワイトボードのツールを使いこなそう

ホワイトボードでは画面上部のアイコンを選択することで、さまざまなタイプの描画ができます。どのようなツールがあるのかを確認し、実際の描画に活用してみましょう。

●ホワイトボードのツールと機能

アイコン	機能
選択	マウスをドラッグすることで、指定した範囲の図を選択できる。選択した部分は、再びマウスでドラッグすることで、別の場所に移動することなどができる
テキスト	表示されたテキストボックスにキーボードから文字を入力することで、テキストデータとして文字を表示できる。［フォーマ］アイコンで文字の色や大きさなどを変えられる
書き込む	線の太さを変えたり、直線や矢印、四角や丸などの図形を簡単に描画したりできる。線の色は［フォーマ］から変更できる
スタンプ	矢印、チェックマーク、バツ、星、ハート、クエスチョンマークなどの図形をスタンプとして貼り付けることができる
スポットライト	スポットライト、または矢印を切り替えて利用できる。スポットライトはレーザーポインターとして、画面上を指し示すときに使う。矢印や名前付きの矢印を付箋のように貼り付けられる
消しゴム	クリックした部分を消去できる。ストローク単位での消去となるため、ひとつの線をまるごと消去したり、図形をまるごと消去したりする。一部分だけを消去することはできない
フォーマット	線や図形の色の変更や線の幅の調整、テキストの大きさの変更ができる。太字や斜体などの効果をテキストに加えたりできる
元に戻す	直前の操作を取り消して、ひとつ前の状態に戻す
やり直し	［元に戻す］で取り消した操作を再び有効にする
消去	ホワイトボード全体を消去する。［すべてのドローイングを消去］［マイドローイングを消去］［ビューアーを消去］を選べる
保存	ホワイトボードの内容を画像ファイルとして保存する。保存した画像はミーティングのレコーディングと同じフォルダーに保存される

3 ホワイトボードのメモを保存する

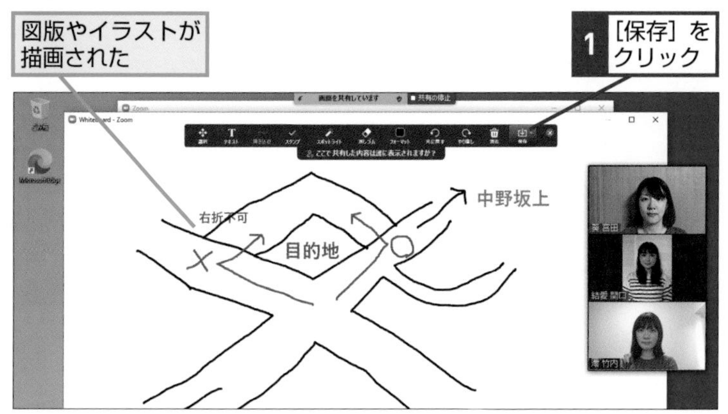

レッスン㉛のテクニックで確認した場所に、画像ファイルとして保存される

Point

いろいろな使い方ができる

ホワイトボードは図やイラストを使って、参加者に情報を伝えたいときに活用すると便利です。マウスを使っての描画は、少し慣れが必要ですが、手軽に使えるので活用してみましょう。もちろん、テキストも入力できるので、議題を掲示したり、参加者から募った意見をまとめたりするときに使うこともできます。会社での会議だけでなく、学校や塾などの遠隔授業で、黒板の代わりに使うのもおすすめです。

レッスン

38 参加者をグループごとに分けるには

ブレイクアウトルーム

［ブレイクアウトルーム］はミーティングの途中で、グループごとに別々のミーティングをさらに分岐して開催できる機能です。使い方を見てみましょう。

ブレイクアウトルームができるように設定する

1 ミーティングの詳細設定のページを表示する

レッスン㉛の116ページからの手順を参考に、WebページのZoomの［設定］画面を表示しておく

1 ［ミーティングにて（詳細）］をクリック

2 ブレイクアウトルームを有効にする

［ミーティングにて（詳細］の項目が表示された

1 ［ブレイクアウトルーム］のここをクリックして、オンにする

2 ［リモートサポート］がオフになっていることを確認する

ブレイクアウトルームが有効になった

キーワード

参加者	p.197
ブレイクアウトルーム	p.199
ホスト	p.200

HINT!

グループワークなどで活用できる

［ブレイクアウトルーム］はグループワークなどで活用すると便利です。最初に全体に対して目的などを説明するミーティングを行ない、続けて、参加者をグループごとに分けて、個別にミーティングしてもらうことができます。会社の研修、学校の班別学習などで活用してみましょう。

間違った場合は？

ブレイクアウトルームの数を間違えてしまったときは、手順3の画面で不要なルームにマウスカーソルを合わせ、［×削除］をクリックすることで削除できます。

参加者をグループごとに分ける

1 ブレイクアウトルームを開始する

ビデオ会議を開始して、参加者を招待しておく

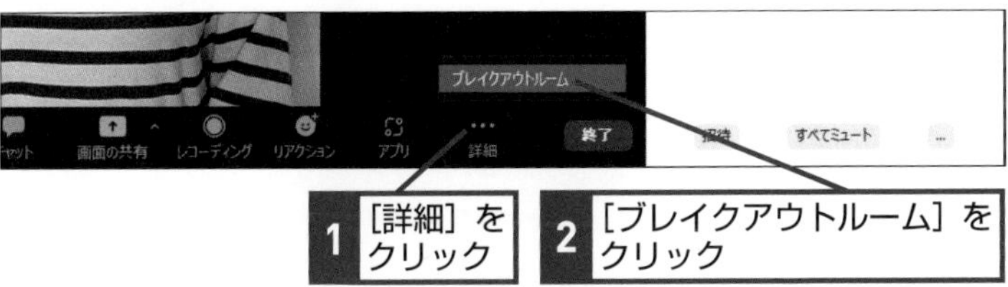

1 ［詳細］をクリック

2 ［ブレイクアウトルーム］をクリック

2 グループの参加人数を設定する

［ブレイクアウトルームの作成］画面が表示された

ここでは4人の参加者を2人ずつのグループに分ける

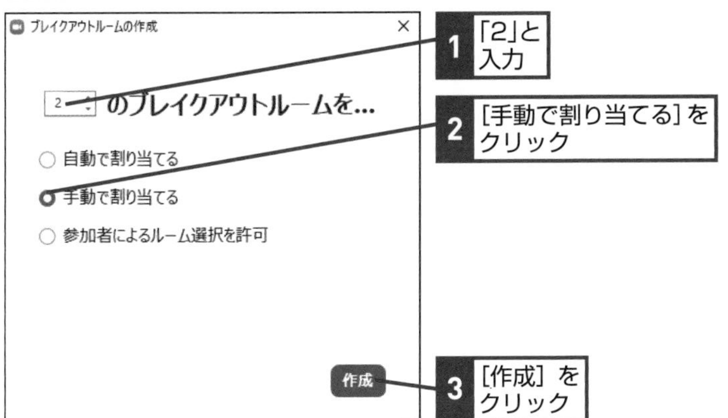

1 「2」と入力

2 ［手動で割り当てる］をクリック

3 ［作成］をクリック

3 1つめのグループのメンバーを選択する

表示された画面でグループ分けのメンバーを割り振っていく

1 ［割り当て］をクリック

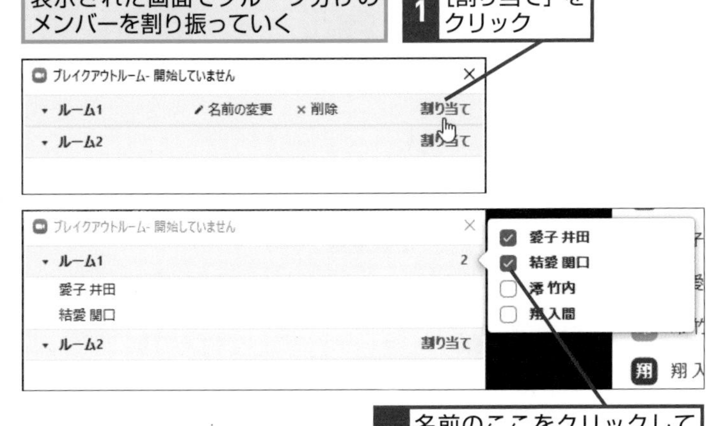

2 名前のここをクリックしてチェックマークを付ける

HINT! ルームって何？

手順3に表示される「ルーム」は分割して新しく作成されたミーティングのことです。たとえば、2つのグループで個別のミーティングを開催するなら2つのルーム、5つのグループなら5つのルームというように、グループ分けした数だけのルームが作成されます。ルームは「セッション」と表記されることもあります。

HINT! 自動的にメンバーを割り当てることもできる

手順2の画面で［自動で割り当てる］を選択すると、各ルームに割り当てる参加者を自動的に決めることができます。グループのバランスなどを考慮しなくていいときは、自動的に割り当ててしまうのもひとつの方法です。

次のページに続く

4 グループ分けを決定する

手順3と同様の手順で、もう1つのグループのメンバーを選択しておく

1 [すべてのセッションを開始]をクリック

ボタンが隠れているときは、ウィンドウの大きさを変更しておく

参加者が承諾すると、ブレイクアウトルームの開始が可能になる

5 ブレイクアウトルームが開始した

それぞれのグループで新しいビデオ会議がはじまっている

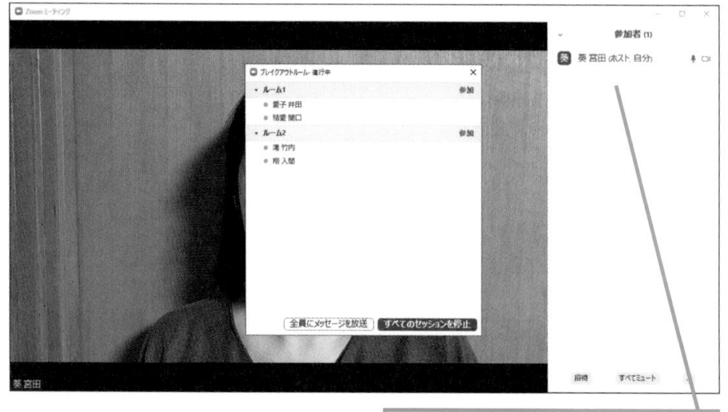

元のビデオ会議にいた参加者の名前が表示されなくなった

HINT! 参加者が承諾する必要がある

ブレイクアウトルームに参加者を割り当てるには、参加者の承諾が必要です。手順4で割り当てをすると、参加者の画面に招待のメッセージが表示されます。このメッセージに参加者が承諾すると、実際にブレイクアウトルームが開始されます。

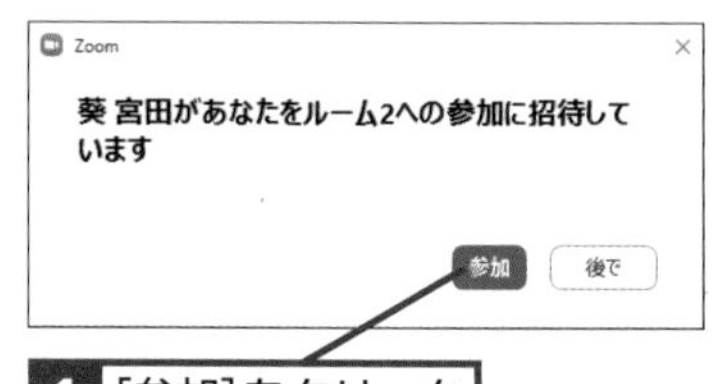

1 [参加]をクリック

HINT! ルームを追加するには

手順4の画面で［セッションの追加］をクリックすると、さらにルームを追加できます。メンバーの数を考慮して、適切なルームの数を設定しましょう。なお、ブレイクアウトルーム開始後は、変更することができません。

1 [セッションの追加]をクリック

間違った場合は？

参加者の割り振りを間違えたときは、137ページの手順1の画面で、参加者にマウスカーソルを合わせ、[移動先]をクリックすることで、別のルームに移動させることができます。

ホストがブレイクアウトルームに参加する

1 参加するブレイクアウトルームを選択する

ここでは1つめのブレイクアウトルームに参加する

1 ［参加］をクリック

2 ［はい］をクリック

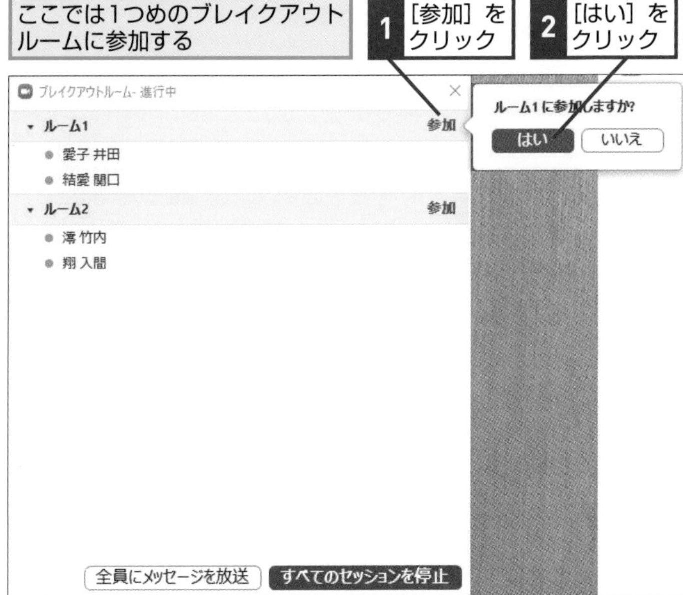

2 ブレイクアウトルームに参加できた

退出するときは、右のHINT!を参考に、ミーティングそのものを終了しないように注意する

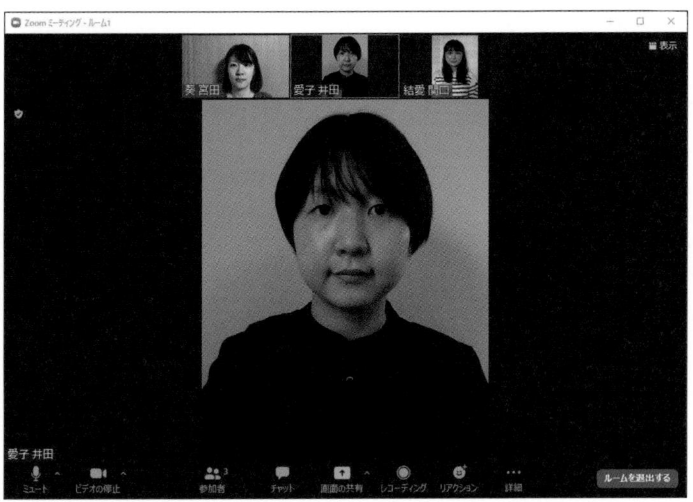

HINT!

ブレイクアウトルームを終了するには

ブレイクアウトルームから退出するには、次のように［ブレイクアウトルームを退出する］を選択します。退出すると、元のミーティングへと戻ります。なお、［ミーティングを退出］をすると、ミーティング全体から退出します。ホストの場合、別の人をホストに指名できます。［全員に対してミーティングを終了］を選ぶと、すべてのミーティングが完全に終了します。

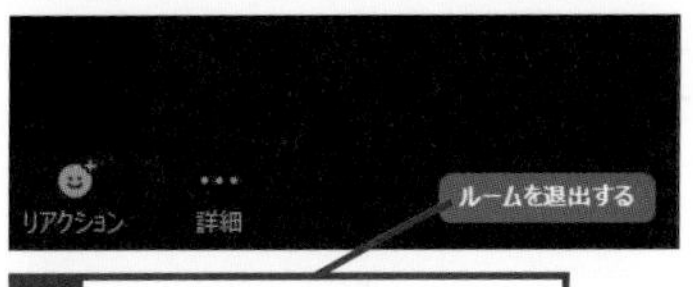

1 ［ルームを退室する］をクリック

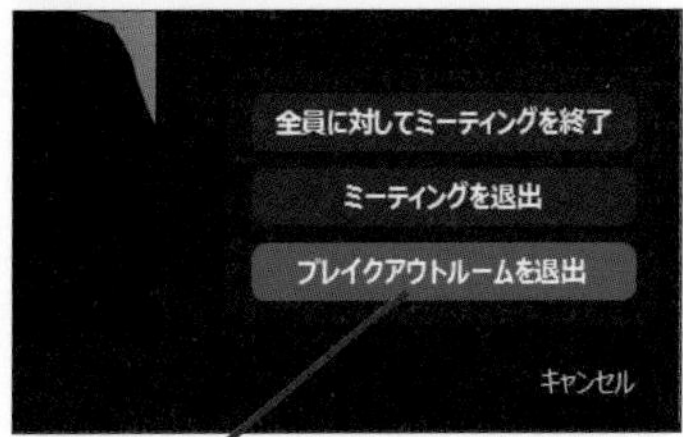

2 ［ブレイクアウトルームを退出］をクリック

Point

ホストの役割が重要

ブレイクアウトルームを利用するときは、ミーティングを主催したホストの役割がとても重要です。参加者をグループ分けしたり、分割前に全体にアナウンスしたり、各ルームへと参加者を誘導したりと、忙しく操作する必要があります。参加者が多いほど、ルーム数が多くなるほど、労力が増えるので、Zoomの操作に慣れた人がホストになるか、慣れた人に補助してもらいながら開催するといいでしょう。

Zoom お役立ちコラム⑤

［セキュリティ］ボタンで意図しない参加者の操作を防ごう

会議を円滑に進めるには、参加者が意図しない行動をしないように、ある程度、操作を制限することが大切です。Zoomではこうした参加者の操作を制限する機能が［セキュリティ］ボタンにまとめて配置されています。発表者だけが画面を共有できるようにしたり、自由に発言できないようにマイクのミュートを解除できないようにしたり、チャットで勝手に会話をしたりしないように、操作を制限しておきましょう。また、Zoomでは参加者が自分の名前を変更することができますが、途中で名前を変更されると、誰が誰なのかがわからなくなることがあります。このため、［自分自身の名前を変更］をオフにしておくと、会議の参加時に設定されていた名前のまま固定することができます。厳しくし過ぎる必要はありませんが、ある程度のルールが守られるようにしておくといいでしょう。

●［セキュリティ］ボタンの機能

1 ［セキュリティ］をクリック

◆ミーティングのロック
有効にすると、会議中のメンバー以外が参加できないように設定できる

◆待機室を有効化
レッスン㊶で詳しく解説する待機室のオンとオフを切り替えられる

◆プロフィール画面を非表示にします
自分のプロフィール画面を非表示にして、名前の最初の文字を表示させられる

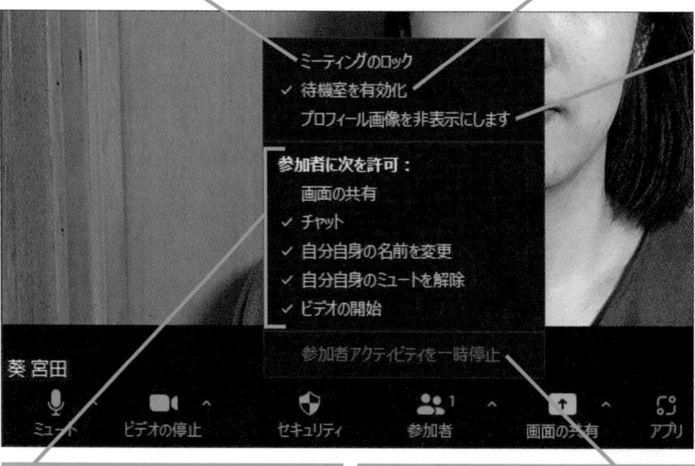

◆参加者に次を許可
画面の共有やチャット、自分自身の名前の変更など、それぞれオンとオフにすることで、参加者の操作を細かく制限できる

◆参加者アクティビティを一時停止
クリックすると、ビデオと画面の共有が停止され、全員ミュートになる。さらにミーティングがロックされ、会議を緊急停止できる

第6章

ビデオ会議の便利な設定を知ろう

Zoomを使ったビデオ会議がさらに快適になるようにしてみましょう。この章では設定しておくと便利なZoomの各種設定や知っておくと便利な使い方を紹介します。

●この章の内容

㊴ プロフィールを設定するには……140
㊵ 特定の参加者の画面を固定するには……144
㊶ 関係者だけのビデオ会議を設定するには……146
㊷ ホストがいなくても
ミーティングをはじめるには……150
㊸ よくビデオ会議をするメンバーを登録するには…152
㊹ ZoomとGoogleカレンダーを連携させるには……158

レッスン
39 プロフィールを設定するには

［プロフィール］画面、マイプロフィールを編集

Zoomのプロフィールを設定しましょう。名前や会社なども登録できますが、大切なのは画像です。ほかの参加者に自分が誰なのかがわかるようにしておきましょう。

1 ［プロフィール］画面を表示する

レッスン⑳を参考に［Zoom］アプリの［設定］画面を表示しておく

1 ［プロフィール］をクリック

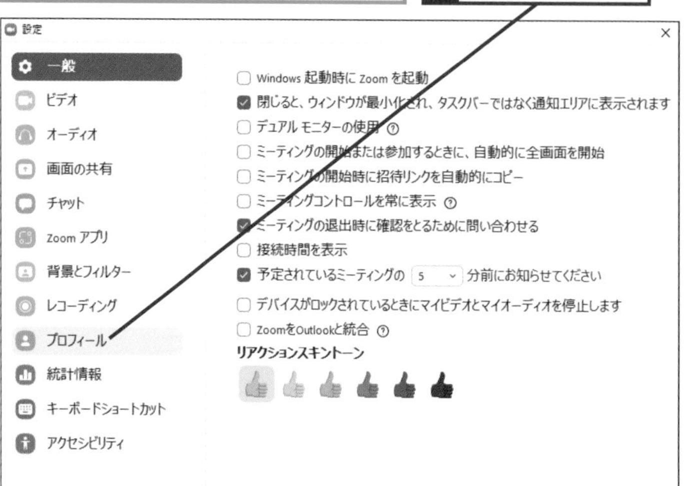

2 画像の変更を開始する

［プロフィール］画面が表示された

1 ここをクリック

キーワード

プロフィール p.199

HINT!

プロフィールはほかの参加者に公開される

登録したプロフィールの情報の一部は、ほかの参加者に公開されます。名前や写真が会議中に表示されたり、メールアドレスが連絡先に登録されたりするので、公開してもかまわない情報を登録しましょう。

HINT!

Chromebookの場合は

ChromebookでPWA版のZoomを使っている場合は、右上のアイコンをクリックして、［My Profile］を選択することで、Webページからプロファイルを編集できます。

HINT!

プロフィールは他の機器にも反映される

複数の機器で［Zoom］アプリを利用している場合、ここで設定したプロフィールの内容は、他の機器で同じZoomアカウントを利用するときにも反映されます。

間違った場合は？

手順3で、何もファイルが表示されないときは、そのフォルダーに対応する画像ファイルがない可能性があります。PNG、JPEG、BMPなど、画像ファイルがあるフォルダーを指定し直しましょう。

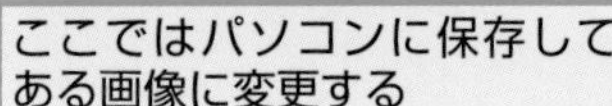

3 画像を選択する

ここではパソコンに保存してある画像に変更する

1 画像の保存場所を選択

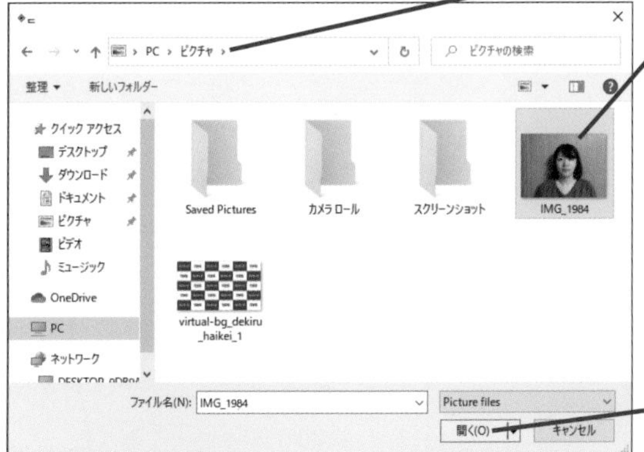

2 画像をクリック

3 [開く] をクリック

ここをドラッグして、トリミングする位置を変更できる

[+]と[-]で画像の大きさを変更できる

4 [保存] をクリック

4 プロフィール項目の変更ページを表示する

画像を変更できた

違う画像を設定したいときは、アイコンをクリックする

続けて、会社名や部署などを変更する

1 [マイプロフィールを編集]をクリック

HINT! 画像の見た目やサイズが合わないときは

手順3の下の画面で、アイコンを確認したときに、自分のイメージと合わなかったり、サイズが適していないときは、別の画像を指定し直しましょう。[キャンセル] をクリックし、もう一度、手順1から操作し直すか、以下のように操作することで、画像を選び直すことができます。

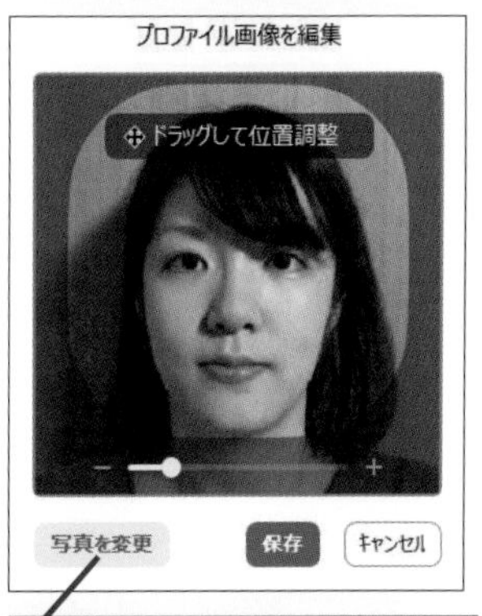

1 [写真を変更]をクリック

手順3の1枚目の画面が表示される

HINT! Windowsパソコンで顔写真を撮影するには

Windows 10パソコンを使っているときは、ビデオ会議用のカメラを使って、簡単にプロフィール用の写真を撮影できます。Windows 10の[カメラ] アプリを起動し、画面右側でカメラのアイコンをクリックして写真を撮影しましょう。撮影した写真は、[ピクチャ] の [カメラロール] フォルダーに保存されています。

次のページに続く

5 [Zoom] アプリの [設定] 画面を閉じる

ブラウザーが起動した

1 [閉じる] をクリック

ブラウザーが前面に表示されているときは、次の画面から操作する

2 名前の横の[編集]をクリック

HINT!

iPhoneやAndroidスマートフォン、iPadで画像を変更するには

プロフィールはiPhoneやAndroidスマートフォン、iPadからも簡単に編集できます。以下のように、[自分のプロファイル] 画面から画像や会社名などを設定しましょう。

1 [設定]をタップ

2 名前をタップ

3 [プロファイル写真] をタップ

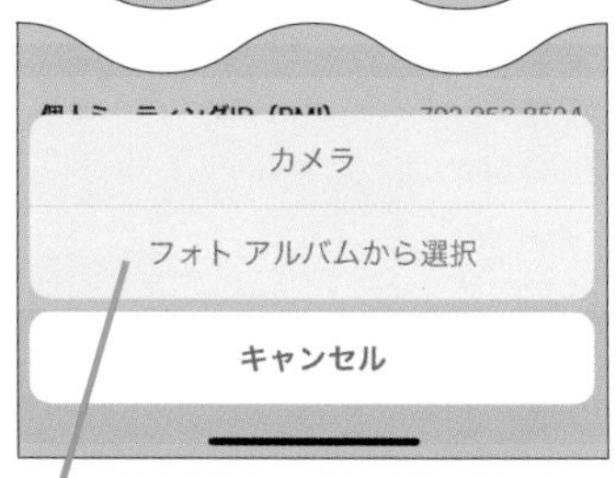

その場で写真を撮るときは [カメラ] を、保存してある写真を選択するときは [フォトアルバムから選択] をそれぞれタップする

ビデオ会議の便利な設定を知ろう 第6章

テクニック プロフィールに電話番号を登録するには

プロフィールに電話番号を登録するときは、SMS認証が必要です。スマートフォンなど、SMSが受信できる携帯電話番号を登録します。一覧から国を正確に選び、先頭の「0」を省いた携帯電話番号を登録します。たとえば、「090xxxxxxxx」なら「90xxxxxxxx」のように登録します。

手順5の2枚目の画面を表示しておく

1 下にスクロール

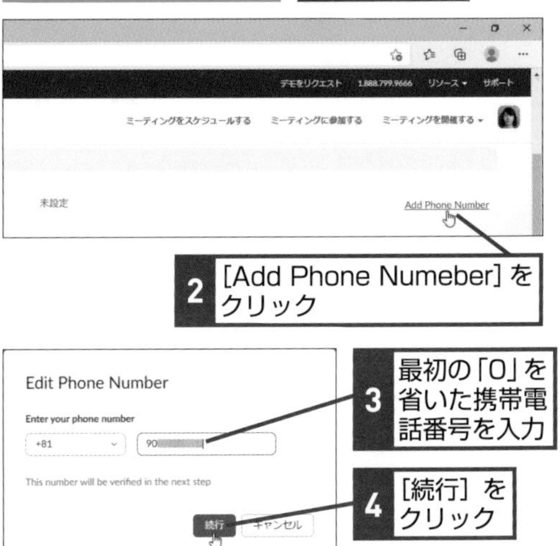

2 [Add Phone Numeber]をクリック

3 最初の「0」を省いた携帯電話番号を入力

4 [続行]をクリック

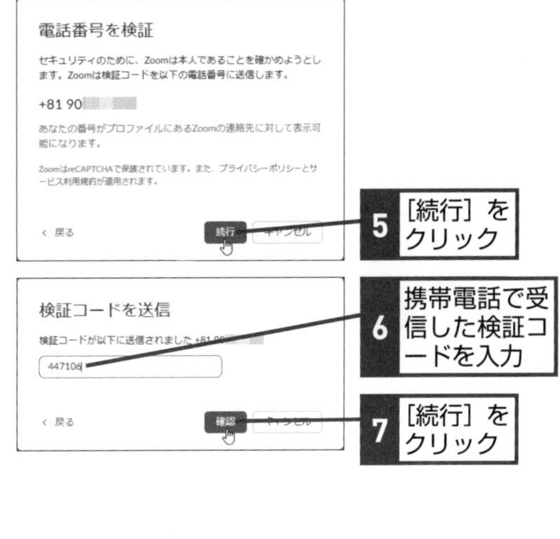

5 [続行]をクリック

6 携帯電話で受信した検証コードを入力

7 [続行]をクリック

6 プロフィールを変更する

電話番号を入力するときは、上のテクニックを参考にする

1 項目を入力

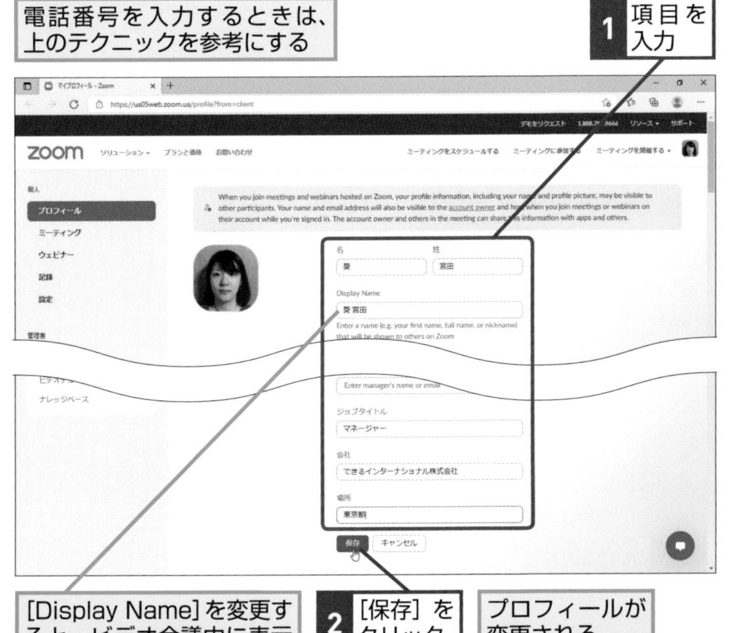

[Display Name]を変更すると、ビデオ会議中に表示される名前を変更できる

2 [保存]をクリック

プロフィールが変更される

間違った場合は？

登録したプロフィールを修正したいときは、もう一度、手順1から操作をします。

Point プライバシーにも気をつけて設定しよう

Zoomにプロフィールを設定しておくと、ホストが待機室でアイコンを確認して参加の可否を判断できたり、チャットの名前が実名と一致することで発言者がはっきりしたりと、ビデオ会議がスムーズに進められるようになります。もちろん、ほかの参加者に公開されるので、プライバシーに配慮する必要はありますが、少なくとも写真と名前はわかりやすいものを登録しておきましょう。

レッスン 40

特定の参加者の画面を固定するには

全員のスポットライト

ミーティングで表示される人の映像を固定してみましょう。[スポットライト]を利用すると、すべての参加者の画面に指定した人の映像を固定で表示できます。

1 画面を固定する参加者を選択する

ビデオ会議を参加しておく

1 画面を固定する参加者のサムネイルにマウスポインターを合わせる

2 ここをクリック

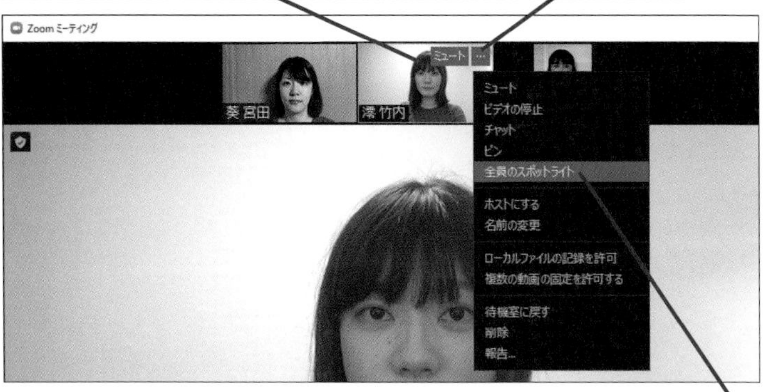

3 [全員のスポットライト]をクリック

2 選択した参加者の画面が固定された

画面を固定した参加者のサムネイルが表示されなくなった

キーワード

参加者	p.197
待機室	p.198
ホスト	p.200

HINT!

3名以上の参加者で設定できる

[スポットライト]は、3名以上が参加するミーティングでのみ有効化できます。1対1の面談などでは、相手が1人しかいないためスポットライトを設定しなくても相手の映像が大きく表示されます。

HINT!

ホストが設定できる

スポットライトは、ミーティングのホストが設定できる機能です。参加者が設定することはできません。

3 スポットライトを解除する

固定した参加者の画面を、元に戻す

1 ［スポットライトを削除］をクリック

スポットライトが解除される

HINT!

複数の人にスポットライトを設定するには

スポットライト設定後に、もう一度、別の参加者を指定してから［スポットライトを追加］を選択すると、複数の人の画面を固定できます。

間違った場合は？

間違った人にスポットライトを設定してしまったときは、スポットライトを削除し、もう一度、設定し直します。

テクニック 参加者が自分で固定する画面を選ぶには

［スポットライト］はホストが設定した人の画面が参加者全員に表示される機能です。一方、［ピン］は参加者が固定する映像を自分で指定したいときに使う機能です。会議などで、複数の参加者が話をする際、画面が頻繁に切り替わって見にくいときなどは、［ピン］を使って、指定した人の映像に固定できます。

1 画面を固定する参加者のサムネイルにマウスポインターを合わせる

2 ここをクリック

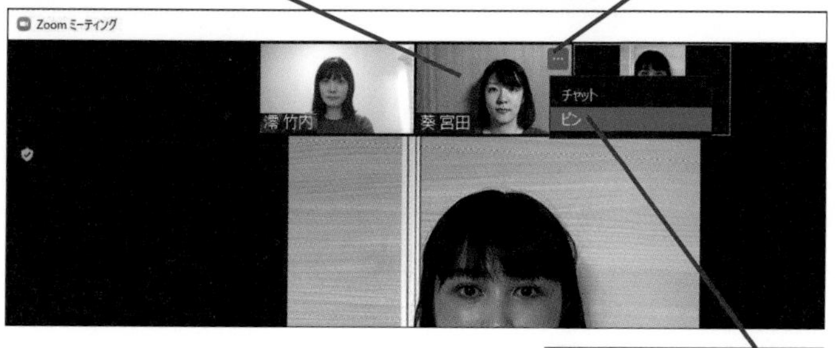

3 ［ピン］をクリック

Point

発表に注目してもらえる環境を作ろう

スポットライトは参加者にミーティングに集中してもらいたいときに使うと便利な機能です。標準では、話す人が変わる度に画面が切り替わりますが、スポットライトを利用すると、発表者など、常に特定の人物に映像を固定できます。スポットライトはホストが設定する機能なので、ミーティングの進行状況によって、誰に設定するかを適切に判断する必要があります。話題をリードしている人物（通常は発表者）を見きわめて、設定しましょう。

レッスン

41 関係者だけのビデオ会議を設定するには

待機室

Zoomでは第三者が勝手にミーティングに参加することを防ぐために［待機室］が用意されています。待機室で参加者ごとに参加の可否を判断しましょう。

待機室の設定を変更する

1 待機室をオンにする

レッスン㉛の116ページからの操作を参考に、[Zoom]アプリの[設定]画面を表示しておく

1 ［待機室］のここをクリック

［待機室］がオンに設定された

ブラウザーを閉じておく

▶キーワード

参加者	p.197
待機室	p.198
ビデオ会議	p.199

HINT!

待機室って何？

待機室はZoomのミーティングに招待された人が文字通り、ミーティング開始まで待つ場所です。待機室から実際のミーティングに接続するには、ホストの許可が必要で、許可されるまで、映像や音声使って、ミーティングに参加することはできません。

招待された参加者は、一度待機室を経由してからミーティングに参加する

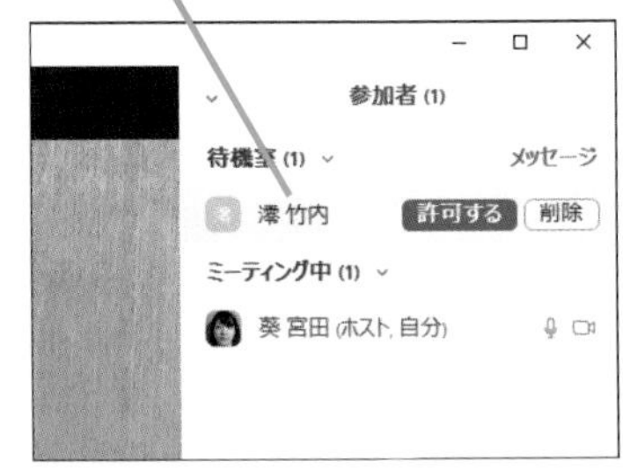

間違った場合は？

この手順で待機室をオンにすると、以後、自分が開催するミーティングでは、自動的に待機室がオンになります。間違ってオンにしてしまったときは、もう一度、設定ページから［待機室］をオフにしておきましょう。

待機室の参加者に許可を与える

1 参加者を招待する

左のページの手順を参考に、待機室をオンにしておく

まだ自分しかミーティングに参加していない

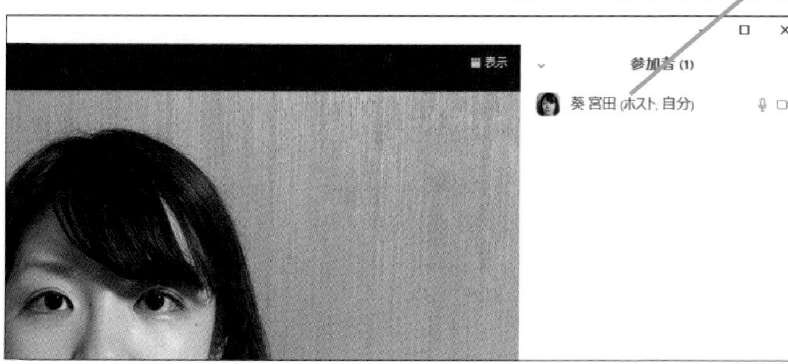

レッスン㉔を参考に、新規ミーティングを主催して参加者を招待しておく

2 招待した参加者に許可を与える

招待した参加者が待機室に表示された

1 [許可する] をクリック

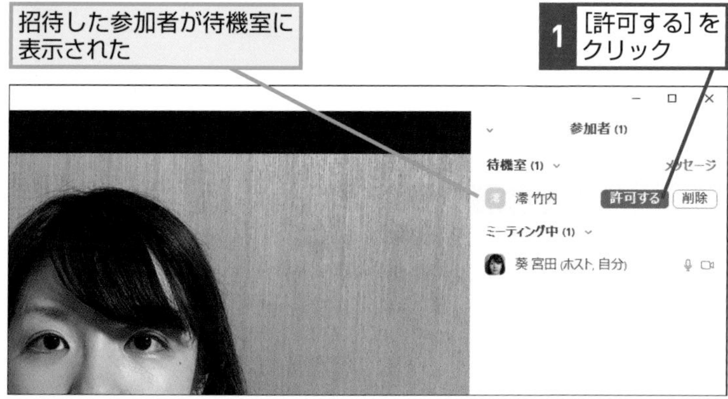

許可したユーザーがミーティングに参加した

HINT!

招待された参加者はどうすればいいの？

待機室が有効な場合、参加者の画面には次のような画面が表示されます。ホストが許可するまで会議に参加できないので、しばらくの間、そのまま待ちましょう。

招待されたミーティングに参加しようとすると、以下のような画面が表示される

ホストが許可すると、ミーティングに参加できる

HINT!

待機室にいる参加者にまとめて許可を与えるには

待機室で複数の人が許可を待っているときは、[全員の入室を許可する] をクリックすることで、まとめて入室を許可できます。

1 [全員の入室を許可する] をクリック

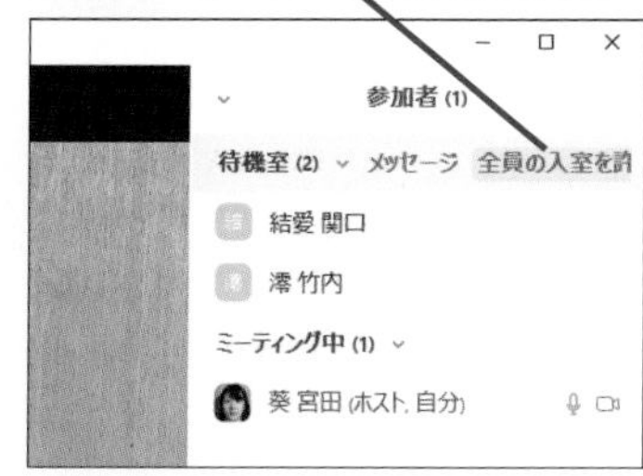

待機室にいる参加者全員に許可が与えられる

次のページに続く

待機室にいるユーザーをビデオ会議に参加させない

1 参加させないユーザーを選択する

レッスン㉔を参考に、参加者の一覧を表示しておく

関係のないユーザーが待機している

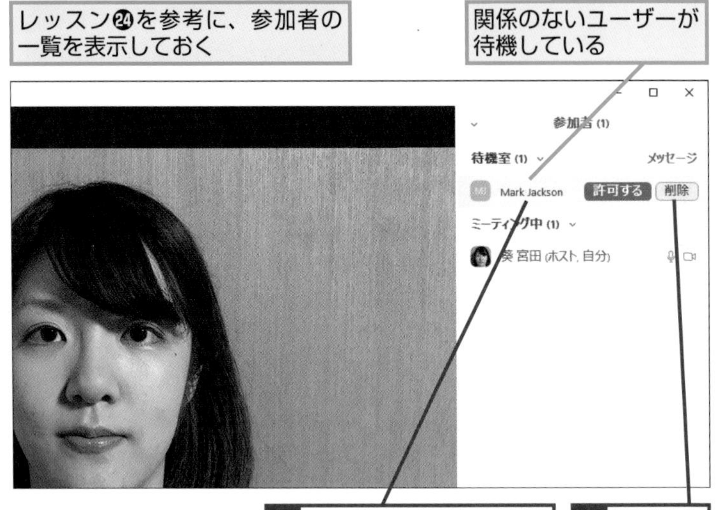

1 ユーザーの名前にマウスポインターを合わせる

2 [削除] をクリック

2 参加させないユーザーを決定する

選択したユーザーを待機室から削除する

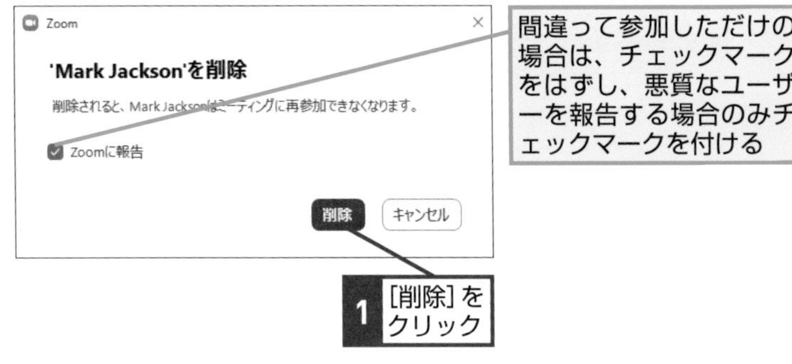

間違って参加しただけの場合は、チェックマークをはずし、悪質なユーザーを報告する場合のみチェックマークを付ける

1 [削除] をクリック

HINT!

一度、削除した参加者は再び同じミーティングには参加できない

一度、待機室で削除した参加者は、再び同じミーティングに参加することはできません。必須の参加者を削除してしまったときは、もう一度、新しいミーティングを開催し直すしかありません。

HINT!

待機室の表示内容を変更するには

有料版を利用しているときは、待機室のデザインを変更できます。[待機室] の下に表示されている [待機室をカスタマイズ] をクリックすることで、メッセージを変更したり、画像を挿入したりできます。

間違った場合は？

手順1で間違って参加させたい人を削除しそうになったときは、手順2の画面で [キャンセル] をクリックします。

参加中のユーザーをビデオ会議から退室させる

1 ビデオ会議から退室させるユーザーを選択する

関係のないユーザーがビデオ会議に参加している

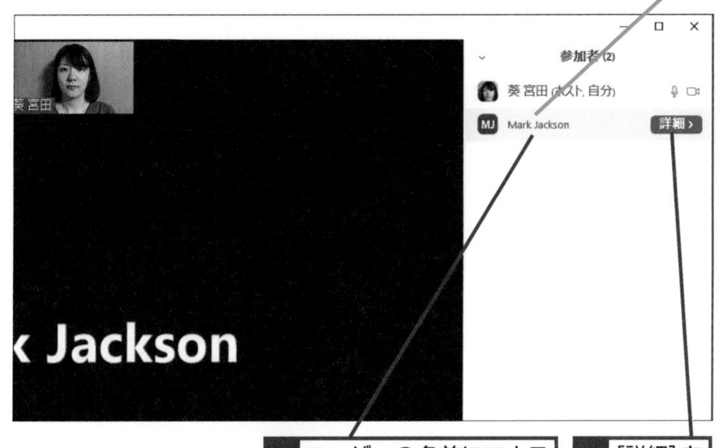

1 ユーザーの名前にマウスポインターを合わせる

2 [詳細] をクリック

2 ユーザーを退室させる方法を選択する

[待機室に戻す] をクリックすると、待機室で許可を待つ状態になる

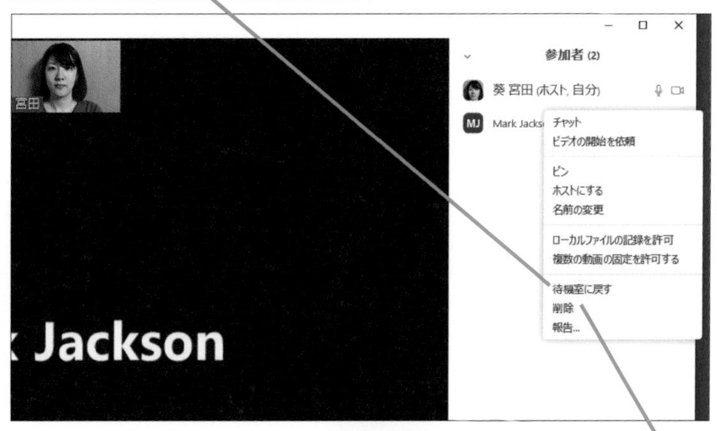

[削除] をクリックすると、待機室を経由せず退室させられる

HINT!

悪質なユーザーを通報するには

いたずらや攻撃を目的として、勝手にミーティングに参加しようとする悪質なユーザーは、以下の方法で、Zoomの運営チームに悪質な行為を報告できます。

手順2の画面を表示しておく

1 [報告] をクリック

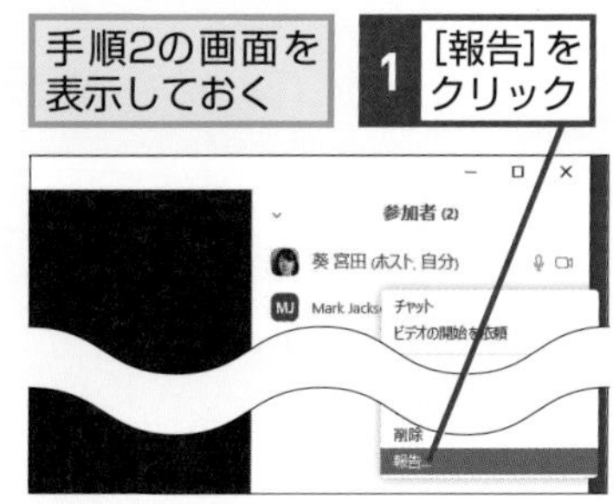

2 ここをクリックして、参加者の特徴や行為などを選択

3 [送信] をクリック

Point

第三者の参加を拒否できる

[待機室] は関係のない第三者が勝手にミーティングに参加してしまうことを防ぐ重要な機能です。ミーティングに参加するためのリンクが何らかの理由で外部に漏れた場合でも待機室があれば、第三者の参加を拒否できます。ただし、第三者かどうかの判断基準となるのは、待機室に表示されている参加者のアイコンと名前だけになります。ホストとしてミーティングを開催するときは、慎重に判断しましょう。

レッスン

42 ホストがいなくてもミーティングをはじめるには

詳細オプション

ホストが不在の場合でも参加者だけで先にミーティングをはじめられるようにしてみましょう。参加者が任意の時間に参加できるようにします。

ホスト側

1 [詳細オプション] の設定を変更する

レッスン㉖を参考に、ミーティングのスケジュールを登録する

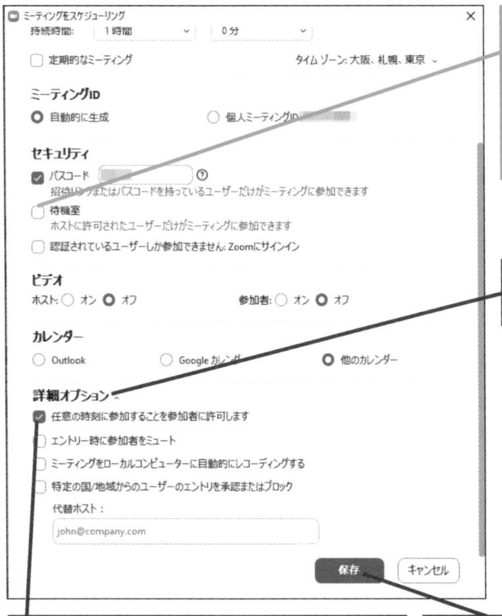

[待機室] のここにチェックマークが付いているときは、クリックして、チェックマークをはずしておく

1 [詳細オプション] をクリック

2 「任意の時刻に参加することを参加者に許可します」のここをクリックしてチェックマークを付ける

3 [保存] をクリック

2 スケジュールの設定を完了する

ホストがいなくてもミーティングが開始できるように設定された

1 [閉じる] をクリック

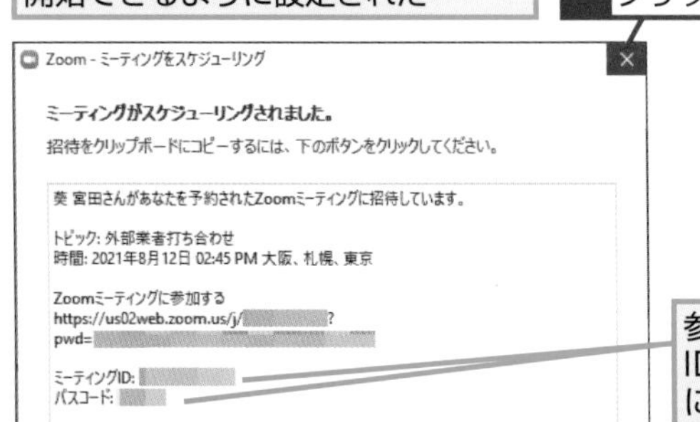

参加者にミーティングIDとパスコードを事前に知らせておく

キーワード

参加者	p.197
待機室	p.198
パスワード	p.199
ホスト	p.200

HINT!

待機室をオフにしておこう

待機室にチェックマークが付いていると、ホストが不在の間、入力を許可できません。ホストがいなくてもミーティングをはじめられるようにするには、[待機室] のチェックマークをはずす必要があります。

HINT!

あとからミーティングIDとパスコードを表示するには

手順2でミーティングIDとパスコードをメモし忘れたときは、レッスン㉗を参考に、登録済みのミーティングを開いて、情報を確認できます。

間違った場合は？

手順1で間違って [キャンセル] をクリックしてしまったときは、もう一度、スケジュールを登録し直します。忘れずに [任意の時刻に参加することを参加者に許可します] をオンにしましょう。

参加者側

1 [ミーティングに参加]画面を表示しておく

[Zoom]アプリを起動しておく

ホストから通知されたミーティングIDとミーティングパスワードを確認しておく

1 [参加]をクリック

2 ミーティングIDを入力する

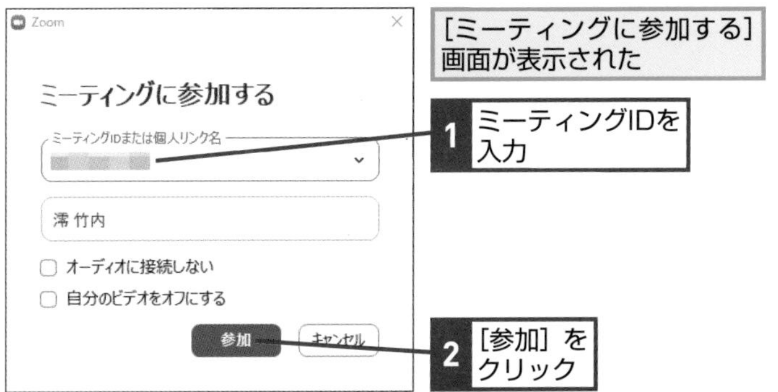

[ミーティングに参加する]画面が表示された

1 ミーティングIDを入力

2 [参加]をクリック

3 ミーティングパスワードを入力する

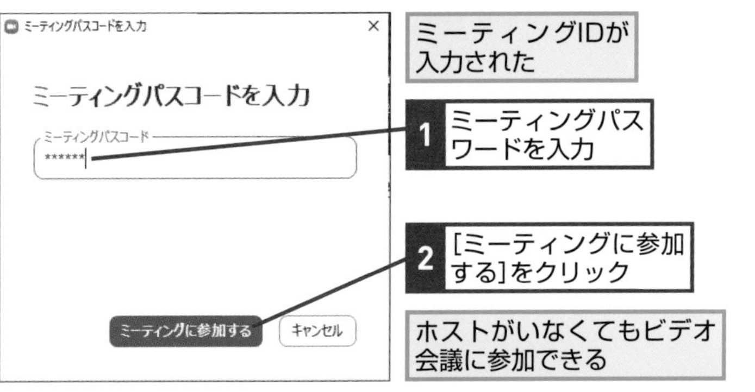

ミーティングIDが入力された

1 ミーティングパスワードを入力

2 [ミーティングに参加する]をクリック

ホストがいなくてもビデオ会議に参加できる

HINT!

事前の打ち合わせなどにも活用できる

このレッスンの方法を活用すると、ホストが参加する前に参加者だけで、事前の打ち合わせをすることなどができます。自己紹介や雑談の時間として活用してもらうこともできるでしょう。

HINT!

ミーティングIDとパスコードでミーティングに参加できる

このレッスンで説明したように、Zoomのミーティングには、個別のIDとパスコードを使って参加することができます。参加用のリンクが見つからない場合でもミーティングIDとパスコードさえあれば、参加が可能です。

Point

ホストに急用があってもミーティングを開始できる

このレッスンの設定をしておけば、ホストに急用があって、ミーティングに接続できない場合でもほかの参加者でミーティングを開始することができます。少し遅れるだけなら、待機室で待っていてもらうこともできますが、自分がホストとなっているミーティングに大幅に遅れる可能性があるときは、事前に参加者だけでミーティングをはじめられるようにしておきましょう。

レッスン

43 よくビデオ会議をするメンバーを登録するには

連絡先、チャンネル

プロジェクトや塾のクラスなど、ビデオ会議の参加者が固定されいるときは、[チャンネル] で複数の参加者をまとめて管理しておくと便利です。

連絡先にメンバーを登録する

1 連絡先の追加を開始する

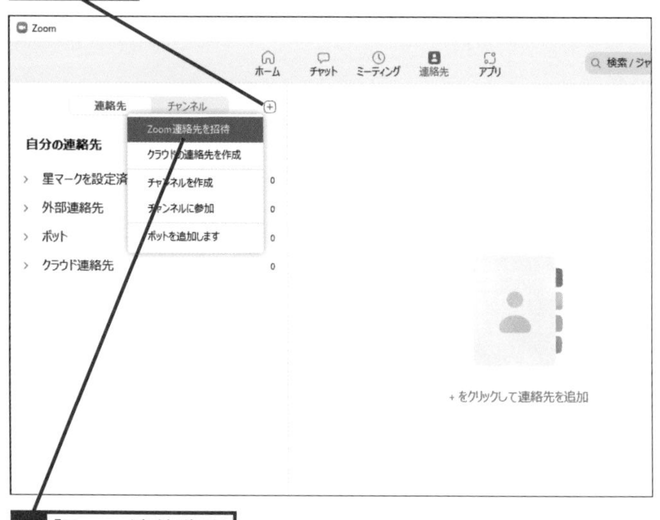

▶キーワード

スケジュール	p.198
チャット	p.198

HINT!

Zoomのアカウントが必要

Zoomの連絡先に登録できるユーザーは、Zoomにアカウントが登録されている人だけです。メールアドレスがZoomに登録されていないと、連絡先に登録できません。

HINT!

よく招待する人を登録しておこう

連絡先はチャンネルを作るときだけでなく、普段、ミーティングに相手を招待するときにも使えます。たとえば、連絡先から [ミーティング] アイコンをクリックすると、その人とすぐにビデオ会議を始められます。また、連絡先に登録すると、相手のプロフィールを確認できるようになります。よくビデオ会議に招待する人を登録しておくと便利です。

2 連絡先を追加する

連絡先に追加したいユーザーのメールアドレスを入力する

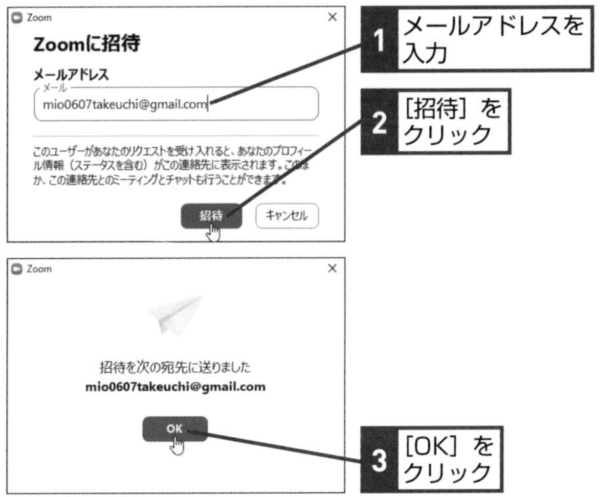

1 メールアドレスを入力

2 [招待]をクリック

3 [OK]をクリック

3 連絡先が追加されたことを確認する

相手が承諾すると、連絡先が表示される

1 [外部連絡先]をクリック

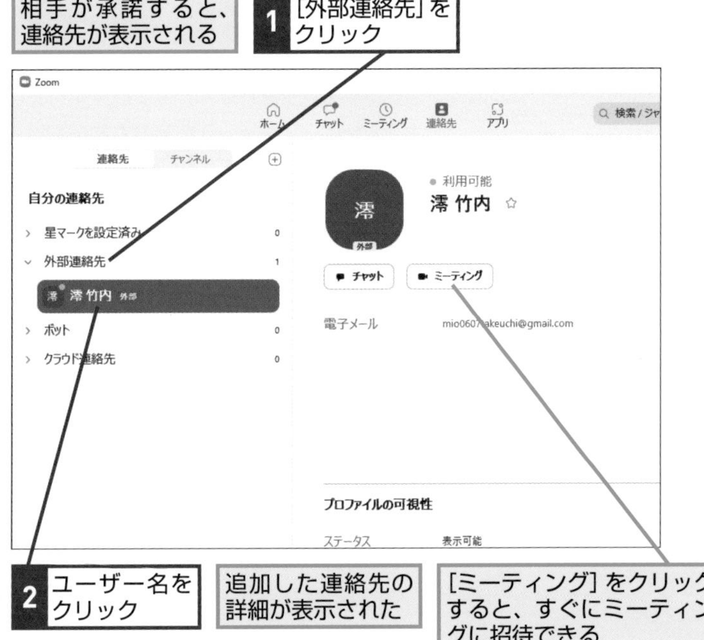

2 ユーザー名をクリック

追加した連絡先の詳細が表示された

[ミーティング]をクリックすると、すぐにミーティングに招待できる

HINT! 相手の承諾が必要

連絡先に登録するには、相手の承諾が必要です。招待状はメールではなく、Zoom経由で送信されるので、相手がZoomで招待状を開き、承諾しないと、連絡先に登録されません。

招待状を受け取ると、[Zoom]アプリの[チャット]に赤い丸が付く

1 [チャット]をクリック

2 [連絡先リクエスト]をクリック

3 [承諾]をクリック

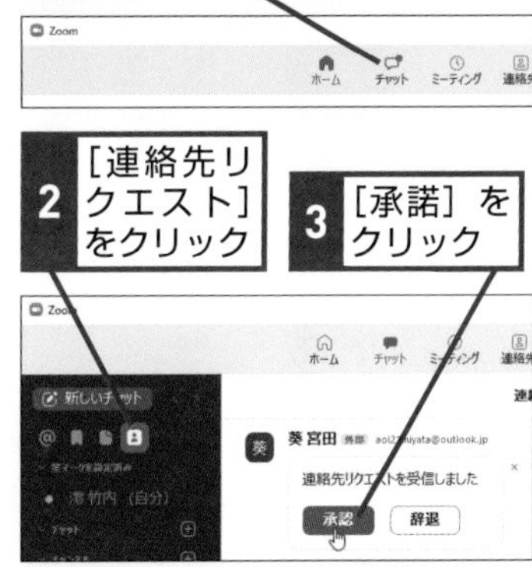

表示された画面で[リクエストを承認]をクリックしておく

HINT! 星マークを設定できる

頻繁にビデオ会議をする人には、星マークを設定することができます。名前の右にある星のアイコンをクリックすると、連絡先の[星マークを設定済み]にその人が表示されます。連絡先に多くの人が登録されているときは、星マークを設定しておきましょう。

間違った場合は？

メールアドレスを間違えると、相手に招待が届きません。間違った相手に送ってしまったときは、[外部連絡先]に登録されている一覧から、相手を右クリックして、[連絡先の削除]を選んで削除します。

次のページに続く

チャンネルを作成する

1 チャットを表示する

連絡先を登録しておく

1 [チャット]をクリック

HINT! チャンネルって何？

チャンネルはグループ単位でビデオ会議をするときに便利な機能です。ビデオ会議に参加する人をグループ化する機能と考えるとわかりやすいでしょう。会社の部署ごと、プロジェクト単位、学校や塾のクラス、大学のゼミ、趣味のグループなど、組織や参加者ごとに自由に作成することができます。チャンネルを作成しておくと、所属するメンバー全員を一斉にビデオ会議に招待できるうえ、文字によるチャットのコミュニケーションができるようになります。

2 チャンネルの作成を開始する

チャットが表示された

1 [チャンネル]の[+]をクリック

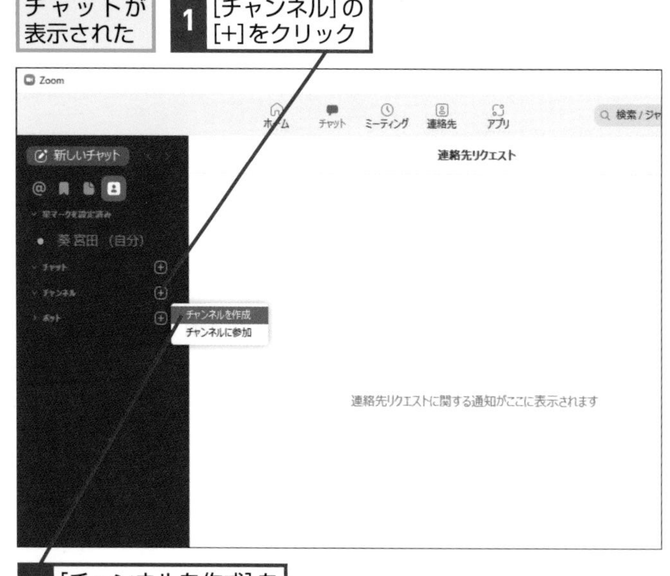

2 [チャンネルを作成]をクリック

HINT! チャットもできる

チャンネルを作成すると、Zoomアプリの［チャット］アイコンからメンバーとチャットをすることができます。ミーティングを開催していなくても文字によるコミュニケーションができるうえ、絵文字を使った会話やファイルを共有することもできます。チャットで事前に内容を練ったり、ミーティングの日時を調整したり、ミーティングで使う資料を事前に配布したりするといいでしょう。

3 チャンネルを作成する

[チャンネルを作成]画面が表示された

1 チャンネル名を入力

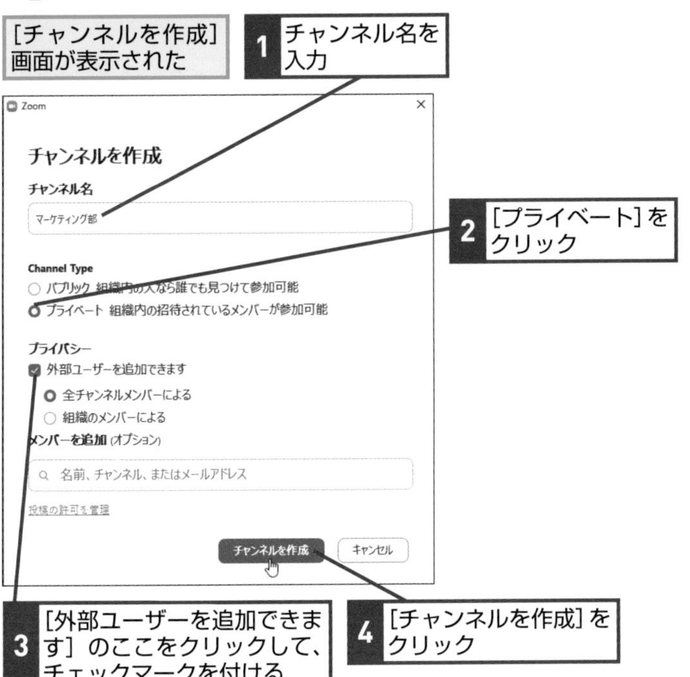

2 [プライベート]をクリック

3 [外部ユーザーを追加できます]のここをクリックして、チェックマークを付ける

4 [チャンネルを作成]をクリック

4 チャンネルが作成された

作成したチャンネルが[チャンネル]に表示された

1 チャンネル名にマウスポインターを合わせる

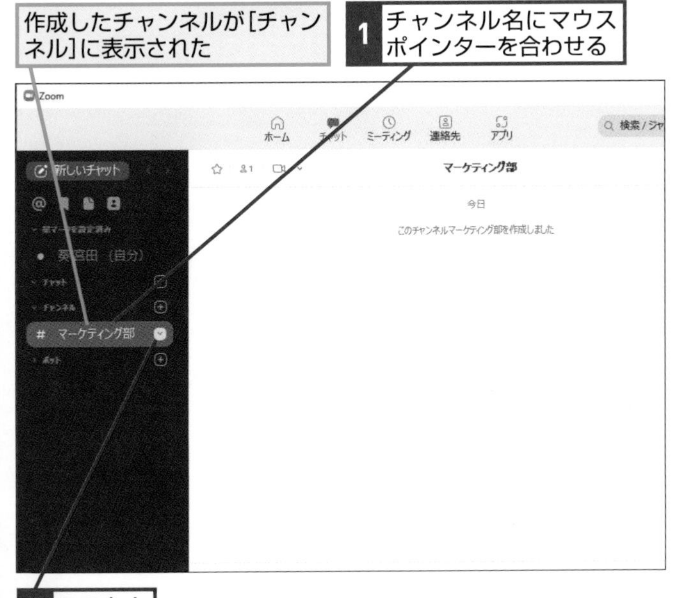

2 ここをクリック

HINT!
[パブリック]と[プライベート]は何が違うの？

チャンネルには［パブリック］と［プライベート］の2種類があります。［パブリック］は有料プラン向けの機能で、同じ組織の人が自由に参加できるチャンネルです。［プライベート］は招待した人だけが参加できるチャンネルです。外部の人を追加できるのは［プライベート］だけです。無料プランでチャンネルを作成するときは、すべてのユーザーが外部ユーザーに相当するので、必ず［プライベート］でチャンネルを作成します。

間違った場合は？

手順3でチャンネルの設定を間違えたときは、次のページの手順5で［チャネルの編集］を選ぶことで、設定を変更できます。

次のページに続く

5 メンバーの追加を開始する

作成したチャンネルに、連絡先のメンバーを追加する

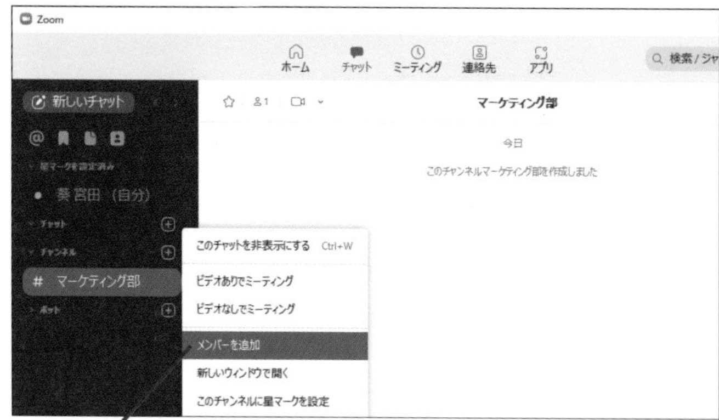

1 [メンバーを追加] をクリック

6 追加するメンバーを選択する

[メンバーを追加] 画面が表示された

ここでは連絡先の3人のメンバーをチャンネルに追加する

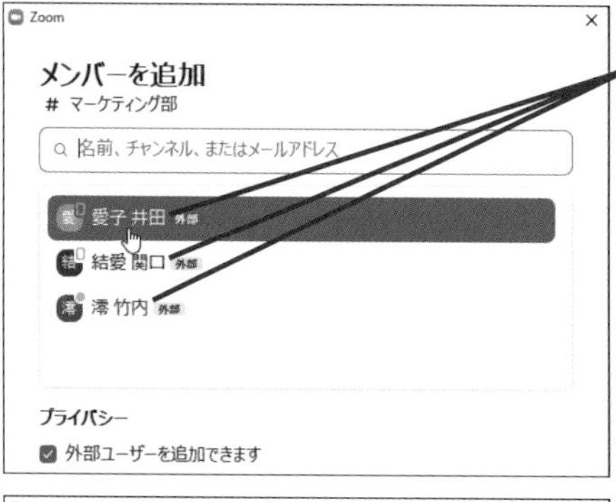

1 追加したいユーザーの名前をそれぞれクリック

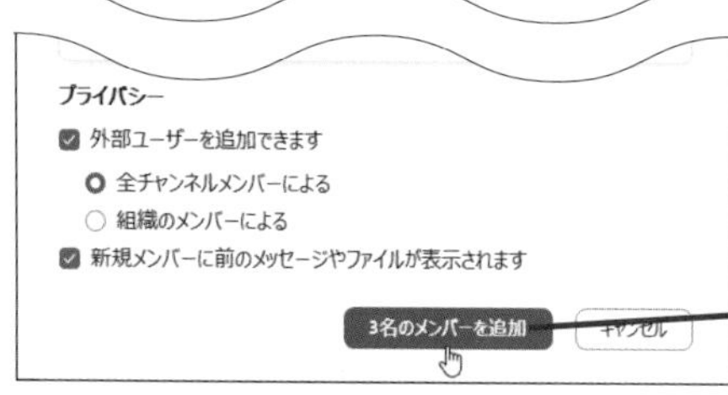

2 [(人数) 名のメンバーを追加] をクリック

HINT! ミーティングをスケジュールするには

チャンネルを使って、将来のミーティングをスケジュールしたいときは、レッスン㉖を参考に、通常のミーティングのスケジュールを作成し、招待用のURLをチャンネルのチャットに貼り付けます。これでチャンネルのメンバーにスケジュールされたミーティングを告知できます。

HINT! チャンネルからメンバーを削除するには

チャンネルからメンバーを削除したいときは、次のようにメンバーリストからメンバーを指定して、[このチャンネルから削除] を選択します。

1 [メンバーリスト] をクリック

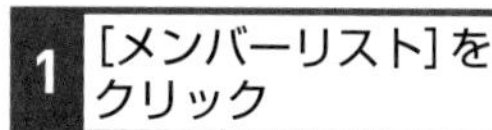
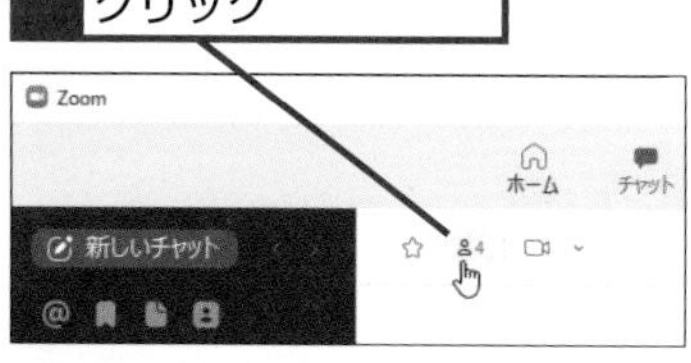

2 削除したいメンバーにマウスポインターを合わせる

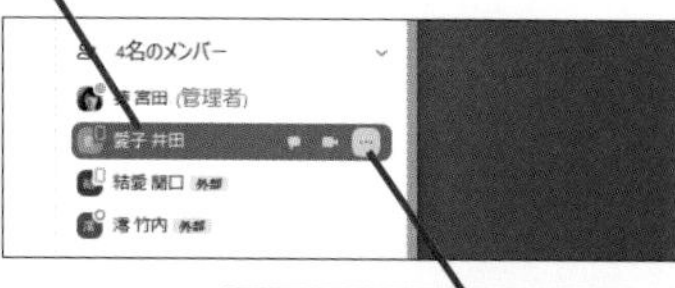

3 [詳細] をクリック

4 [このチャンネルから削除] をクリック

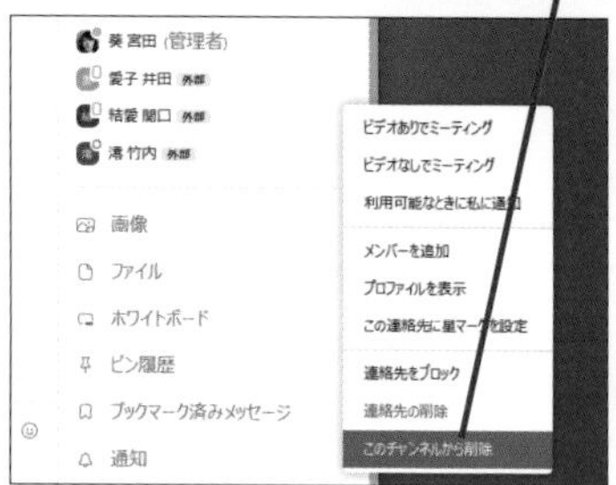

テクニック チャンネルのチャットを活用しよう

チャンネルのチャットは、文字によるコミュニケーションができる機能です。レッスン㉜で説明した「チャット」と違い、ミーティングを開催していないときでも利用できるので、普段の連絡に使ったり、ファイルや情報の共有に活用したり、メンバー全員ですぐにミーティングを開始したりと、日常的なコミュニケーションにも活用できます。

［メンバーリスト］をクリックすると、チャンネルに追加されているメンバーの一覧が表示される

［ビデオありでミーティング］をクリックすると、チャンネルのメンバー全員が参加するミーティングを開始できる

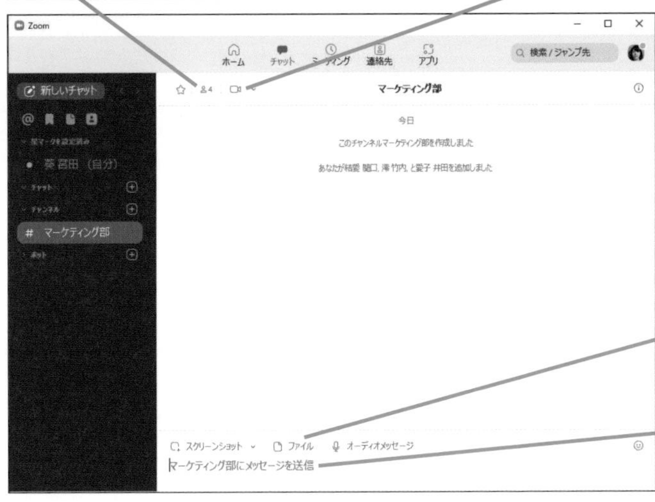

［ファイル］をクリックすると、クラウドサービスやパソコンのファイルを共有できる

ここに文字を入力して、チャンネルのメンバーとチャットができる

7 メンバーがチャンネルに追加された

追加したメンバーの名前が表示された

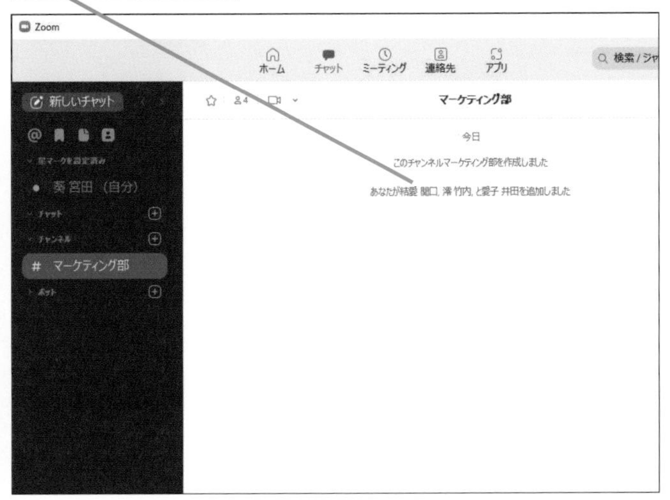

間違った場合は？

手順6で候補に表示されるのは、連絡先に登録されているユーザーだけです。チャンネルに登録したい人が表示されないときは、連絡先に登録されているかどうかを確認しましょう。

Point コミュニケーションの幅が広がる

チャンネルはSlackやTeamsなどのビジネスチャットツールに似た機能です。Zoomのチャンネルは、チャットとミーティングに特化したシンプルな機能ですが、文字によるコミュニケーションやファイル共有などに活用できます。部署やクラスごとにチャネルを作成しておくと、ビデオ会議だけでなく、普段のコミュニケーションも活性化するでしょう。

レッスン

44 ZoomとGoogleカレンダーを連携させるには

Googleカレンダー

ミーティングの予定を外部のカレンダーサービスを使って管理できるようにしてみましょう。ここではGoogleカレンダーと連携する方法を紹介します。

スケジュールをGoogleカレンダーに登録する

1 カレンダーを指定する

レッスン㉖を参考に、[Zoom]アプリでミーティングのスケジュールを設定しておく

Outlookと連携したいときは、次のページのHINT!を参考にする

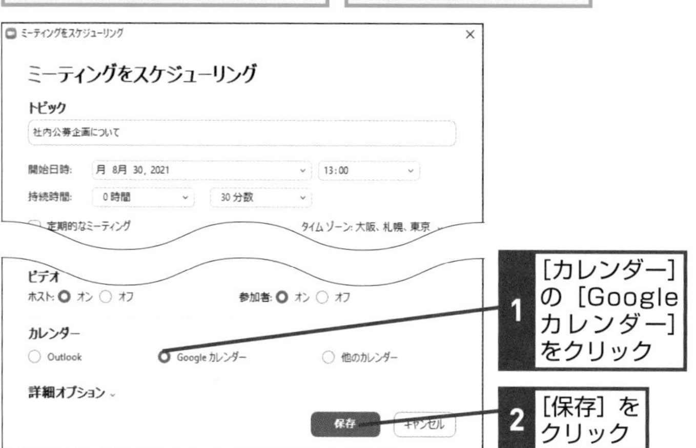

1 [カレンダー]の[Googleカレンダー]をクリック

2 [保存]をクリック

2 Googleアカウントでログインする

ブラウザーが自動的に起動した

カレンダーに登録したいGoogleアカウントを選択する

1 アカウントをクリック

表示されたGoogleアカウントと違うアカウントを使うときは、[別のアカウントを使用]をクリックする

動画で見る 詳細は2ページへ

キーワード

スケジュール p.198

HINT!

Googleカレンダーって何？

Googleカレンダーは検索サービス大手のGoogleが提供しているクラウド上のカレンダーサービスです。Gmailのメールアドレスなどとしても使えるGoogleアカウントを取得すると、無料で利用できます。Zoomのミーティングの予定をGoogleカレンダーに登録できるようにすることで、Googleカレンダーで普段の予定といっしょに、Zoomのミーティングの予定を管理できます。

間違った場合は？

ブラウザーからGoogleアカウントでログインしたことがないときは、手順2で[ログイン]画面が表示されます。取得済みのGoogleアカウントを入力するか、[アカウントを作成]から新しくGoogleアカウントを取得して設定しましょう。

3 ZoomとGoogleカレンダーの連携を許可する

「ZoomがGoogleアカウントへのアクセスを求めています」と表示された

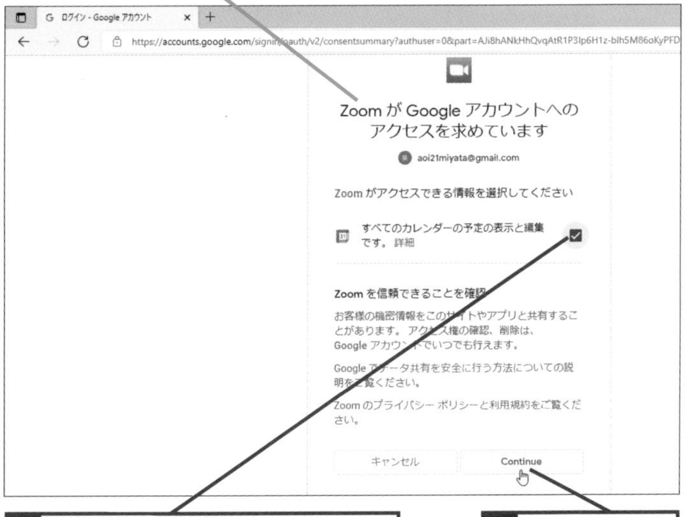

1 「すべてのカレンダーの予定の表示と編集です。」のここをクリックして、チェックマークを付ける

2 [Continue] をクリック

4 Googleカレンダーにスケジュールを登録する

Googleカレンダーが表示された

1 [保存] をクリック

Googleカレンダーにスケジュールが登録される

HINT! Outlookと連携するには

Outlookと連携させるには、パソコンでOutlookが利用可能な状態になっている必要があります。Outlookがインストールされ、アカウントが設定されていることを確認しましょう。設定が確認できたら、次の手順でミーティングの予定をOutlookに登録できます。

レッスン㉖を参考に、[Zoom]アプリでミーティングのスケジュールを設定しておく

1 [カレンダー]の[Outlook]をクリック

2 [保存]をクリック

Outlookが起動した

3 招待する人のメールアドレスを入力

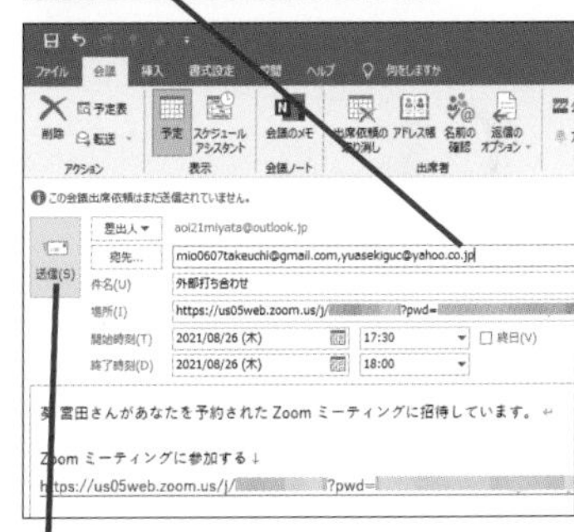

4 [送信]をクリック

次のページに続く

スケジュールにゲストを追加する

1 スケジュールの編集を開始する

このカレンダーから日付を選択しておく

1 スケジュールをクリック

2 ［編集］をクリック

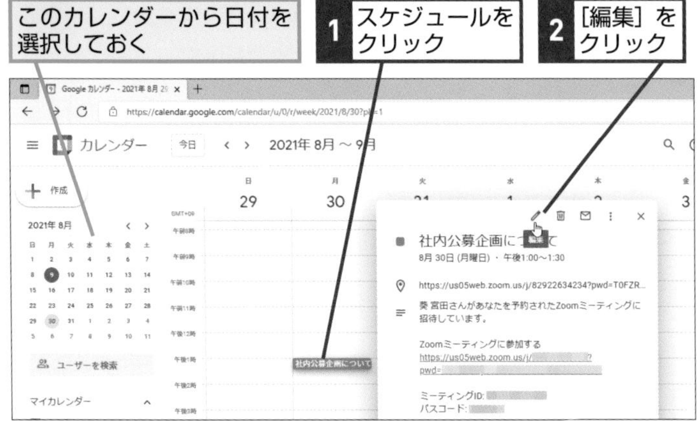

2 ゲストを追加する

スケジュールの編集画面が表示された

1 ゲストのメールアドレスを入力

2 Enter キーを押す

3 ゲストに招待メールを送信する

手順2と同様の手順でゲストを追加しておく

1 ［ゲストにメールを送信］をクリック

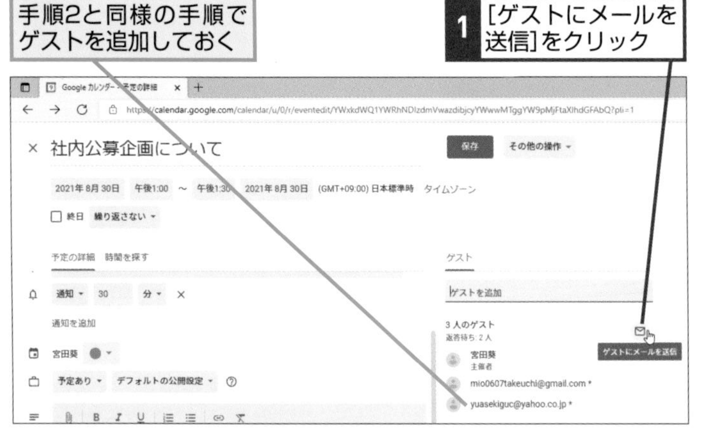

HINT!

ゲストって何？

手順2で登録している［ゲスト］は、Zoomのミーティングに参加して欲しい参加者です。ここで指定した相手に対し、Gmailを使ってZoomのミーティングへの招待状を送ることができます。

HINT!

ゲストを削除するには

ゲストとして登録した相手は、次のように操作することで、後から削除できます。間違った相手を追加してしまったときは、送信する前に忘れずに、削除しておきましょう。

1 削除したいメールアドレスにマウスポインターを合わせる

2 ［削除］をクリック

間違った場合は？

手順1で予定が見つからないときは、Googleカレンダーの表示を［月］に変更したり、別の月のカレンダーに切り替えて予定を探してみましょう。

4 メールの内容を確認する

スケジュールの内容は、自動的に招待メールの末尾に追加される

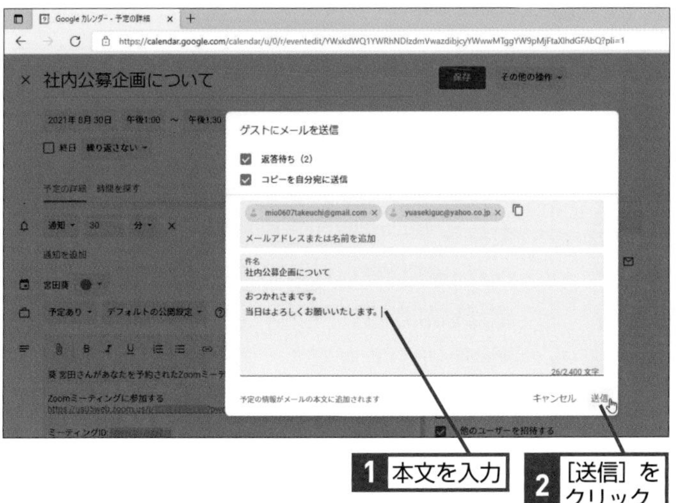

1 本文を入力

2 [送信] をクリック

5 スケジュールの内容を保存する

手順2で入力したメールアドレス宛に招待メールが送信された

1 [保存] をクリック

すでに招待メールを送信したので、ここでは送信しない

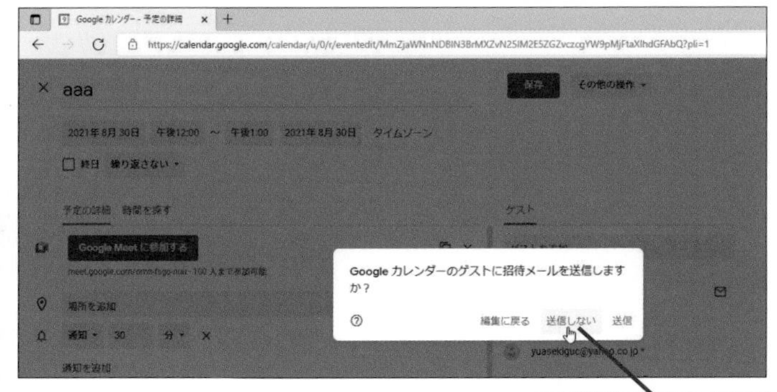

2 [送信しない] をクリック

HINT! ミーティングを後からGoogleカレンダーに登録するには

過去にZoomから登録したミーティングのうち、Googleカレンダーに登録されていない予定があるときは、第4章のレッスン㉗を参考に予定を編集し、[Googleカレンダー] を指定し直すことでGoogleカレンダーに登録できます。

HINT! 日時の変更はZoomから

登録済みのミーティングの日時を変更したいときは、第4章のレッスン㉗を参考に、必ずZoomで日時を変更しましょう。Zoomで変更すると自動的にGoogleカレンダー上の日時も変更できますが、Googleカレンダー上で登録済みのミーティングの日時を変更してもZoomには反映されません。

Point ミーティングの予定を忘れないようにしよう

Googleカレンダーなどの外部のカレンダーサービスでは、カレンダー形式で予定を見やすく表示したり、他の人と予定を共有したりすることが簡単にできます。Zoomだけでミーティングの予定を管理していると、ミーティングの数が多くなったときに、管理しにくくなり、大切なミーティングの予定を忘れてしまう可能性があります。GoogleカレンダーやOutlookを活用して、ミーティングの予定を管理しましょう。

Zoom お役立ちコラム❻

ビデオ会議のスケジューリングを効率化しよう

Zoomを活用するには、スケジュール管理がとても重要です。この章ではZoomの基本機能を使って外部カレンダーと連携する方法を説明しましたが、外部のカレンダーからZoomのミーティングを直接、登録することもできます。Zoomの設定画面の［ミーティング］の画面（https://zoom.us/meeting）の下部に表示されている［Microsoft Outlookプラグイン］や［Chromeの拡張機能］を利用すると、OutlookやGoogleカレンダーだけでZoomのミーティングを登録できるようになります。また、OutlookやGoogleカレンダーの機能を使って、予定を複数のメンバーで共有したり、他のメンバーの予定を確認しながらミーティングのスケジュールを調整したりできます。より確実、かつ手軽にミーティングの予定を管理したいときは、このようなツールを積極的に活用しましょう。

●Microsoft Outlookプラグイン

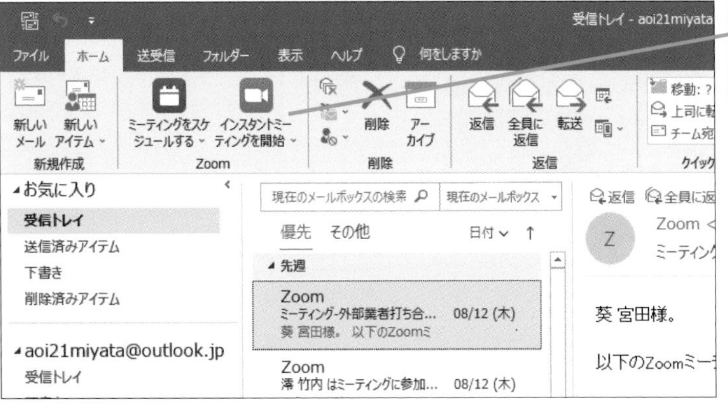

Outlookからスケジュールを登録したり、その場でミーティングを開始したりできる

●Chromeの拡張機能

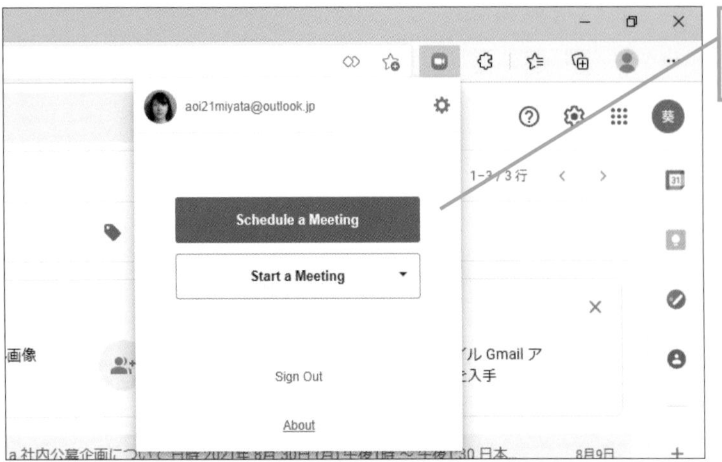

ブラウザーからスケジュールを登録したり、その場でミーティングを開始したりできる

第7章 ウェビナーの開催方法を知ろう

「ウェビナー（Webinar）」はインターネット上で開催される動画を使ったセミナーのことです。Zoomを使うと、多くの参加者を集めた講演会や説明会、イベントなども手軽にはじめることができます。ウェビナーの開催方法を見てみましょう。

●この章の内容

㊺ ウェビナーに役立つ機能を知ろう……164
㊻ ウェビナーを開催するには……166
㊼ 参加者にウェビナーの招待状を送信するには……168
㊽ 登録ページをカスタマイズするには……170
㊾ ウェビナーのリハーサルをするには……174
㊿ 参加者の状態をコントロールするには……176
51 ウェビナー中に質疑応答ができるようにするには……178
52 参加者からアンケートを取るには……182

レッスン 45

ウェビナーに役立つ機能を知ろう

ウェビナー

Zoomはビデオ会議だけでなく、「ウェビナー」を開催したいときにも活用できます。まずは、ウェビナーの概要とそのメリットを見てみましょう。

ウェビナーって何？

ウェビナーは「ウェブ（Web)」と「セミナー（Seminar)」を組み合わせた言葉です。これまで、セミナーやイベントを開催するには、大きな会場を借りて、参加者を招待したり、席に誘導したり……と、物理的な準備が必要でした。しかし、ウェビナーはこうした催しをオンラインだけで開催することができます。Zoomを使ったウェビナーを開催すれば、講演会や説明会、社員教育などのイベントを手間なく、低コストで開催でき、より多くの人に情報を伝えることができます。

ウェビナーなら、イベントを手間なく、低コストで開催できる

キーワード

アカウント	p.196
ウェビナー	p.197
パネリスト	p.199

HINT!

どんなセミナーやイベントに向いているの？

ウェビナーはビデオ会議のような双方向のコミュニケーションではなく、主催者から多くの参加者に広くメッセージを伝えたいシーンで活用できます。たとえば、新入社員を対象にした社内研修、製品の説明やデモを配信する製品発表会、自社製品のファンを集めたミーティング、経営層からのメッセージを伝える全社会議などに活用できます。

HINT!

パネリストって何？

Zoomではウェビナーの参加者を「ホスト」「参加者」「パネリスト」という3つの役割に分類します。「ホスト」はウェビナーを開催する主催者で、「視聴者」はウェビナーを視聴するだけの人です。視聴者は閲覧のみで参加し、ホストが許可したときだけ、音声で参加できます。最後の「パネリスト」は発表者（登壇者）です。ミーティングのように、ビデオと音声を使って、ウェビナーに参加できます。複数のパネリストを設定して、ディスカッション形式で開催することもできます。なお、1人で開催するときはホストとパネリストは同じ人になります。

Zoomならさまざまな機能が利用できる

Zoomにはこれまでに説明したビデオ会議用の機能だけでなく、大規模なウェビナー向けの機能も搭載されています。プランに応じて、最大1万人の視聴者に配信できるうえ、集客や参加者への通知が簡単にできたり、ホストの操作によって、視聴者の状態をコントロールしたり、ウェビナーの満足度をアンケート調査したりすることなどもできます。

ウェビナーの招待状を送信する →レッスン㊼

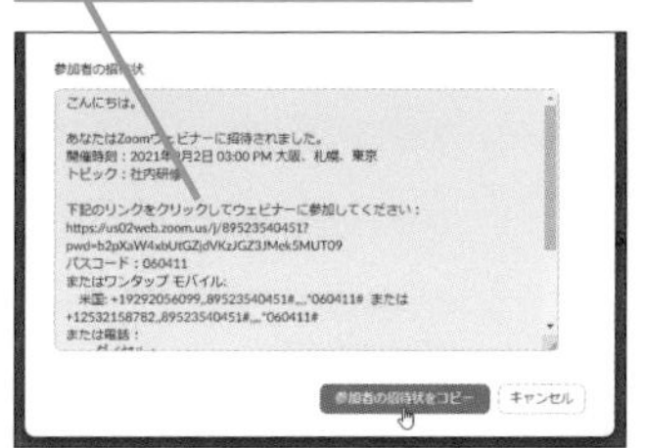

参加者の状態をコントロールする →レッスン㊿

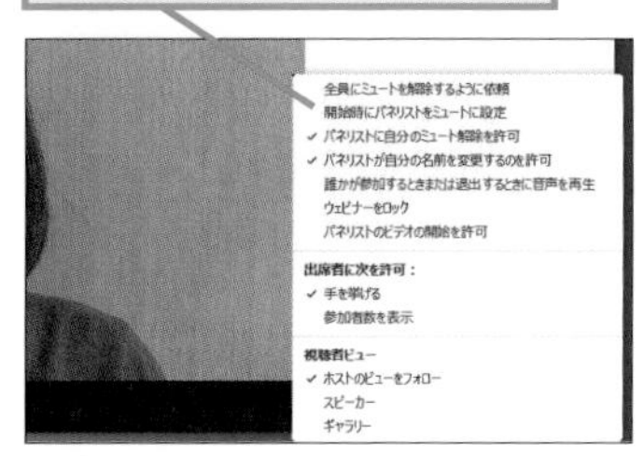

参加者の質疑に応答する →レッスン51

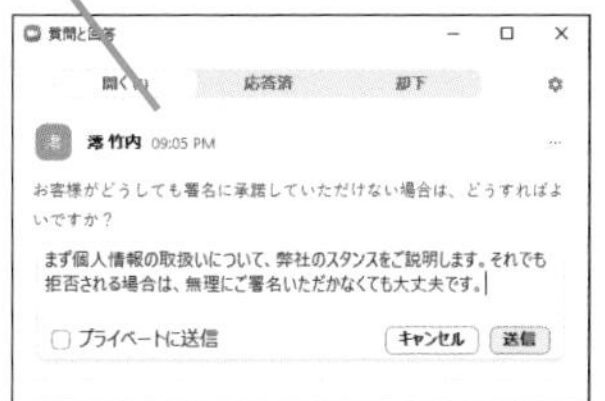

参加者からアンケートを取る →レッスン52

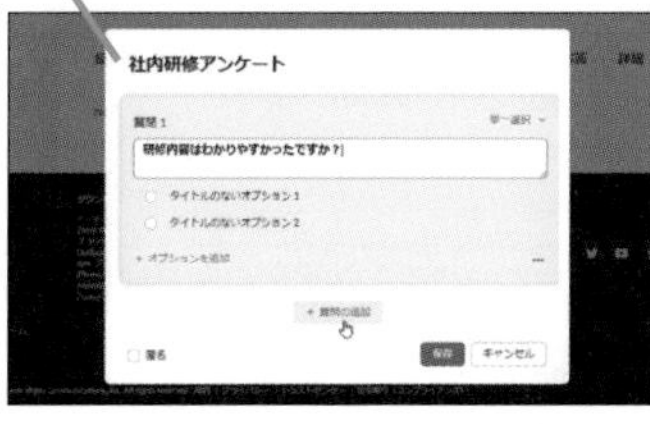

有料プランに切り替える

無料プランのZoomアカウントでは、ウェビナーを開催できません。Zoomの有料プランの契約が必要なほか、［ウェビナー］アドオンも契約する必要があります。［ウェビナー］アドオンの料金は、最大参加者数に応じて、変わります。最大500人参加可能なプランであれば、基本料金2,000円＋ウェビナーアドオン10,700円の合計12,700円（税抜）で、はじめられます。大規模なイベントや収益化に対応したZOOM EVENTSもあるので、検討してみましょう。

●ホスト数と参加者数別の金額の一例

プラン	参加可能人数	税別の月額	税別の年額（月あたり）
ZOOM VIDEO WEBINARS	500 人	10,700 円	92,800 円（約 7,733 円）
	1000 人	45,700 円	457,000 円（約 38,083 円）
ZOOM EVENTS	500 人	13,306 円	119,616 円（9,968 円）
	1000 人	59,136 円	591,360 円（49,280 円）

※ 2021 年 8 月現在

HINT!

収益のしくみについて教えて

ZoomではPayPalと連携させることで、有料のウェビナーを開催することができます。また、大規模イベントに対応した「ZOOM EVENTS」アドオン（ウェビナー機能を含む）を利用すると、複数のセッションの開催やチケット発行などの機能を利用できます。収益化を検討している場合は、ZOOM EVENTSの利用も検討しましょう。

HINT!

有料プランに切り替えるには

有料プランへの切り替え方法は、付録で説明しています。手順を参考に、契約を変更しましょう。

Point

セミナー形式のイベントはウェビナーで開催しよう

これまでのレッスンで説明したミーティングでも最大100名（大規模ミーティングアドオンを契約すれば、最大1000人）の参加者にメッセージを伝えることは可能です。しかし、不特定多数の参加者を広く集客したり、参加者が勝手に発言しないように主催者側でコントロールしたり、参加者の状況や満足度を分析したりすることはできません。「ウェビナー」は有料プランにさらに追加するアドオンですが、こうしたセミナー形式のイベントに適した機能が数多く用意されています。比較的、小規模なセミナーを開催したいときは、ウェビナーを活用しましょう。

レッスン

46 ウェビナーを開催するには

ウェビナーをスケジュールする

実際に、ウェビナーを開催してみましょう。開催日を決めて、Zoomにスケジュールを登録します。視聴者を集めることを考えて、余裕のある日程で登録しましょう。

1 ウェビナーのスケジュール設定を開始する

以下のURLのWebページをブラウザーで表示しておく

▼ウェビナーの設定ページ
https://zoom.us/webinar/list

1 [ウェビナーをスケジュールする]をクリック

2 ウェビナーの名前と開催日時を入力する

[ウェビナーをスケジュールする]画面が表示された

1 ウェビナーの名前を入力

2 開催日時と所要時間を入力

3 ここを下にドラッグしてスクロール

キーワード

ウェビナー	p.197
スケジュール	p.198
ホスト	p.200

HINT!

ミーティングの設定とどう違うの？

ミーティングはWindows版のアプリから登録しましたが、ウェビナーはZoomのWebページから登録します。ただし、名前や日時などの設定方法は、ミーティングと大きな違いはありません。このレッスンでは最低限の設定方法しか説明していないので、必要に応じて、第6章も参考にしながら、設定を進めましょう。

HINT!

待機時間も工夫しよう

実際のセミナーでも開催時間前に会場に入れるのと同様に、ウェビナーでも開催時刻よりも早い時間から視聴者が接続することがあります。ホストは定刻より早く開始するようにし、開始時間前の待ち時間に、質問方法の案内や次回の告知などの情報を画面に表示したり、音声チェックのために、BGMを流したりするといいでしょう。

間違った場合は？

トピックや日時を間違えたときは、後で手順1の画面を開き、登録されたウェビナーを選択して、内容を編集します。

3 ウェビナーの詳細を設定する

ここではホストだけが映像を配信できるように設定する

1 [ホスト]の[オン]をクリック

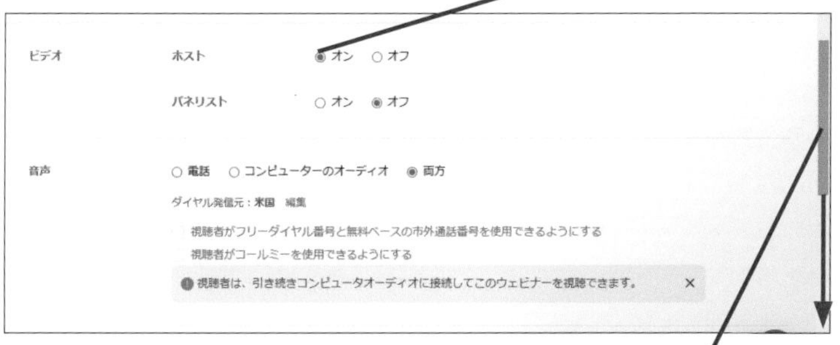

2 ここを下にドラッグしてスクロール

4 ウェビナーのスケジュールを登録する

ウェビナーの内容が設定された

1 [スケジュール] をクリック

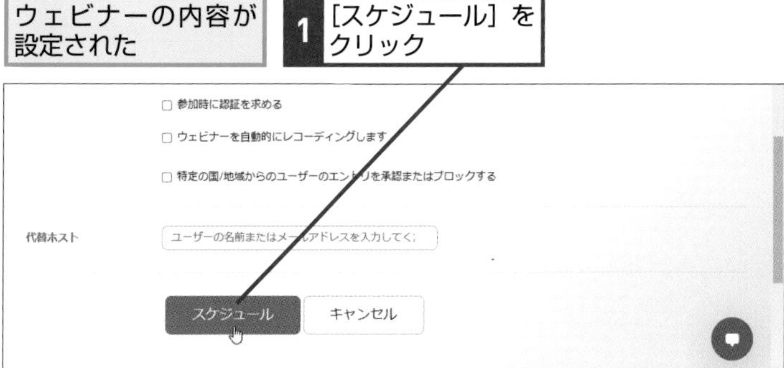

ウェビナーのスケジュールが登録された

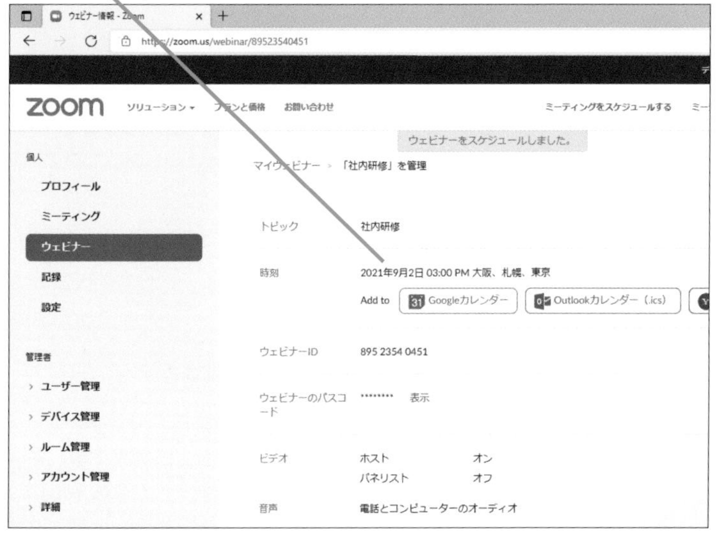

HINT!

ホスト以外の映像はオフにしないといけないの？

ここではホストのみが登壇するウェビナーを想定しています。そのため、手順3でホストのみ、ビデオを［オン］に設定しています。招待したパネリストに登壇してもらうときは、手順3でパネリストのビデオも［オン］にしておきましょう。

Point

まずは予定を立てよう

ウェビナーを開催するには、まず、日程を決めることが重要です。開催者としての都合を考慮することはもちろんですが、参加者が接続しやすい日時、告知や集客に十分な期間を取れる日程を選びましょう。もちろん、オンラインなので、いつでも日時を変更できますが、頻繁に変更すると、参加者が混乱することになります。社内のメンバーで開催するミーティングと違って、不特定の第三者が多数参加する可能性を考慮することが大切です。

レッスン

47 参加者にウェビナーの招待状を送信するには

招待状のコピー

ウェビナーに視聴者を招待しましょう。ミーティングと同じように、ウェビナーに参加するためのURLをメールなどで伝えます。

1 招待状を送信するウェビナーを選択する

レッスン㊻を参考に、ウェビナーの設定ページを表示しておく

1 招待状を送信するウェビナーの名前をクリック

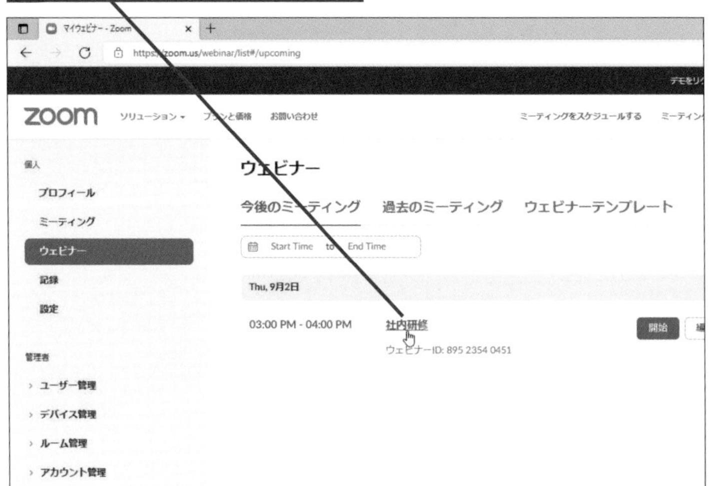

2 招待状の内容を表示する

ウェビナーの編集画面が表示された

1 ここを下にドラッグしてスクロール

2 ［招待状］をクリック

3 ［招待状のコピー］をクリック

キーワード

ウェビナー	p.197
パネリスト	p.199

HINT!

どうやって通知すればいいの？

ここではメールを使って、参加者にウェビナーの情報を通知していますが、他の方法で招待することもできます。誰でも参加できるようにするのであれば、自社のホームページやSNSなどに掲載します。参加者を限定したいときは、自社で管理している顧客名簿などを元に、参加者にメールで送信したり、次のレッスン㊽を参考に、登録ページを通じて登録した人だけが参加できるようにしたりします。

レッスン㊻を参考に、ウェビナーを開催する

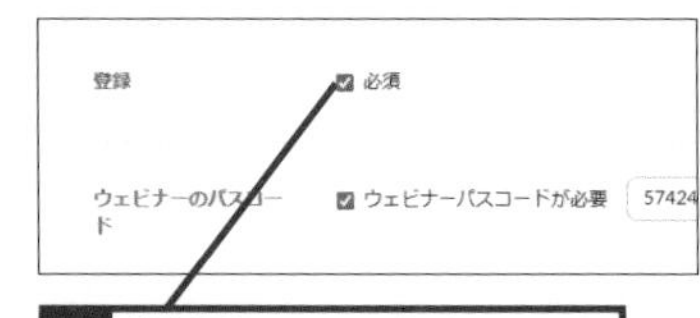

1 ［登録］のここをクリックして、チェックマークを付ける

間違った場合は？

参加者への通知後に、ミーティングの日時など、重要な情報を変更したときは、もう一度、この手順で案内を送信します。

ウェビナーの開催方法を知ろう 第7章

3 招待状をコピーする

招待状の内容が表示された

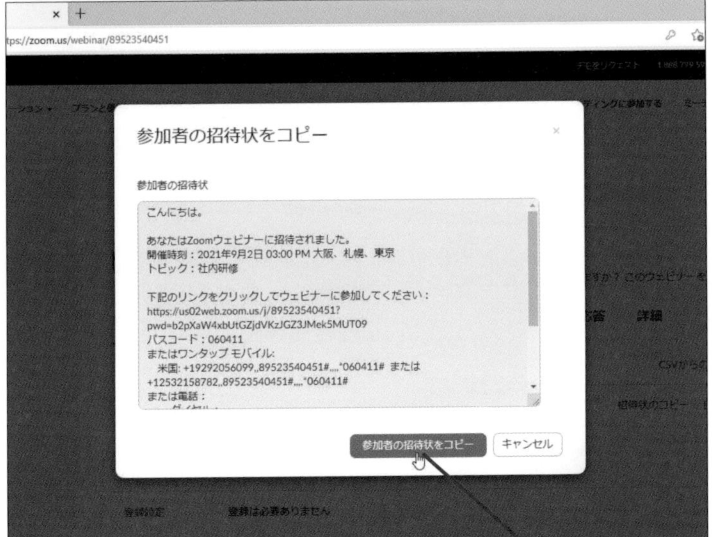

1 ［参加者の招待状をコピー］をクリック

クリップボードに招待状の内容がコピーされた

招待状の内容を閉じる

2 ここをクリック

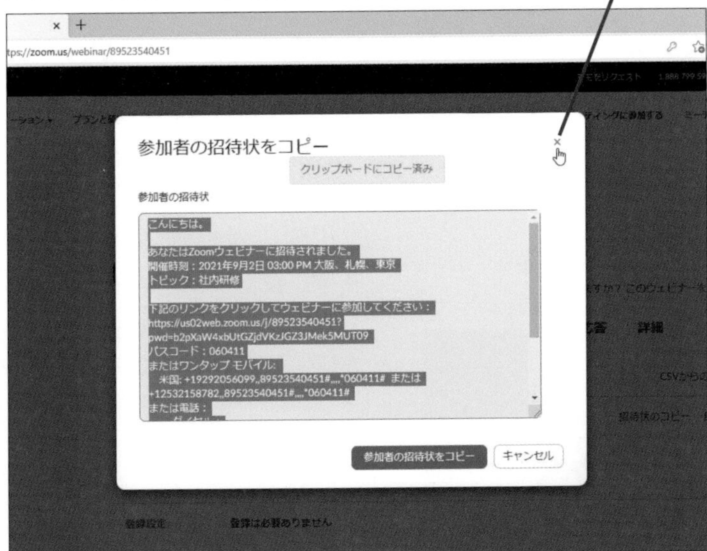

メールなどで招待状の内容を参加者に送信しておく

HINT! パネリストを招待するには

パネリストとして登壇してもらう人は、視聴者とは別の方法で招待します。手順2の画面で［パネリストを招待］の右側にある［編集］をクリックして、パネリストとして招待する人の名前とメールアドレスを登録しましょう。

HINT! リマインダーを送るには

ホストやパネリスト、登録済みの参加者など、メールアドレスが登録されている参加者には、開催前にウェビナーの開催情報を通知できます。手順2の画面で［メール設定］タブから、［参加者とパネリストにリマインダーメールを送信しない］の［編集］をクリックして、送信するタイミング（1時間前、1日前、1週間前から複数選択可能）を選びましょう。なお、送信するメールを編集したいときは、手順1で画面左側の［アカウント管理］から［ウェビナー設定］を選択し、［リマインダーメール］の［編集］をクリックします。

Point 参加者との連絡手段を確保しておこう

ウェビナーを開催するときは、視聴者やパネリストとの連絡手段をしっかりと確保しておくことが大切です。ウェビナーの開催情報を通知するのはもちろん、開催日時の変更や事前の注意点などを通知できるようにしておきましょう。誰でも参加できるウェビナーであれば、WebページやSNSを通じて、登録制の場合はメールなどを使って、開催前でも漏れなく連絡できるようにしておきましょう。

レッスン

48 登録ページをカスタマイズするには

ブランディング

ウェビナーの内容紹介や参加登録をするための登録ページを作成しましょう。自社のロゴや写真を配置するなど、デザインを工夫することもできます。

ウェビナーの登録ページを作成する

1 登録設定の編集画面を表示する

レッスン㊻を参考に、ウェビナーを開催しておく

レッスン㊼の手順1～2を参考に、ウェビナーの編集画面を表示しておく

1 [招待状]をクリック

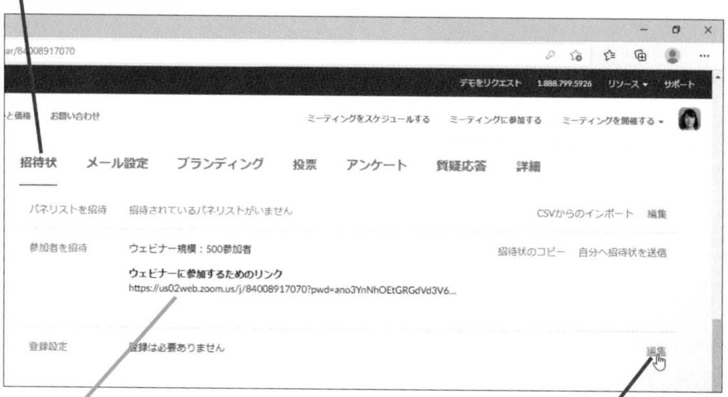

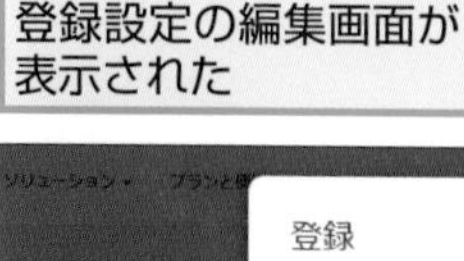

登録ページがないため、参加者は「ウェビナーに参加するためのリンク」から参加できるように設定されている

2 [登録設定]の[編集]をクリック

2 登録設定を変更する

登録設定の編集画面が表示された

1 [登録]のここをクリックしてチェックマークを付ける

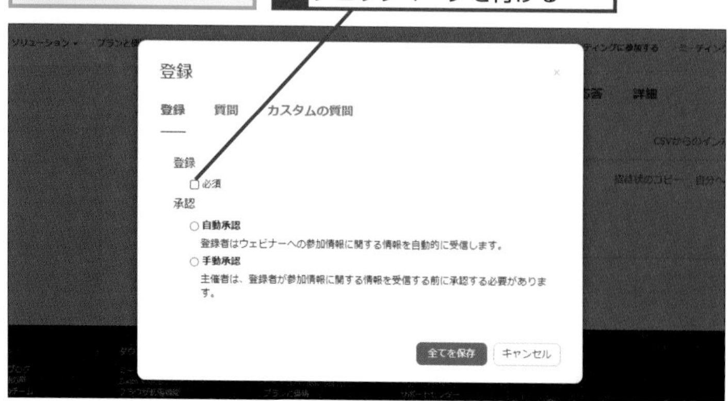

キーワード

ウェビナー	p.197
参加者	p.197
ファイル	p.199

HINT!

登録ページで参加前に内容を確認できる

登録ページはウェビナーに参加する前に表示されるWebページです。登録ページがないと、招待メールのリンクから、直接、ウェビナーにつながってしまうため、参加者が参加するかどうかを検討したり、内容を確認したりできません。登録ページをワンクッション置くことで、参加者に内容を紹介したり、参加のための準備をしてもらうことができます。

HINT!

すでに登録ページが作成されているときは

登録ページはレッスン㊻で説明したウェビナーの登録操作時にも有効にできます。登録時に有効にしているときは、このページの操作は不要です。172ページからの操作を参考に、デザインを変更してみましょう。

3 変更した内容を保存する

参加者が登録ページから登録するように設定された

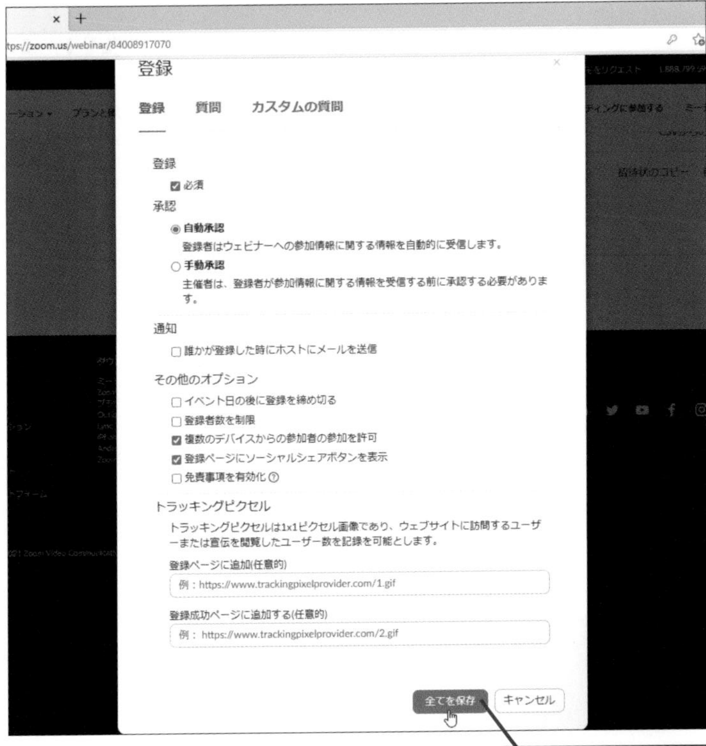

1 [全てを保存] をクリック

「ウェビナーに参加するためのリンク」が「登録リンク」に変更された

HINT! 承認方法を変更できる

標準の設定では、承認方法が［自動承認］になっているため、登録した人は全員ウェビナーに参加できます。人数制限などで、参加者を選択したいときは、［手動承認］にして、［参加者を管理］から承認する人を選択します。

HINT! 登録ページのURLをコピーするには

登録ページのURLは、以下のように［登録リンク］の右側のクリップのアイコンをクリックすることで、コピーできます。登録ページを告知するときなどに活用しましょう。

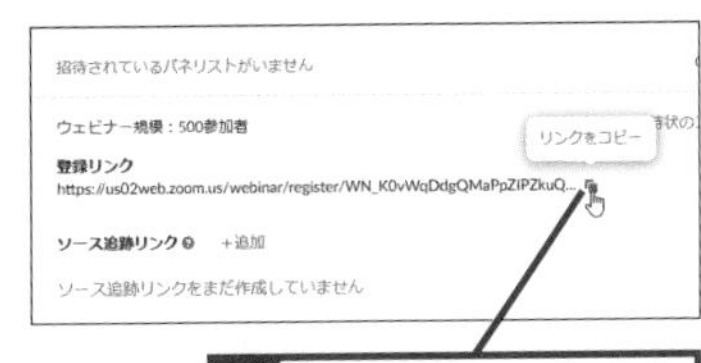

1 [リンクをコピー] をクリック

HINT! 登録ページの質問項目を変更するには

手順3の上の画面で［質問］タブをクリックすると、登録ページで入力してもらう質問項目をカスタマイズできます。［業界］などの情報を収集したり、［質問とコメント］で事前に質問や興味のある点を収集しておくと、ウェビナー開催時に役立ちます。

間違った場合は？

登録の内容を間違えたときは、手順3の下の画面で［登録設定］の［編集］をクリックすることで、内容を修正できます。

次のページに続く

登録ページにビジュアル要素を追加する

1 バナーの追加を開始する

ここでは登録ページにバナーを追加する

1 [ブランディング]をクリック

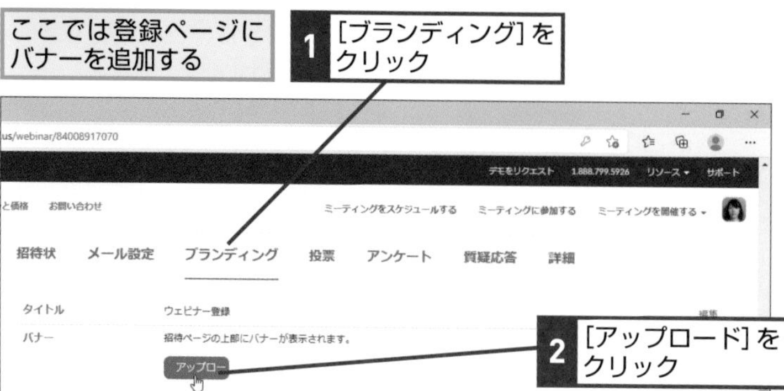

2 [アップロード]をクリック

2 バナーを選択する

[開く]ダイアログボックスが表示された

1 保存場所を選択

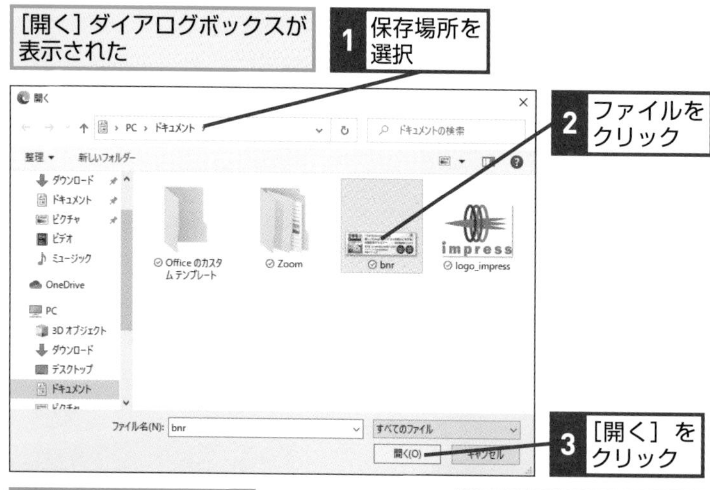

2 ファイルをクリック

3 [開く]をクリック

登録ページにバナーが追加された

4 ここを下にドラッグしてスクロール

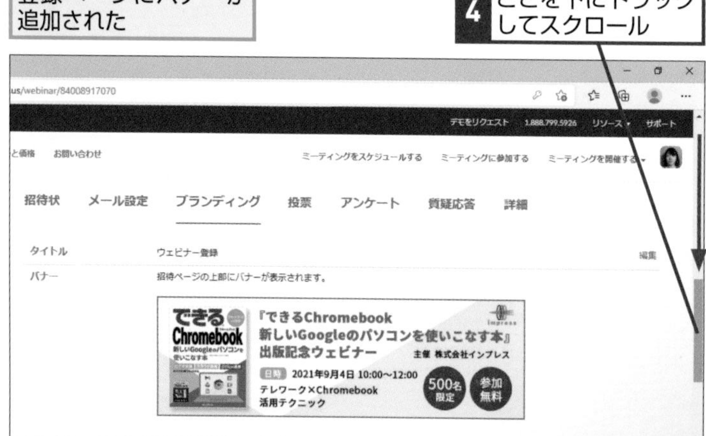

HINT!

登録ページはどのように表示されるの？

登録ページは参加者が招待メールのリンクをクリックすると表示されます。次の画面のように、設定したロゴや内容がブラウザーで表示され、参加に必要な氏名やメールアドレスなどの入力項目が表示されます。

参加者は氏名やメールアドレスを入力して、[登録]をクリックすると、ウェビナーに参加できる

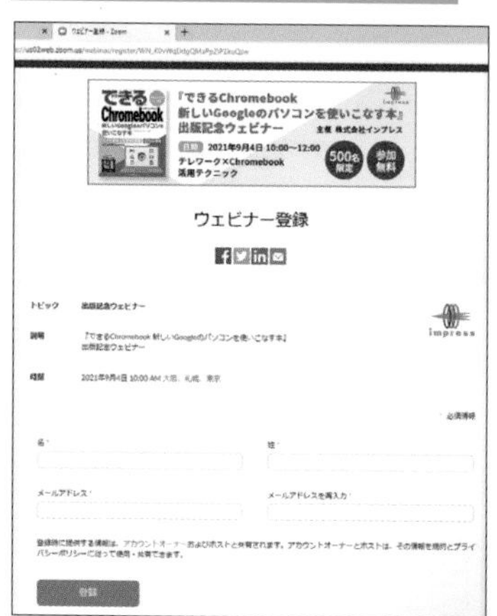

HINT!

サイズやファイル形式に注意しよう

バナーやロゴとして設定できる画像は、ファイル形式や最大サイズが決められています。バナーはGIF形式、JPG/JPEG形式、PNG形式（24ビット）で最大1280×1280ドットのサイズまで、ロゴはJPG/JPEG形式、PNG形式（24ビット）で最大600×600ドットのサイズまで、対応しています。

間違った場合は？

間違った画像をアップロードしてしまったときは、[変更]をクリックして、画像をアップロードし直します。

3 講演者を追加を開始する

[ロゴ] の [アップロード] をクリックして、手順2と同様の手順でロゴを追加しておく

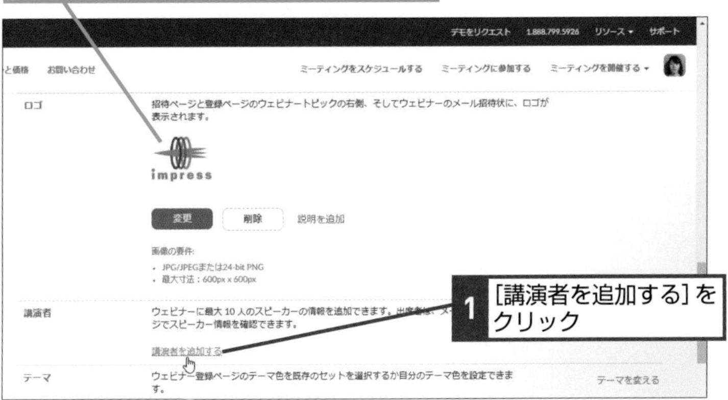

1 [講演者を追加する] をクリック

4 講演者の情報を入力する

[講演者追加] 画面が表示された

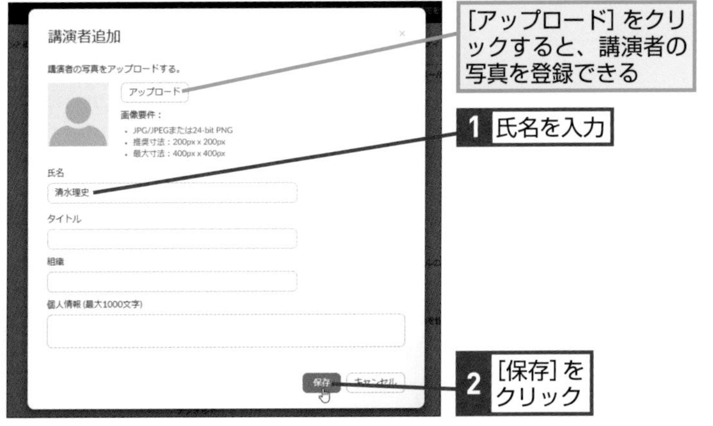

[アップロード] をクリックすると、講演者の写真を登録できる
1 氏名を入力
2 [保存] をクリック

講演者が追加された

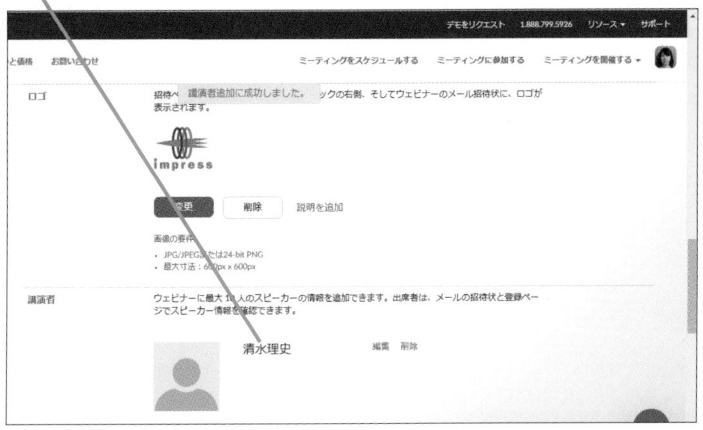

HINT! 登録ページや招待メールを確認するには

ここで登録したバナーやロゴは、登録ページや招待メールに表示されます。登録ページはURLをコピーして、ブラウザーでアクセスすることで確認できます。招待メールは170ページの手順1で［参加者を招待］の［自分へ招待状を送信］をクリックすることで確認できます。

登録した参加者には、バナーなどが配置されたメールが送信される

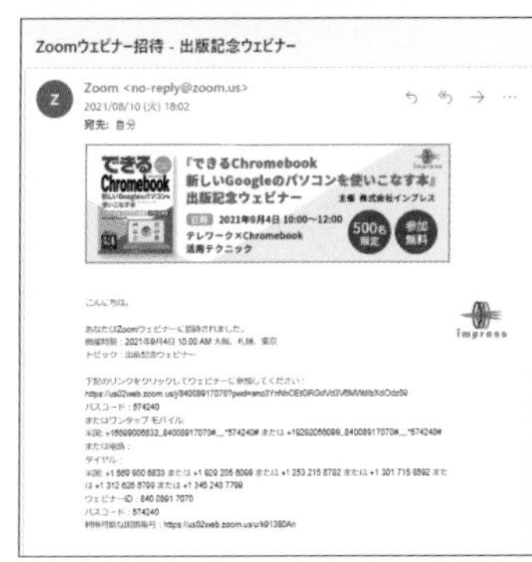

Point 魅力的な登録ページを作ろう

登録ページはウェビナーに多くの参加者を集めるための重要な集客手段のひとつです。ウェビナーの内容を紹介するのはもちろんですが、ここで説明したように、バナーやロゴをうまく活用して、「参加したい」と思わせるような登録ページを作成しましょう。

レッスン

49 ウェビナーのリハーサルをするには

実践セッション

ウェビナーの本番前に、実践形式の練習をしておきましょう。実際の画面を使って、事前に進行を確認したり、機材の状態をチェックしたりできます。

実践セッションを有効にする

1 ウェビナーの編集画面を表示する

[Zoom] アプリを起動しておく

1 [ミーティング] をクリック

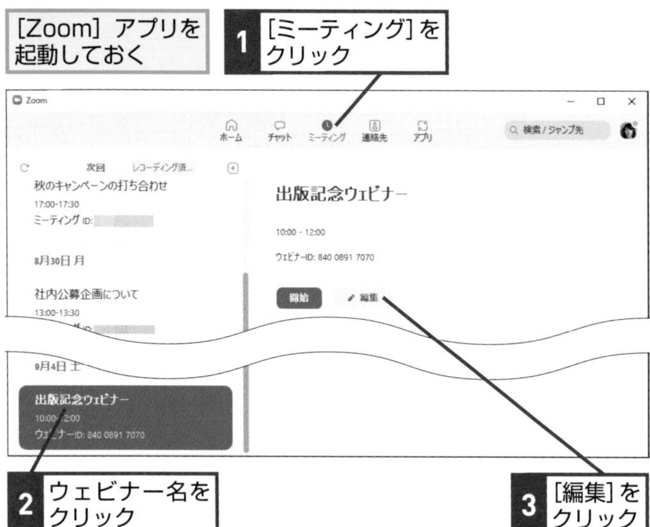

2 ウェビナー名をクリック

3 [編集] をクリック

2 実践セッションの設定を変更する

ブラウザーが起動して、ウェビナーの編集が可能になった

1 下にドラッグしてスクロール

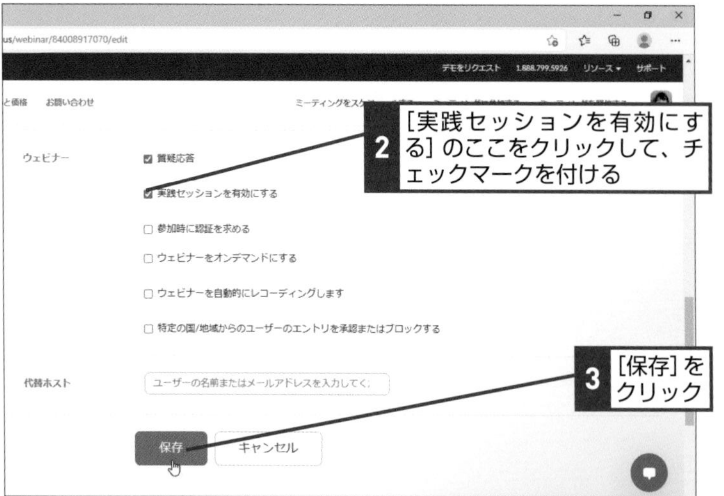

2 [実践セッションを有効にする] のここをクリックして、チェックマークを付ける

3 [保存] をクリック

キーワード

ウェビナー	p.197

HINT!

主催者以外の参加を制限できる

[実践セッションを有効にする] オプションは、ウェビナーの主催者以外の参加を制限する機能です。ウェビナーの開催前なら、この機能をオンにすることで、ウェビナーを開始しても主催者以外が参加することを禁止できます。

間違った場合は？

実践セッションを有効にせずに、ウェビナーを開始してしまったときは、[全員に対してミーティングを終了] をクリックして、ミーティングを終了してから、もう一度、[実践セッションを有効にする] にチェックを付けて、ウェビナーを開始します。

実践セッションを実行する

1 実践セッションを実行するウェビナーを選択する

手順1の画面を表示しておく

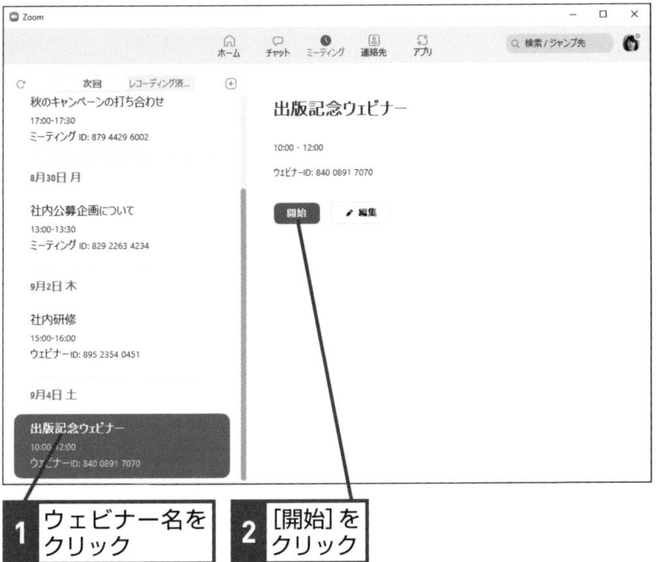

1 ウェビナー名をクリック

2 [開始]をクリック

2 実践セッションが開始した

レッスン㉔の手順1の2枚目の画面を参考に、[コンピューターでオーディオに参加]をクリックしておく

「練習セッションに参加しています」と表示された

1 [ウェビナーを開始]をクリック

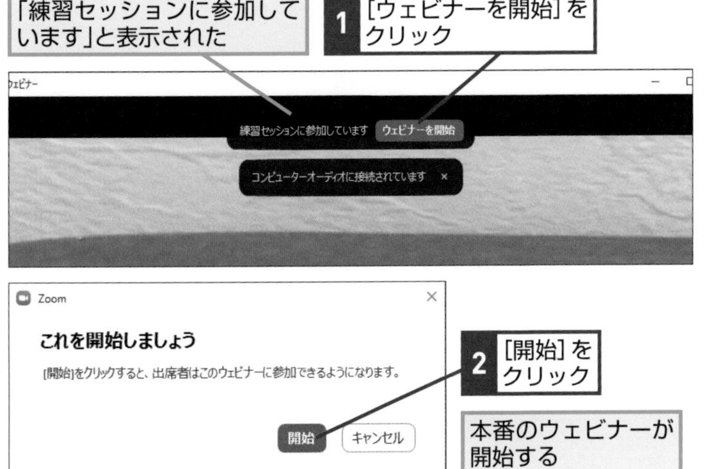

2 [開始]をクリック

本番のウェビナーが開始する

HINT!

リハーサルで確認しておきたいことは？

実践セッションでは、本番を想定した確認をしておくことが重要です。進行内容、開始前の参加者への注意事項やアナウンス、各パートの所用時間、発表内容のチェック、動画やデモをする場合はその環境の確認、カメラやマイクの機材の状態、QAコーナーの時間と想定問答、終了後の告知など、さまざまな項目が考えられます。本番の進行通りに、事前にひと通り、リハーサルをしておくと安心です。

Point

万全のチェックには回数も時間も必要

実践セッションはウェビナー開催前なら、何度でも実行できます。進行や発表内容、想定質問、機材をチェックなど、ウェビナーの開催前にはいろいろな確認が必要です。開催前に何日かに分けて、練習してもかまいませんし、当日、開催時間の前に十分な時間を取って、準備をしてもかまいません。本番が盛り上がるように、万全の準備を整えておきましょう。

レッスン

50 参加者の状態をコントロールするには

すべてミュート

ウェビナーの開催中の操作を確認しましょう。ホストとして、スムーズにウェビナーを進行できるように、参加者の設定を管理することが重要です。

視聴者のマイクをミュートする

1 参加者の一覧を切り替える

ウェビナーを開催しておく

視聴者の一覧が表示されている

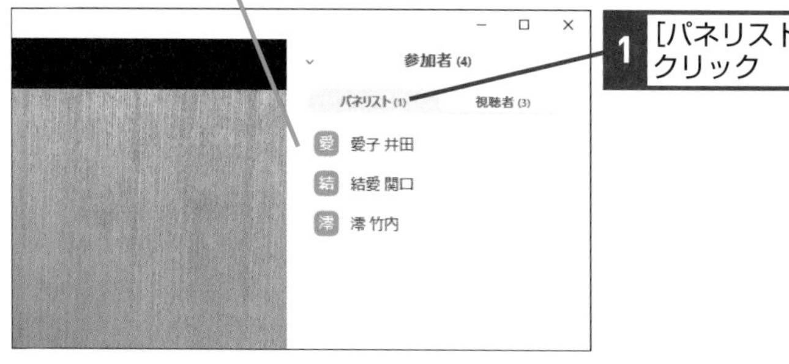

1 [パネリスト]をクリック

2 視聴者のマイクをミュートにする

[パネリスト] に切り替わった

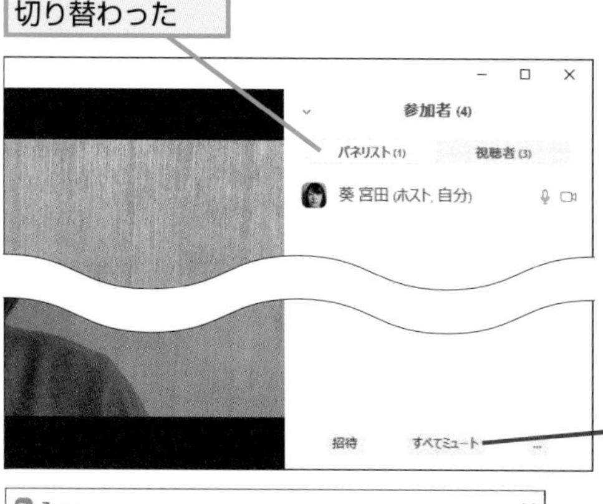

1 [すべてミュート]をクリック

2 [はい]をクリック

パネリスト以外のマイクがミュートになる

キーワード

視聴者	p.197
パネリスト	p.199
マイク	p.200
ミュート	p.200

HINT!

視聴者の［手を挙げる］をすべて元に戻すには

［手を挙げる］を使うと、視聴者に簡単なアンケートを採ったり、質問を受け付けたりすることができます。いくつかの話題で続けて挙手を求めるときは、ひとつの話題が終わったタイミングで、次のように［すべての手を降ろす］を選択し、挙手の状態をリセットするといいでしょう。

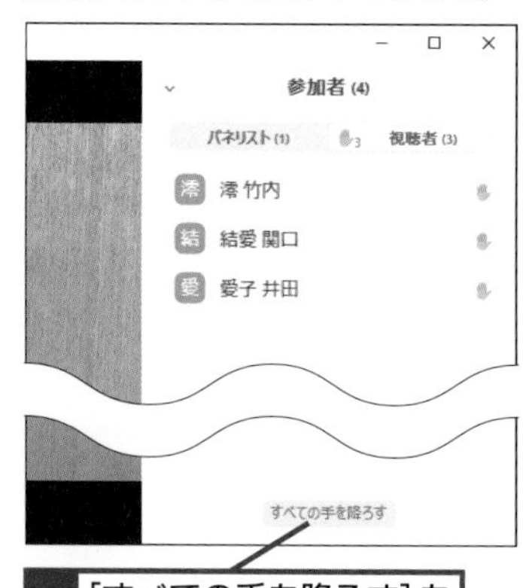

1 [すべての手を降ろす]をクリック

間違った場合は？

ミュート設定後、勝手にミュートを解除する視聴者がいるときは、手順2で［参加者に自分のミュート解除を許可します］のチェックマークを外しておきます。

テクニック そのほかの設定を確認しよう

手順2の下の画面には、ウェビナーを円滑に進めるための設定がいくつか用意されています。たとえば、開始時間が過ぎたら参加できないようにしたり、視聴者のビデオレイアウトを指定したりできます。

●ウェビナーの主な設定

機能	内容
誰かが参加するときまたは退出するときに音声を再生	パネリストや参加者が参加 / 退出するたびにチャイムが鳴る
ウェビナーをロック	新しい参加者がこれ以上増えないように、ウェビナーをロックできる
パネリストのビデオの開始を許可	パネリストが発表するときに、ビデオの開始操作ができるようになる
参加者数を表示	視聴者が参加者数を参照できる
視聴者ビュー	参加者に表示されるビデオレイアウトを強制できる。標準ではホストと同じ設定になるが、［アクティブスピーカーの表示］で話者を表示したり、［ギャラリービュー］でホストとすべてのパネリストを表示したりできる

そのほかの設定を確認する

1 ウェビナーでできる設定の一覧を表示する

ウェビナーを開催しておく

1 ここをクリック

2 そのほかの設定の一覧が表示された

上のテクニックを参考に、必要に応じて設定する

HINT! 役割を変えられる

176ページの手順2の画面で、パネリストを右クリックして、［役割を視聴者に変更］をクリックすると、パネリストを視聴者に変更できます。また、視聴者を右クリックして、［パネリストに昇格］を選択することで、パネリストに指名することもできます。

Point ウェビナーならではの進行が必要

ウェビナーは一見、普通のミーティングと同じように見えますが、ホスト、パネリスト、視聴者の役割が異なります。パネリストが勝手に発言しないように注意したり、視聴者と［手を挙げる］などを通じて、コミュニケーションできるようにしたりすることで、スムーズにウェビナーを進行することができます。ホストとして、全体に注意を払って、ウェビナーを進行しましょう。

レッスン

51 ウェビナー中に質疑応答ができるようにするには

質疑応答

ウェビナーでは視聴者からの質問をチャットで受け付けるのが一般的です。質問専用に使える［質問と回答］の使い方を見てみましょう。

ホスト側（応答する側）

1 登録設定の編集画面を表示する

レッスン㊻を参考に、ウェビナーを開催しておく

レッスン㊼の手順1～2を参考に、ウェビナーの編集画面を表示しておく

1 ［質疑応答］をクリック

2 ［編集］をクリック

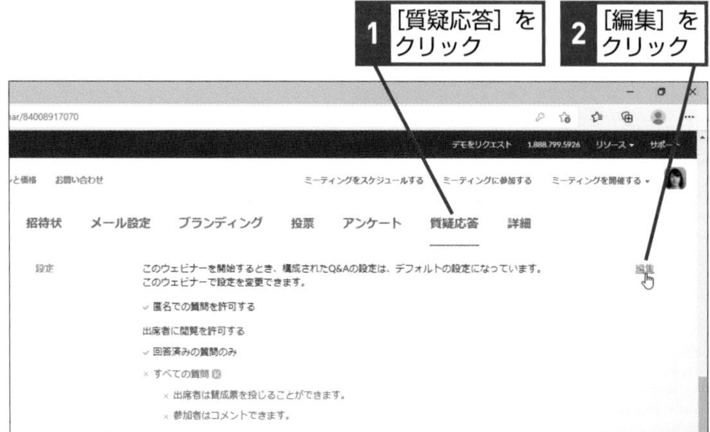

2 質疑応答の設定を確認する

質疑応答の設定が変更できるようになった

変更するときは、HINT!を参考に変更しておく

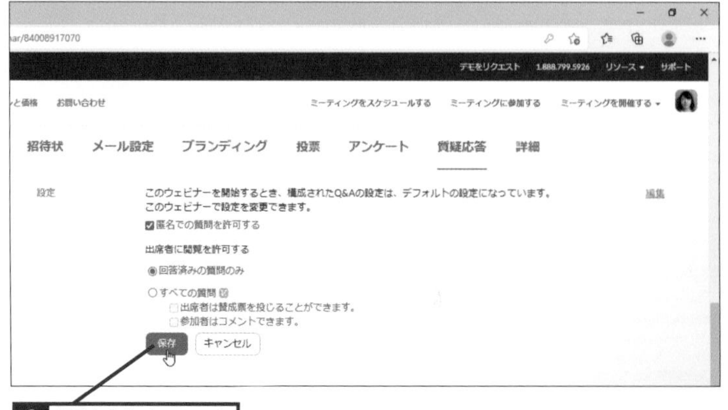

1 ［保存］をクリック

キーワード

ウェビナー	p.197
参加者	p.197
ホスト	p.200

HINT!

質疑応答の設定をするには

手順2では質疑応答の設定を変更することができます。ウェビナーの内容によって、設定を使い分けましょう。

・匿名での質問を許可する
オンにすると、視聴者が匿名で質問することを許可できる。聞きにくい質問なども含め、質問が活発になる

・出席者に閲覧を許可する
標準の「回答済みの質問のみ」では、回答しなかった質問を非公開にできる。一方、「すべての質問」にすると、ほかの参加者が質問に対して、賛成票やコメントを投稿できるため、視聴者同士のコミュニケーションが可能になる。ただし、主催者側での制御やルールの徹底が必要

間違った場合は？

［質疑応答の設定］を間違えたときは、登録済みのウェビナーで、もう一度、［質疑応答］の設定を変更します。

参加者側（質疑する側）

1 質疑を開始する

ウェビナーに参加している

1 [Q&A] をクリック

2 質疑を入力する

[質問と回答] ダイアログボックスが表示された

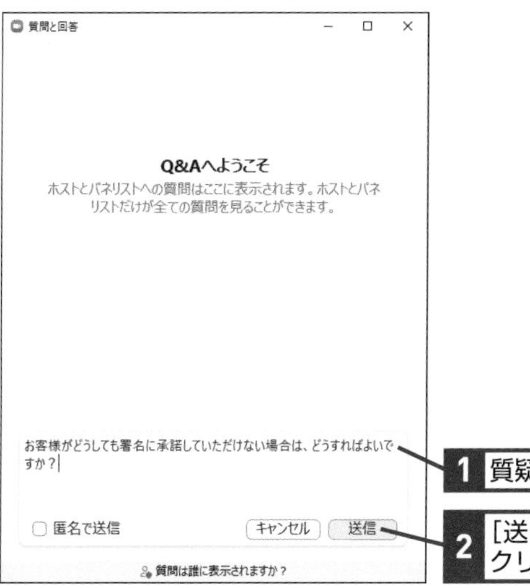

1 質疑を入力

2 [送信] をクリック

HINT!

匿名で質問するには

標準の設定では、視聴者が匿名で質問することが許可されています。以下のように、[質問と回答] 画面で [匿名で送信] にチェックを付けることで、質問者の名前が表示されなくなります。

手順2を参考に、質疑を入力しておく

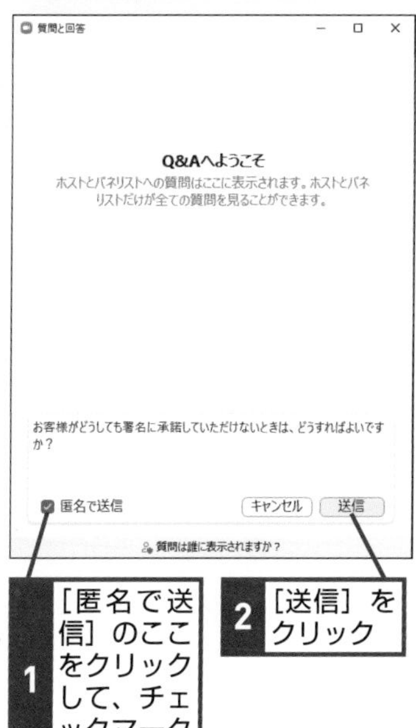

1 [匿名で送信] のここをクリックして、チェックマークを付ける

2 [送信] をクリック

次のページに続く

ホスト側（応答する側）

3 質疑を表示する

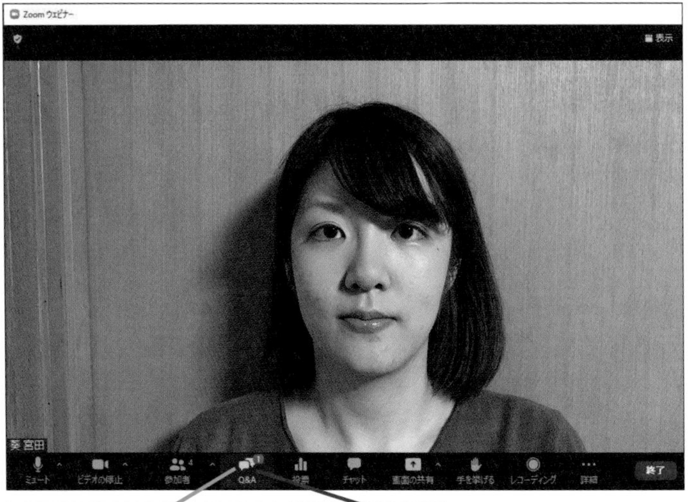

質疑があると、[Q&A]に数字が表示される

1 [Q&A]をクリック

4 応答の方法を選択する

質疑の内容が表示された

ここでは文字で回答する

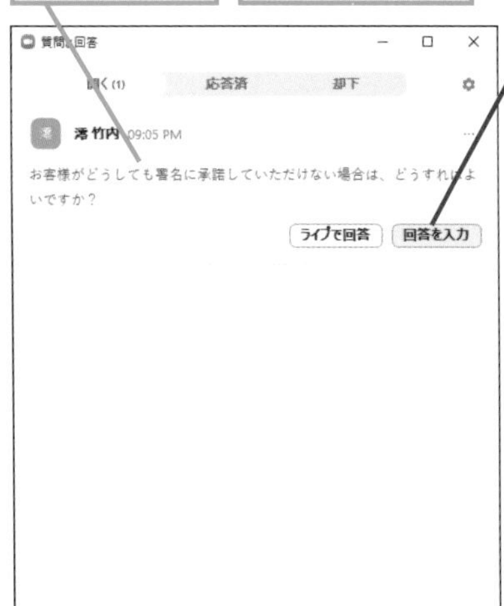

1 [回答を入力]をクリック

HINT!
直接、音声で回答するには

質問への回答は、手順5のように文字で回答する以外に、音声で回答することができます。手順4の画面で[ライブで回答]をクリックして、[応答済み]に送り、マイクを使って話すことで回答できます。

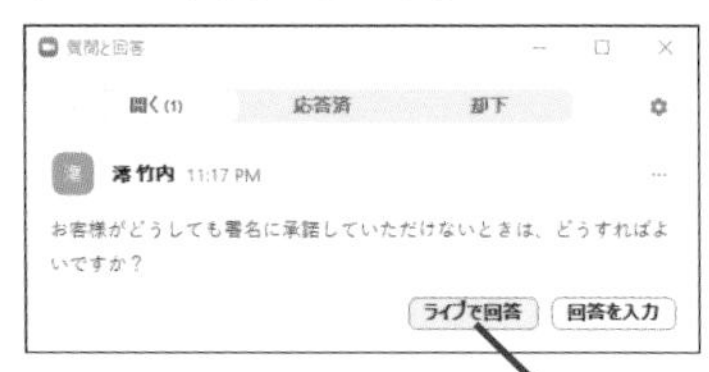

1 [ライブで回答]をクリック

質問が[応答済]に移動するので、音声などで回答する

HINT!
公開する質問の範囲を変更するには

視聴者が書き込んだ質問を他の視聴者にどこまで公開するかは、事前に主催者側で設定する必要があります。ウェビナーの開始前に、178ページの手順2の画面で、[回答済みの質問のみ]か、[すべての質問]かを選択しておきましょう。

178ページの手順2の画面を表示しておく

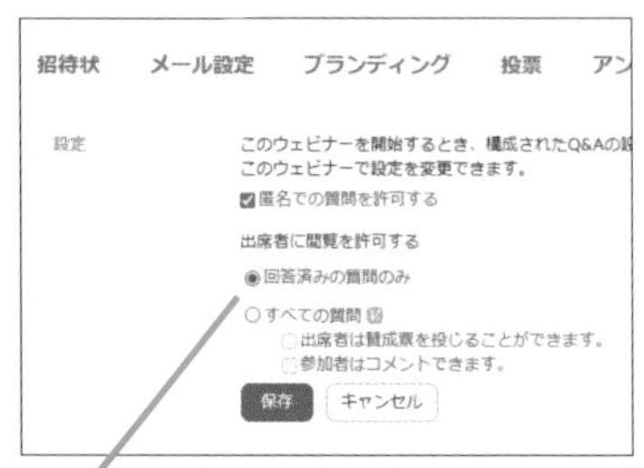

質問の公開範囲を設定できる

間違った場合は？

間違った回答をしてしまったときは、[応答済]タブから質問を選択して、質問を選択後、[回答を入力]から、回答を改めて入力します。

5 回答を送信する

回答が入力できるようになった

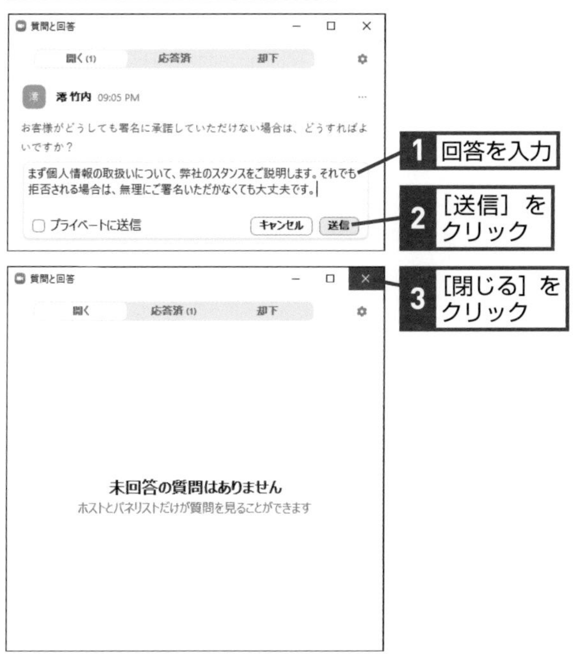

HINT!

他の視聴者に表示されないように個別に回答できる

手順5の上の画面で［プライベートに送信］にチェックを付けると、質問者のみに回答を送ることができます。他の視聴者には、回答が表示されないので、個別に回答したいときに活用しましょう。

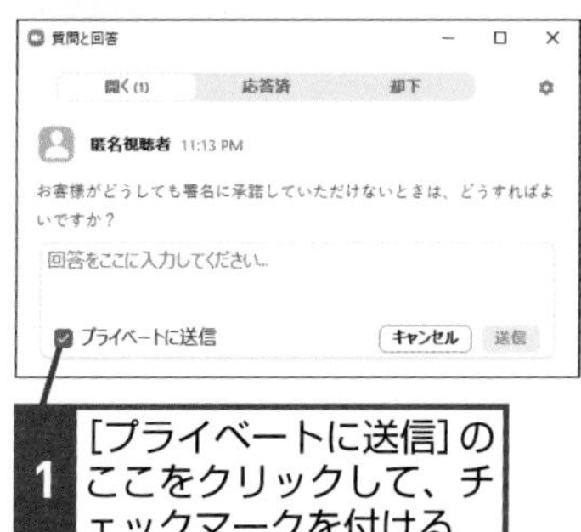

本人にだけ回答が送信される

51

質疑応答

参加者側（質疑する側）

6 回答を確認する

手順1を参考に、[質問と回答] ダイアログボックスを表示しておく

回答が表示された

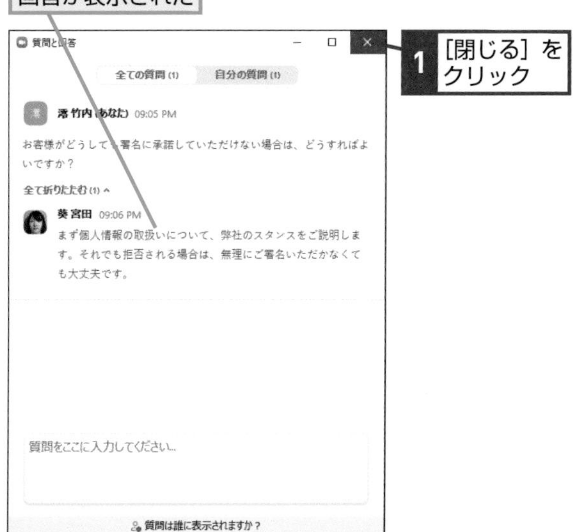

Point

視聴者とのコミュニケーションに活用しよう

質疑応答はウェビナーでのコミュニケーション手段として、とても重要です。ウェビナーの内容について、わかりにくい点があった場合でもその場で課題を解決できるうえ、視聴者が抱えている課題を直接、ヒアリングすることができます。質問者は文字、回答者は音声というように、異なるコミュニケーション手段を組み合わせることも可能です。回答を公開できるので、同じような質問が重なることも防げます。自社製品の訴求、ファンイベント、リモート教室など、いろいろなシーンでのコミュニケーション手段として、活用するといいでしょう。

レッスン

52 参加者からアンケートを取るには

投票

ウェビナー終了時に、参加者に内容に関するアンケートを記入してもらいましょう。あらかじめアンケートを用意しておく必要があります。

1 アンケートの追加を開始する

レッスン㊼の手順1～2を参考に、アンケートを実施したいウェビナーの編集画面を表示しておく

1 [投票] をクリック

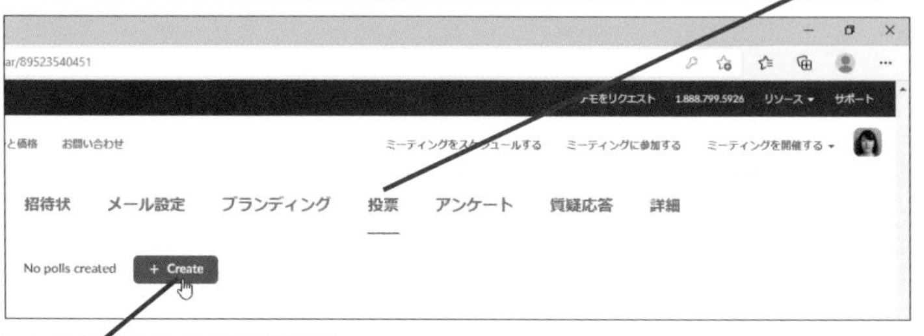

2 [Create]をクリック

2 アンケートのタイトルを入力する

アンケートの編集画面が表示された

1 「タイトルのない投票質問」をクリック

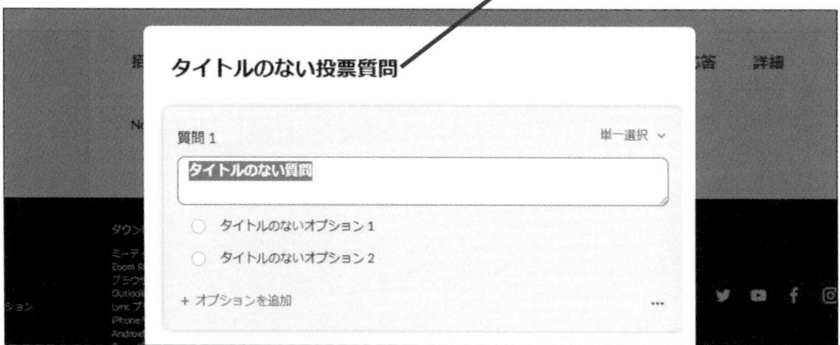

2 アンケートのタイトルを入力

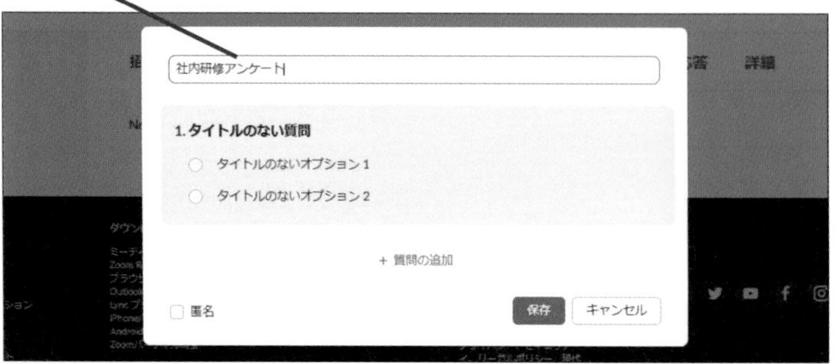

キーワード

ウェビナー	p.197
参加者	p.197

HINT!

アンケート結果を次のウェビナーに活かそう

アンケートはウェビナーの効果を測定したり、次のウェビナーの内容を検討したりするときに、たいへん参考になります。わかりやすいウェビナーを心がけたつもりでも参加者が難しいと感じるかもしれません。ウェビナーのようなイベントは、改善をくり返しながら、次第に完成度が高くなるものなので、視聴者に必ず入力してもらうように、あらかじめお願いしておきましょう。

HINT!

アンケート結果をCSV形式でダウンロードするには

アンケート結果はCSV形式でダウンロードできます。手順1の画面で、[アカウント管理] の [レポート] から [ウェビナー] を選びます。レポート画面で、レポートのタイプに [投票レポート] を選択し、出力したいウェビナーの期間を指定して、検索します。一覧からウェビナーを選び、[CSVレポ－トを作成] をクリックすると、Excelで編集可能なCSVファイルをダウンロードできます。

3 アンケートの内容を入力する

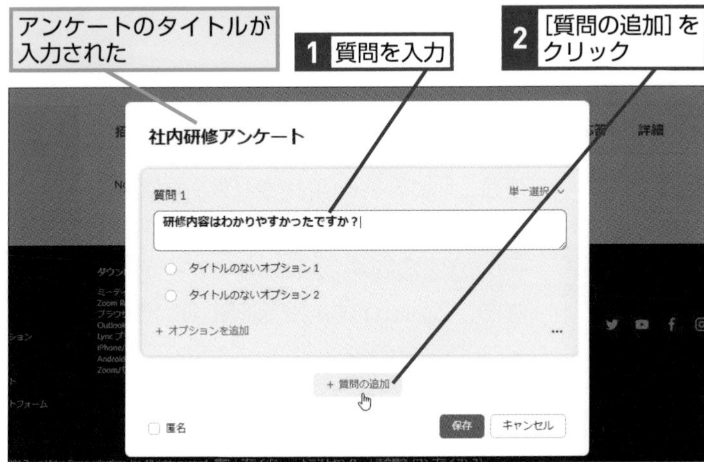

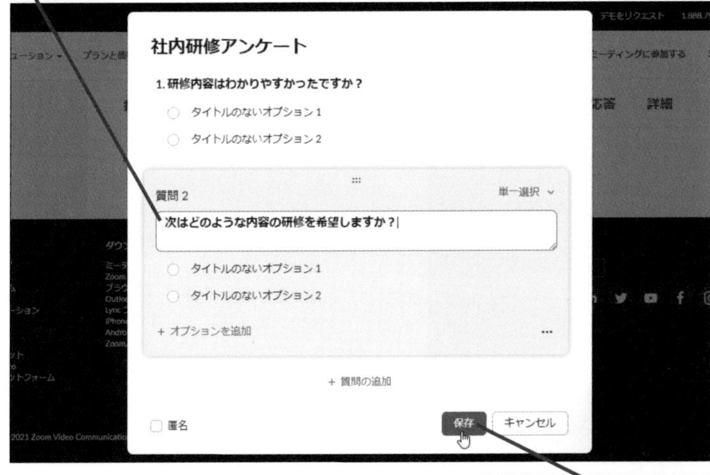

4 アンケートが追加された

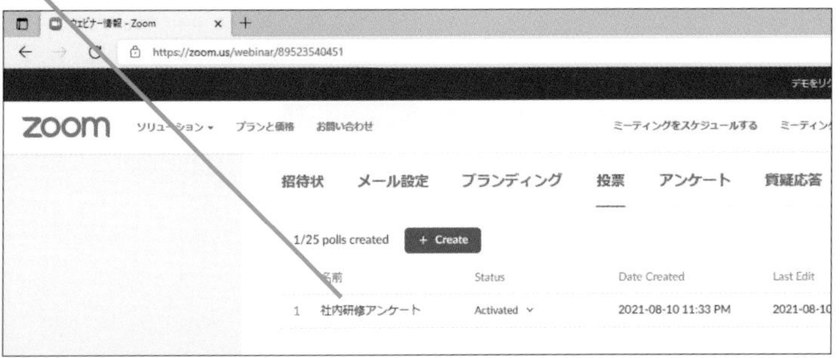

HINT!

匿名でアンケートに投票できるようにするには

率直な意見を回答してもらいたいときは、アンケートを匿名にするのもひとつの方法です。手順3の画面で［匿名］にチェックマークを付けておきましょう。匿名であることを事前に告知しておけば、率直な意見を記入してもらうことができます。

間違った場合は？

アンケートの内容を間違えたときは、手順4の画面で［編集］をクリックして、内容を修正します。

Point

「やりっぱなし」にしない

ウェビナーのようなイベントは、ともすると、主催者の自己満足で終わってしまうことも珍しくありません。このため、アンケートで参加者の意見を形にすることで、開催後に冷静にウェビナーを評価できるようにすることが大切です。改善点を見つけやすくなるうえ、社内でイベントの開催報告を提出するときの資料などにもなるので、忘れずにアンケートを設定しておきましょう。

Zoom お役立ちコラム⑦

外部のサービスを活用して ウェビナーの集客につなげよう

ウェビナーを開催する際は、集客をどうするかも慎重に検討する必要があります。せっかく、資料やパネリストを準備しても、参加者が集まらなければ、その効果が限られてしまいます。自社のWebページやSNSなどで告知したり、既存の顧客リストにメールを送ったりすることも重要ですが、外部のセミナーポータルサイトを活用することも検討しましょう。「セミナーズ」や「Peatix（ピーティックス）」などを利用することで、ウェビナーの開催情報を広く伝えることができます。なお、Zoomでも［ZOOM EVENTS］アドオンで有料のウェビナーを開催できますが、外部のセミナーポータルでもZoomと組み合わせて、有料のウェビナーを開催できます。

▼セミナーズ
https://seminars.jp/

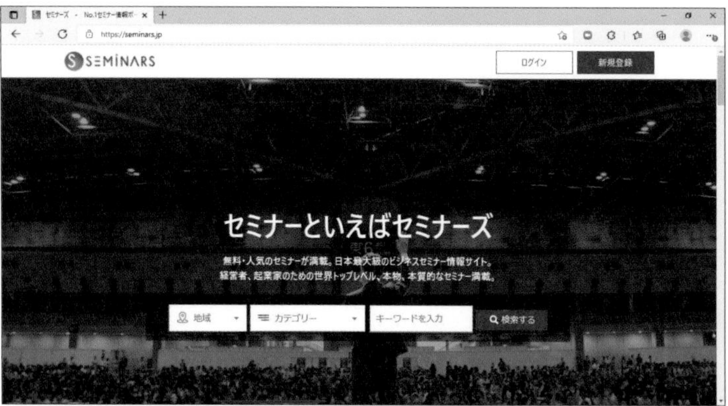

▼Peatix
https://peatix.com/

Zoomの疑問に答えるQ&A

Zoomを使っていくうえで、操作に困ったり、疑問に思うことがあったりしたら、このページを参照してください。レッスンでは説明しきれなかった操作から、知っておくと便利な機能まで、いろいろな情報をQ&A形式で解説します。

Q1 スマートフォンで有線イヤホンを使いたい

A デバイスによって端子の形状が変わります

スマートフォンで有線タイプのマイク付きイヤホンを使うときは、接続端子の形状に注意しましょう。スマートフォンで一般的な3.5mmイヤホンマイク端子があるときは、市販のマイク付きイヤホンを接続できます。iPhoneは製品に同梱のLightning端子のマイク付きイヤホンか、変換アダプタを利用します。Android端末で3.5mmイヤホンマイク端子がないときは、USB Type-C外部接続端子に変換アダプタを接続しますが、DAC内蔵の変換アダプタを利用します。

●スマートフォンの種類とイヤホンの端子

スマートフォンの種類	対応するイヤホンの端子
3.5mmミニジャック搭載端末	3.5mmミニプラグのマイク付きイヤホン
Lightning端子搭載iPhone	Lightning接続のマイク付きイヤホン
	Lightning-3.5mmミニジャック変換アダプタ
USB Type-C搭載Androidスマートフォン	USB Type-C-3.5mmミニジャック変換アダプタ（DAC内臓）

Q2 Zoomの画面が小さくなってしまった

A ［最小化されたビデオの終了］ボタンをクリックしましょう

Zoomでのミーティング中に、Zoomのウィンドウを最小化すると、ビデオ画面がミニウィンドウで表示されます。発表の準備など、ミーティングに参加しながら、他のアプリを操作したいときに便利です。ミニウィンドウの状態で、さらに、ミニウィンドウ左下の［ビデオの非表示］ボタンをクリックすると、ビデオ画面を非表示にできます。さらに画面を広く使いたい時は非表示にしましょう。ミニウィンドウを終了して、元の画面に戻したいときは、ミニウィンドウ右下の［最小化されたビデオの終了］ボタンをクリックすると、元の表示に戻ります。

1 ［最小化］をクリック

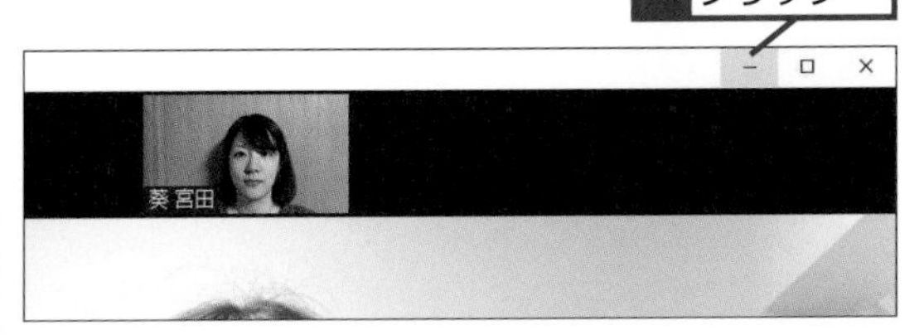

画面が最小化された

［最小化されたビデオの終了］をクリックすると、元の表示に戻る

Q3 カメラの画質を上げたい

A ビデオの解像度を高くすることができます

ミーティングで配信される自分の映像の画質を上げたいときは、[設定] の [ビデオ] で [HD] をオンにします。ビデオの解像度が高くなり、鮮明な映像を表示できるようになります。ただし、HDを有効にすると、画角（カメラで撮影される映像の範囲）が広くなり、自分の映像が小さくなります。部屋の余計な部分が映り込む可能性があるうえ、顔が小さく表情が見えにくくなる場合もあります。また、画質を上げると、通信するデータ容量が増えるため、回線環境によっては映像がスムーズに再生されないこともあります。

レッスン⑳を参考に、[Zoom] アプリの[設定]画面を表示しておく

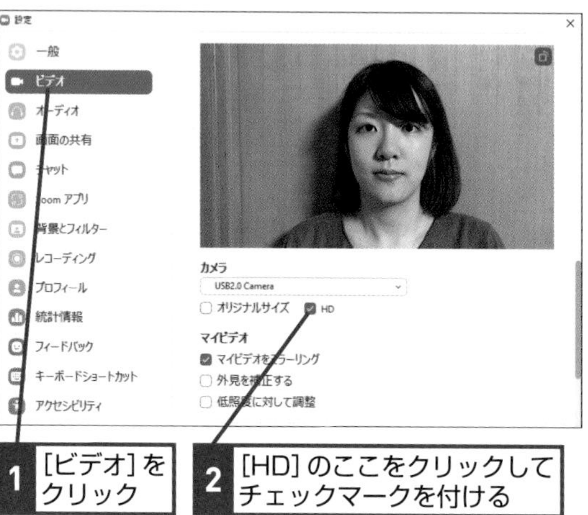

1 [ビデオ] をクリック

2 [HD] のここをクリックしてチェックマークを付ける

Q4 ビデオが映らないときはどうするの？

A [Zoom] アプリの左下のビデオのアイコンを確認しましょう

ミーティング時に、自分の映像が表示されないときは、画面下のビデオのアイコンに注目しましょう。ビデオのアイコンに赤い斜線が入っているときは、ビデオが無効になっています。[ビデオの開始] をクリックして映像を表示しましょう。パソコンに複数のカメラが接続されているときは、別のカメラが選択されている可能性があります。[ビデオの停止] の右側の矢印をクリックし、リストから映像を表示するカメラを選択しましょう。それでも映像が表示されないときは、カメラのレンズを確認しましょう。プライバシー保護のためにカメラのレンズにカバーがあるタイプの機器の場合はカバーを外しましょう。また、USB接続のカメラを使っているときは、USBケーブルの接続やドライバーのインストール状態も確認してみましょう。

[ビデオの開始] のアイコンに斜線が入っているときは、カメラが無効になっている

[ビデオの開始] をクリックすると、カメラが有効化される

Q&A

Q5 食事などで離席していることを知らせたい

A 利用状態を表示できます

在宅勤務などで、休憩のために一時的に席を外したいときは、Zoomで自分の状態を変更しておきましょう。右上のアイコンをクリックして、[利用可能][退席中][着信拒否]を選ぶことで、相手に自分の状態を知らせることができます（相手があなたのアカウントを連絡先に登録している必要があります）。ミーティングに応答できるときは[利用可能]に、食事などで席を外すときは[退席中]に、勤務時間外は[着信拒否]にしておくと、在宅勤務でも仕事とプライベートの区別を他の人に知らせることができます。

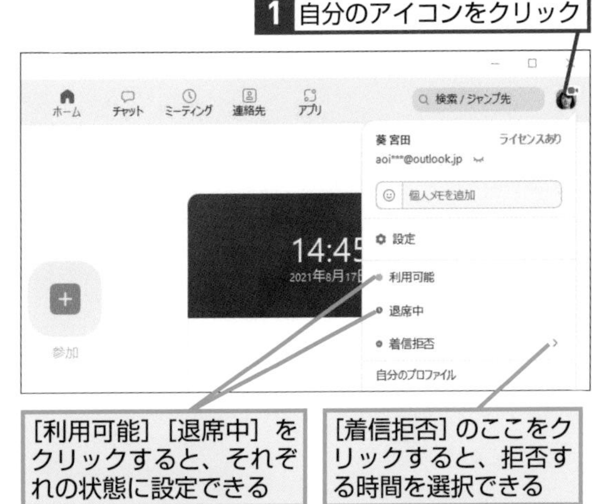

Q6 画面共有中のレイアウトを変更したい

A 共有した画面と参加者の映像は、自由に比率を変更できます

ZoomではPowerPointの画面を表示するなど、画面を共有するとき、標準では共有画面が大きく表示され、その上に参加者の映像が小さく並んで表示されます。共有画面を縦方向に広く表示したいときは、[オプションを表示]から[左右表示モード]を選ぶことで、参加者の映像を右側に表示できます。[左右表示モード]では、共有画面と参加者画面の間の境界線の部分をドラッグすることで、画面表示の割合を変更することもできます。これにより、共有画面を少し小さくして、より多くの参加者の映像を表示することができます。

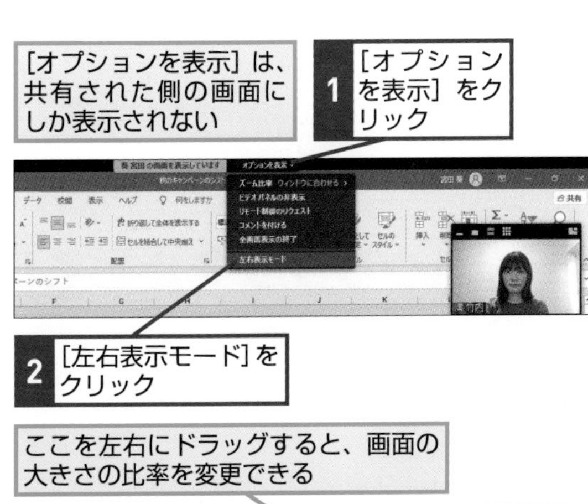

Q7 音声が相手に聞こえないときはどうする？

A [Zoom] アプリの左下のマイクのアイコンを確認しましょう

ミーティング時に、自分の音声が他の人に聞こえていないときは、左下のマイクのアイコンを確認しましょう。マイクのアイコンに赤い斜線が表示されているときは、マイクが無効になっています。[ミュート解除] をクリックして、マイクをオンにしましょう。もし、[オーディオに接続] となっているときは、マイクの音声がZoomに接続されていません。[オーディオに接続] をクリック後、[コンピューターでオーディオに参加] をクリックして、音声がZoomに伝送されるようにしましょう。それでも音声が伝わらないときは、[ミュート] の右側の矢印をクリックし、[スピーカー&マイクをテストする] をクリックし、スピーカーとマイクの音量をテストします。マイクで録音した音量が小さいときは、[オーディオ設定] でマイクの音量を調整してみましょう。

●マイクが有効かどうかを確認する

マイクのアイコンに赤い斜線が入っていると、マイクが無効になっている

[ミュート解除] をクリックすると、マイクがオンになる

●マイクの音声がZoomに接続されているかどうかを確認する

[オーディオに接続] と表示されていると、マイクの音声がZoomに接続されていない

1 [オーディオに接続] をクリック

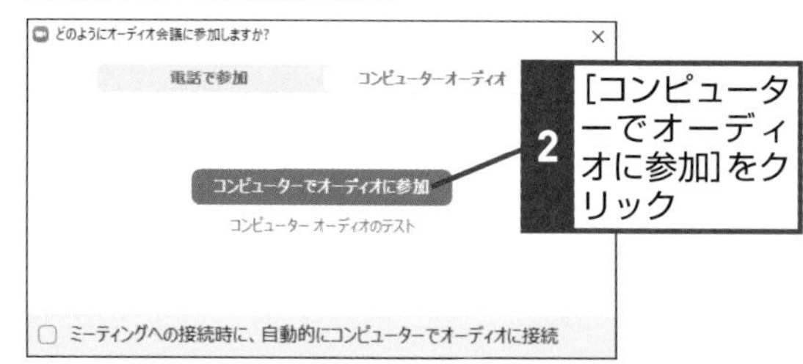

2 [コンピューターでオーディオに参加] をクリック

Q8 ハウリングを止めるには

A 状況によって対策しましょう

音声が大きく共鳴するハウリングは、スピーカーとマイクのバランスが悪い環境で発生します。たとえば、複数の人が同じ会議室に集まって、それぞれがパソコンでZoomの会議を開始すると、他の人のパソコンのスピーカーからの音声が別の人のパソコンのマイクで捉えられ、その音声がさらにスピーカーによって増幅され、異音を作り出します。このような環境でZoomを利用するときは、発言時以外は自分のパソコンのマイクをミュートすると、ハウリングを避けられます。また、それぞれがイヤホンマイクやBluetoothヘッドセットを利用すると、同様にハウリングを抑えられます。

Q9 Zoomのパスワードを忘れてしまったときは

A 新しいパスワードを設定しましょう

Zoomのパスワードを忘れたときは、パスワードをリセットします。Windows版のアプリを使っているときは、サインイン画面のパスワード欄にある［お忘れですか？］をクリックし、ブラウザーからメールアドレスを入力することで、パスワードリセット用のURLを受け取ることができます。URLをクリックして、パスワードをリセットしましょう。ZoomのWebページ（https://zoom.us）からも同様にサインイン画面の［パスワードをお忘れですか？］をクリックして、パスワードを変更できます。

［Zoom］アプリの［サインイン］画面を表示しておく

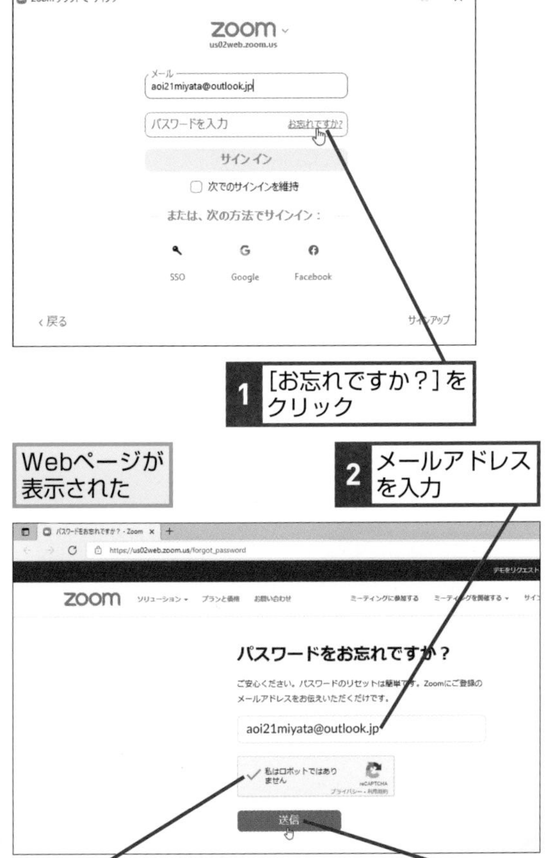

1 ［お忘れですか？］をクリック

Webページが表示された

2 メールアドレスを入力

3 「私はロボットではありません」のここをクリックしてチェックマークを付ける

4 ［送信］をクリック

入力したメールアドレスのメールを表示しておく

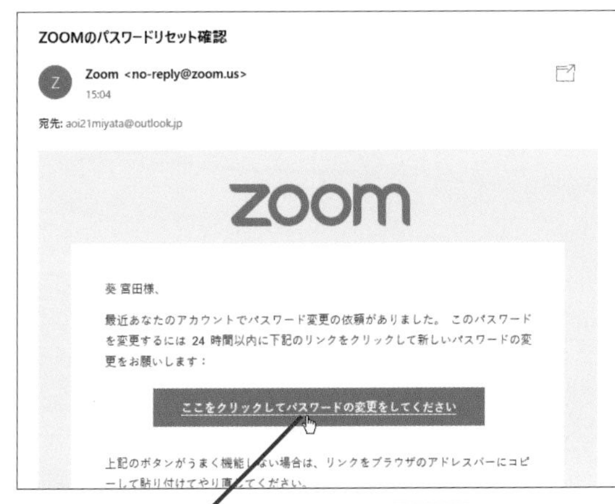

5 「ここをクリックしてパスワードの変更をしてください」をクリック

再びWebページが表示された

6 新しいパスワードを2回入力

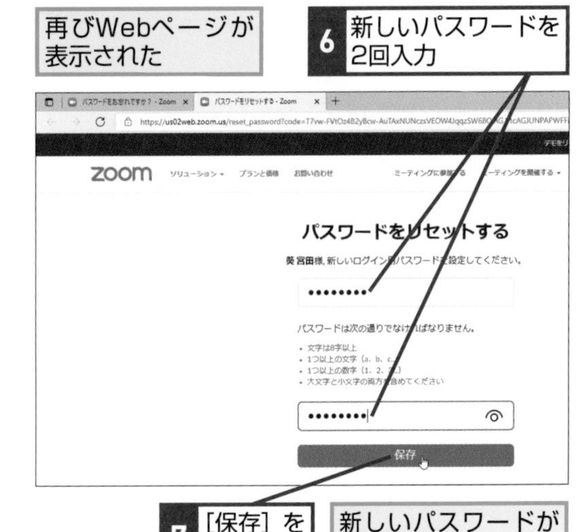

7 ［保存］をクリック

新しいパスワードが有効になる

Q10 ミーティングルームを常時設置したい

A 利用可能なメンバーに注意しましょう

Zoomではパーソナルミーティングというユーザーごとに個別に設定された専用のミーティングIDが発行されます。通常のミーティングは、開催ごとに異なるミーティングIDが発行されますが、パーソナルミーティングIDは常に固定されたIDとなります。パーソナルミーティングIDは、固定されたメンバーと定期的に開催されるミーティングに使います。ミーティングが常時設置されているため、URLにアクセスするだけで、他の参加者は前回と同じミーティングにいつでも参加できます。逆に言うと、パーソナルミーティングIDでは、一度招待したメンバーを変えることが難しいため（ロックしたり待機室を使ったりすれば可能）、慎重に使う必要があります。たとえば、家族の連絡用など、決まった人だけが参加するミーティングに使ったり、誰でも参加可能なオープンな用途に使ったりと、限られた用途のための機能となります。

［Zoom］アプリを起動しておく

1 ［新規ミーティング］のここをクリック

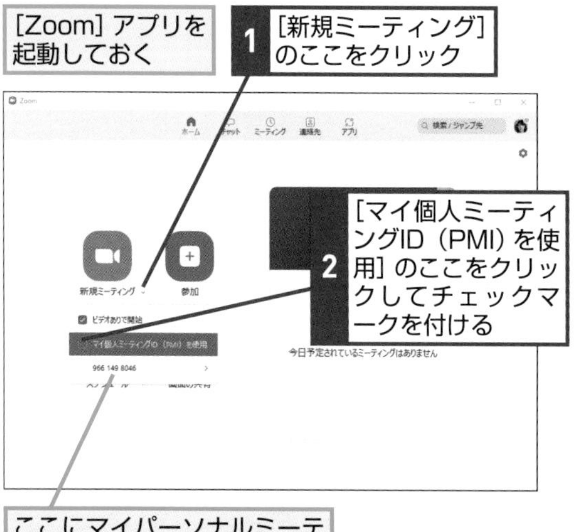

ここにマイパーソナルミーティングIDが表示される

3 ［ビデオありで開始］をクリック

4 ここをクリック

5 ［コンピューターでオーディオに参加］をクリック

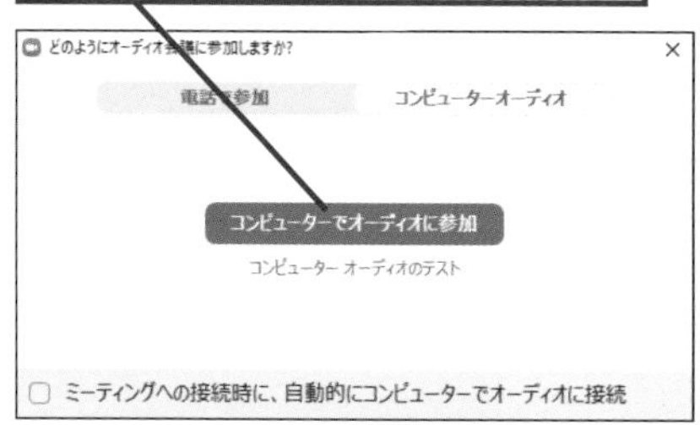

パーソナルミーティングが開始した

6 ここをクリック

Q11 肌をきれいに見せたい

A 映像に補正をかける設定ができます

Zoomにはスマートフォンのカメラアプリと同じように、カメラで捉えた自分の映像を補正する機能が搭載されています。[設定]の[ビデオ]から[マイビデオ]の項目にある[外見を補正する]にチェックマークを付けると、肌をきれいにするなどの補正をかけることができます。過剰に補正するのではなく、自然な感じに見えるので、疲れが顔に出てしまっているような状況のときに活用するといいでしょう。

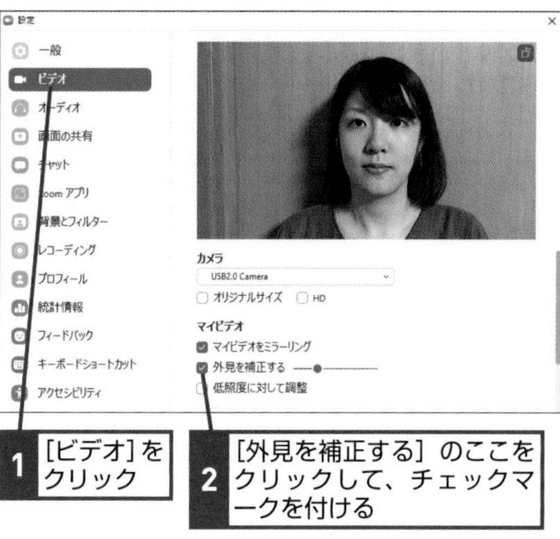

Q12 Zoomで使えるショートカットキーを知りたい

A [Zoom] アプリの [設定] 画面で便利にカスタマイズしましょう

Zoomをすばやく操作できるようになるには、ショートカットキーを活用するのが便利です。[設定]の[キーボードショートカット]で利用可能な機能の一覧を参照できるので、確認してみましょう。なお、[グローバルショートカットを有効化]にチェックを付けると、Zoomがバックグラウンドで動作しているときでもそのショートカットキーの機能を有効にできます。

Q13 Zoom中にボタンが表示されないときはどうする？

A 画面をタップすると表示されます

スマートフォンでミーティングに参加しているとき、しばらくすると、画面の上下に表示されていたボタンが自動的に非表示になります。ボタンを表示して、［ミュート］などの操作をしたいときは、画面をタップしましょう。

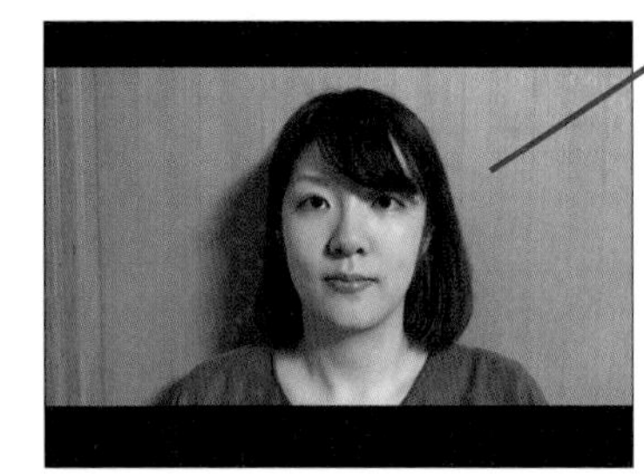

1 映像をタップ

ボタンが表示される

Q14 ビデオ会議中に着信があったときはどうする？

A 着信を拒否するか電話に出るかを選択できます

スマートフォンでミーティング中に電話がかかってくると、Zoomが一時的にミュートされ、画面上に着信通知が表示されます。以下を参考に対応しましょう。なお、レッスン⑯を参考に、ミーティング中に着信しないように設定することもできます。

●Androidの場合

［拒否］：電話が切断され、ミーティングに戻る

［電話に出る］：電話に応答できる。ミーティングに参加した状態だが、カメラがオフになり、マイクもミュートされる。電話を切ると、ミーティングに戻る

●iPhoneの場合

［終了して応答］：ミーティングを終了して、電話に応答する

［留守番電話に転送］：電話が留守電話に転送され、ミーティングを継続する

［保留して応答］：Zoomを保留（ミーティングに参加したままマイクやカメラを一時的にオフ）したまま、電話に応答できる。電話を切ると、ミーティングに再参加できる

［拒否］か［電話に出る］をタップする

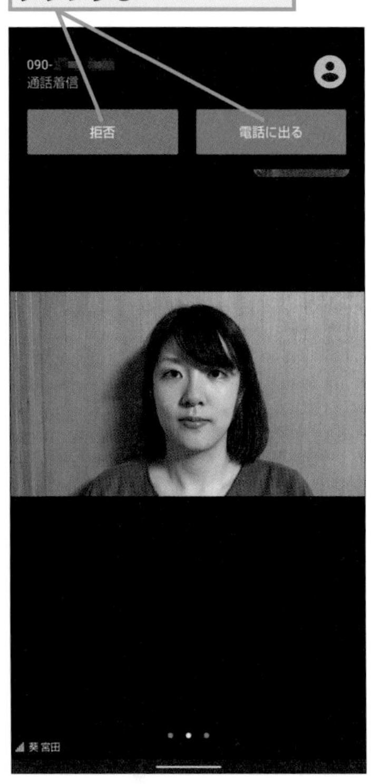

付録

有料プランに申し込むには

Zoomを無料アカウント（基本プラン）で使っているときは、後から「プロ」や「ビジネス」「企業」などの有料プランに移行できます。クラウド録画機能を使ったり、アドオンのウェビナーを利用したりしたいときは、有料プランを契約しましょう。

1 有料アカウントの申し込みを開始する

レッスン⑳を参考に、[Zoom] アプリの[設定]画面を表示しておく

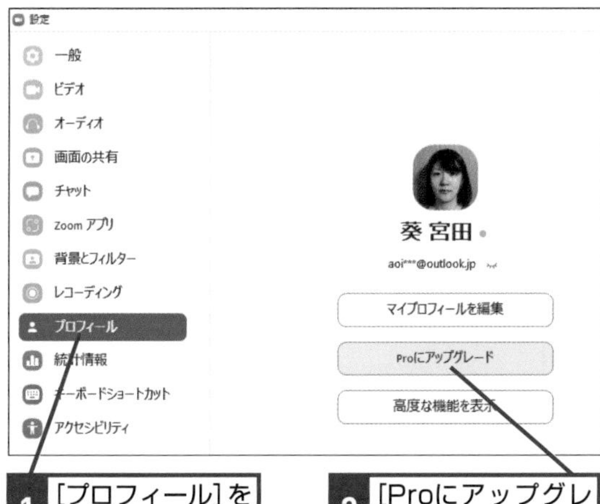

1 [プロフィール]をクリック

2 [Proにアップグレード]をクリック

Webブラウザーが起動して、現在のプランが表示された

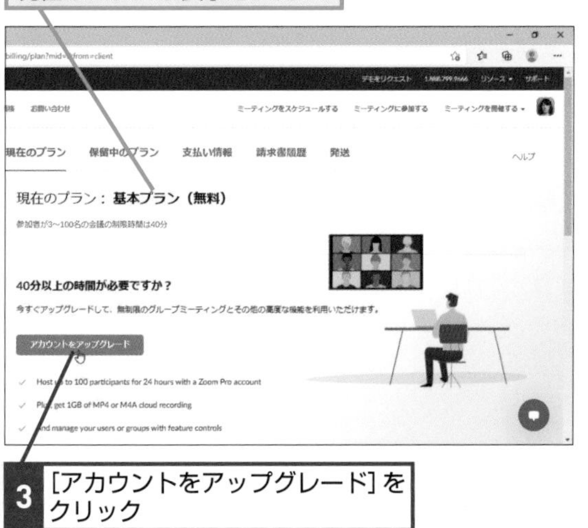

3 [アカウントをアップグレード]をクリック

2 プランを選択する

ここでは[プロ]プランを選択する

1 ここをクリックしてライセンス数を選択

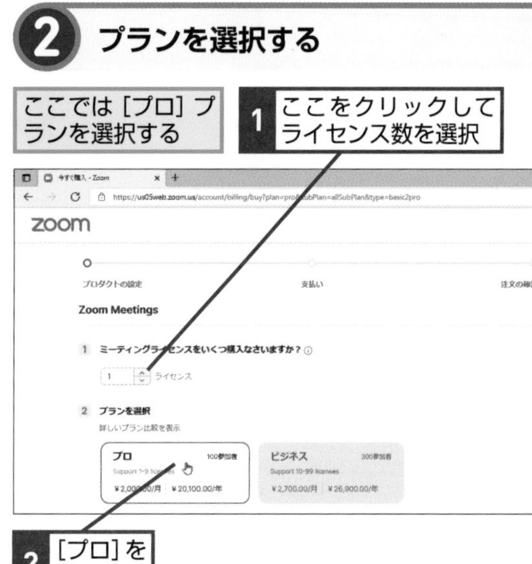

2 [プロ]をクリック

3 支払いのペースを選択する

1 ここを下にドラッグしてスクロール

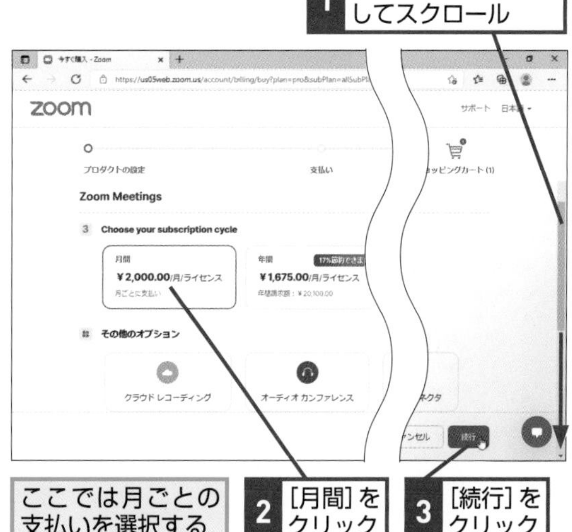

ここでは月ごとの支払いを選択する

2 [月間]をクリック

3 [続行]をクリック

次のページに続く

付録

4 ウェビナーの支払いのペースを選択する

支払いのペースを選択できた

1 [Video Webinar]をクリック

2 [次へ]をクリック

ウェビナーを利用しないときは、[このステップをスキップする]をクリックして、手順5に進む

ここでは自動更新がない月間の支払いを選択する

3 [月間(自動更新無)]をクリック

4 [続行]をクリック

ウェビナーの支払いのペースを選択できた

5 [このステップをスキップする]をクリック

5 支払方法を入力する

ここではクレジットカードで支払いをする

1 必要な情報を入力

2 [続ける]をクリック

付録

6 支払金額を確認する

[注文の確認] が表示された

支払金額が表示された

1 [発注] をクリック

7 支払い方法が更新される

画像認証が表示されるので、レッスン❽の33ページのHINT!を参考に、認証する

1 タイルをクリック

2 [確認] をクリック

「アカウントをアップグレードしました。」と表示されて、アップグレードが完了した

HINT!

表示された金額の表記に注意しよう

Zoomのサイトは海外の商慣習に従って作られているため、「.00」のように金額に小数点以下2桁までの数値が表示されます。一見、数十万円単位の料金に見え、驚くかもしれませんが、小数点以下が表示されているだけなので、心配ありません。もう一度、よく金額を確認してみましょう。

用語集

Bluetooth（ブルートゥース）
電波を使って、機器同士を接続する近距離通信技術のこと。スマートフォンやヘッドセット、マウスなどで利用されている。2.4GHz帯の電波を利用する。
→ヘッドセット、ペアリング

Bluetooth機器をパソコンやスマートフォンとペアリングする必要がある

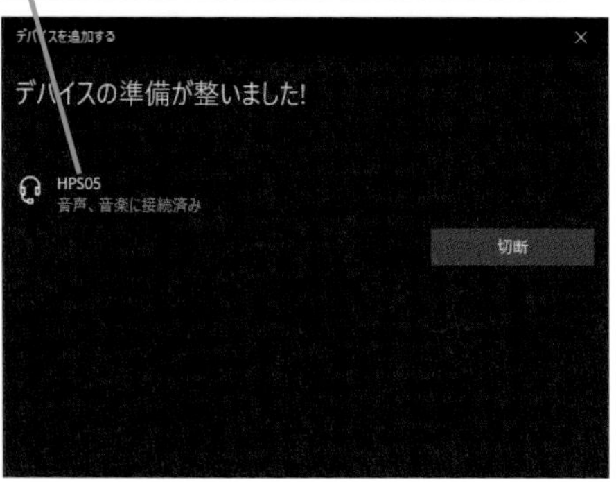

Gmail（ジーメール）
グーグルが提供しているWebメールサービス。Googleアカウントを取得することで、15GBの容量を無料で利用できる。迷惑メール対策機能などが充実しているのが特徴。
→アカウント、メール

◆Gmail

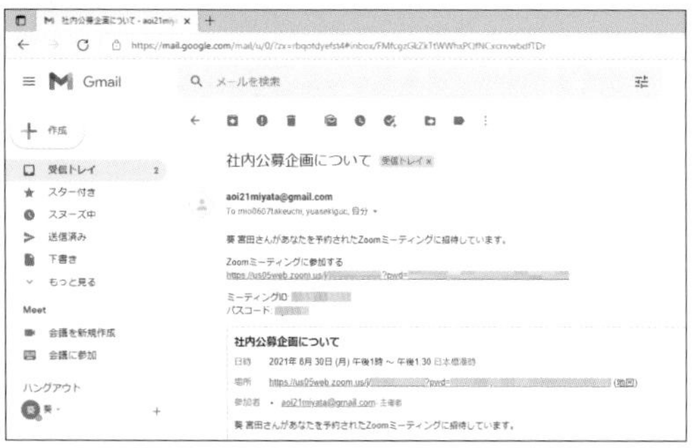

Microsoftアカウント（マイクロソフトアカウント）
マイクロソフトの各種サービスを利用するためのアカウント。無料で取得できる「●▲■@outlook.jp」などのメールアドレスをIDとして利用する。Windows 10へのサインイン、WebメールのOutlook.jpの利用、クラウドストレージのOneDriveの利用などに使える。
→アカウント、クラウド、メール

OS（オーエス）
「Operating System」（オペレーティングシステム）の略で、コンピューターを動作させるための基本的な機能が搭載されたソフトウェアのこと。ディスプレイ表示やキー入力などの基本操作、ファイル管理、周辺機器の接続などの機能を提供する。
→ファイル

Webブラウザー（ウェブブラウザー）
インターネット上で公開されているWebページを表示するためのアプリ。マイクロソフトのEdge、グーグルのChrome、MozillaのFirefox、アップルのSafariなど、さまざまなアプリが提供されている。
→Webページ、アプリ

Webページ（ウェブページ）
インターネットで公開されているコンテンツのひとつ。文字や画像などをHTMLと呼ばれる言語で記述することで、コンテンツ同士をリンクによって結びつけることができるのが特徴。製品情報の発信や個人の日記など、さまざまな形式のコンテンツで利用される。

Yahoo!メール（ヤフーメール）
ヤフー!が提供するWebメールサービス。「●▲■@yahoo.co.jp」のメールアドレスは、検索サービスやオークションサービスなど、日本での人気が高いヤフー!のサービスを利用するためのアカウントとしても利用される。
→アカウント、メール

アカウント
コンピューターやサービスを利用するための権利、もしくはその権利を所有しているかどうかを確認するときに使われる認証情報のこと。ID（メールアドレスなど）とパスワードの組み合わせで使われるのが一般的。
→パスワード、メール

アプリ
アプリケーションの略。コンピューターで動作するソフトウェアのこと。時計や電卓、表計算、ゲームなど、ユーザーが直接、操作するソフトウェアを指すことが多い。元々はパソコン向けのソフトウェアで使われていた言葉だが、現在は主にスマートフォン向けのソフトウェアを指すことが多い。

イマーシブビュー
ミーティングの表示方法のひとつ。教室や会議室などの背景に合わせ、参加者全員が並んで表示される方式。オンライン授業やオンライン飲み会などに適している。
→参加者、ミーティング

◆イマーシブビュー

インストール
ソフトウェアを構成するファイルや設定情報をコンピューターに展開したり、ユーザーがソフトウェアを簡単に起動するためのアイコンなどを配置して、すぐに使える状態にすること。
→ファイル

ウェビナー
ウェブとセミナーを組み合わせた言葉。オンラインで開催するセミナーのこと。講演会や発表会、研修などをオンラインで開催することで、離れた場所にいる多数の視聴者に向けて、情報を発信することができる。
→視聴者

カメラ
映像を撮影するための機器のこと。Zoomでは主にミーティングで自分の映像を配信するときに利用する。パソコンやスマートフォンに内蔵されていたり、パソコンのUSBポートに接続するなど、いろいろなタイプがある。
→ミーティング

◆カメラ

ギャラリービュー
Zoomのミーティングやウェビナーで選択可能な表示形式のひとつ。ミーティングの参加者を画面上に並べて表示することができる。Zoomでは一定の性能条件を満たすパソコンで7×7の最大49人をギャラリービューで一度に表示できる。
→ウェビナー、参加者、ミーティング

◆ギャラリービュー

クラウド
インターネット上で提供されるさまざまなサービスの総称。サービスを構成するハードウェアやソフトウェア、データなどが、すべてインターネット上で管理・提供されるため、ユーザーはつなぐだけで利用できる。メール、ストレージ、会計、コンピューティング、AIなど、さまざまなサービスが提供されている。
→メール

グリーンスクリーン
映像合成をスムーズに実現するために利用される背景用の幕のこと。文字通り、緑一色で構成されており、幕の前の被写体と背景の違いを明確にすることで、映像を合成しやすくする。

参加者
Zoomのミーティングやウェビナーに接続し、映像や音声を視聴し、必要に応じて発言できる状態の人のこと。
→ウェビナー、ミーティング

視聴者
Zoomのウェビナーに接続し、映像や音声を視聴できる人のこと。視聴者は基本的に視聴専門で、ホスト（ウェビナーの開催者）が許可した場合のみ音声で発言できる。
→ウェビナー、ホスト

スケジュール

予定を管理するための機能のこと。Zoomではミーティングやウェビナーの開催日を登録して、管理することができる。

→ウェビナー、ミーティング

スピーカー

音を再生するための装置のこと。Zoomでは、ミーティングやウェビナーで配信される発表者の音声を聞くために必要。ほとんどのパソコンやスマートフォンに内蔵されている。

→ウェビナー

スピーカービュー

Zoomのミーティングやウェビナーで選択可能な表示形式のひとつ。発言している人の映像を大きく表示し、そのほかの人の映像を小さく一覧表示する形式。

→ウェビナー、ミーティング

◆スピーカービュー

セキュリティ

安全を確保するための各種機能や取り組みの総称。Zoomでは一部で指摘されたプログラムの欠陥がプライバシーの侵害や安全なビデオ会議の運営に大きく影響することが指摘されていたが、2020年の集中的な取り組みによって、多くのセキュリティ上の課題が解決された。

→ビデオ会議

待機室

Zoomのミーティングへの参加を希望する人が実際に参加する前に、接続される待機場所のこと。ミーティングの主催者が参加を許可することで、はじめて待機室からミーティングへと接続できる。無関係の第三者がミーティングに参加することを防止するためのセキュリティ機能。

→セキュリティ、ミーティング

チャット

文字のメッセージをリアルタイムにやり取りできるサービスのこと。Zoomではミーティング中に同時にチャットをすることもできる。

→ミーティング

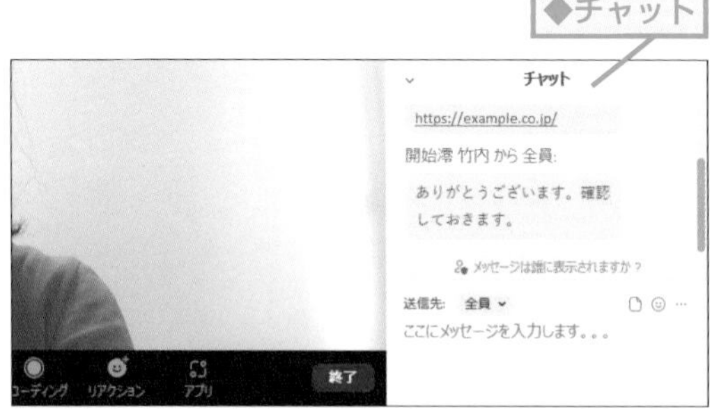

通知

アプリなどに新しい情報があることを伝える機能のこと。スマートフォン向けのZoomアプリでは、他のユーザーからのチャットやミーティングがあったときなどに通知が表示される。

→アプリ、チャット、ミーティング

通知ドット

Androidスマートフォンの通知機能のひとつ。アプリのアイコンの右上にドット（小さな丸のアイコン）で新しい情報があることなどを通知できる。

→アプリ、通知

デスクトップ
コンピューターへのサインイン後に表示される画面。アプリのアイコンを並べたり、起動したアプリのウィンドウを並べたりすることができる。パソコンの作業の基本となる画面となっている。
→アプリ

テストミーティング
Zoomのミーティングに参加するのに問題がないかどうかをあらかじめ確認できる機能。スピーカーから音声が聞こえるかをチェックしたり、録音された自分の音声でマイクが機能しているかをチェックしたりできる。
→スピーカー、マイク、ミーティング

デバイス
パソコンやスマートフォン、周辺機器などを指すときに使われる単語。

テレワーク
自宅や外出先など、オフィスなどの普段仕事をしている場所から離れたところで働くこと。リモートワークなどと呼ばれることもある。

パーソナルミーティングURL（パーソナルミーティングユーアールエル）
Zoomのユーザーアカウントごとに発行されるユーザー固有のミーティング用アドレス。新規ミーティングでは開催ごとに新しいURLが発行されるが、パーソナルミーティングURLはユーザー IDに紐付けられた固有のURLとなる。
→アカウント、ミーティング

バーチャル背景
Zoomで映像の背景の表示することができる背景合成機能のこと。人物はそのままに、背景だけを指定した画像に差し換えることで、部屋の様子を隠し、プライバシーを守ることができる。

◆バーチャル背景

パスワード
サービスなどの利用者を認証するために、IDと組み合わせて使われる文字列のこと。自分しか知らない文字列を設定することで、仮にIDが知られたとしても第三者に不正にログインされにくくできる。

パネリスト
Zoomのウェビナーに設定されている参加者の役割のひとつ。ウェビナーに映像と音声で参加し、発言することができる。セミナーで開催者以外に登壇者がいるときは、パネリストとして登録する。
→ウェビナー、参加者

ビデオ会議
遠隔地にいる人同士が映像と音声を使って、オンラインで実施する会議のこと。Zoomではビデオ会議のことをミーティングと呼ぶ。
→ミーティング

ビュー
Zoomのビデオ映像をどのように表示するかを決める機能。発言者を大きく表示するスピーカービュー、参加者全員を格子状に表示するギャラリービュー、背景に合に合成するように参加者全員を並べて表示するイマーシブビューがある。
→イマーシブビュー、ギャラリービュー、参加者、スピーカービュー

ファイル
コンピューターのプログラムやデータをひとまとめにした基本単位。アプリやデータをコンピューター上で扱うときは、ファイル単位に情報を読み書きするのが一般的。
→アプリ

ブレイクアウトルーム
Zoomのミーティングやウェビナーで使える機能のひとつ。開催中のミーティングやウェビナーにおいて、ユーザーごとに複数のグループに分割し、それぞれのグループごとに個別のルーム（セッション）でミーティングを開催できる。
→ウェビナー、ミーティング

プロフィール
Zoomのユーザーアカウントに登録できる個人情報のこと。名前やメールアドレス、電話番号、オフィスなどに加え、ミーティングなどの際に自分を表すアイコンとして表示される画像も設定できる。
→アカウント、ミーティング

ペアリング
Bluetooth機器をつなぐときに実行する接続設定のこと。2つの機器の間で接続のための情報がやり取りされることで、機器が使えるようになる。
→Bluetooth

ヘッドセット
音声再生用スピーカーと音声収録用のマイクが一体となったオーディオ機器。頭部に装着するタイプのほか、首にかけるネックバンドタイプなども利用される。
→スピーカー、マイク

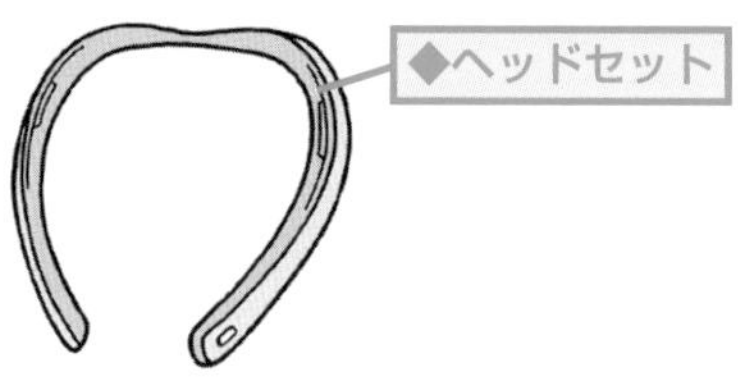

ホスト
Zoomのミーティングやウェビナーを開催する役割の人のこと。ミーティングを開始したり、ほかの参加者を招待したり、各種設定を変更したりと、ミーティングを取り仕切る立場の人となる。
→ウェビナー、参加者、ミーティング

ホワイトボード
Zoomのミーティングやウェビナーで利用できる画面共有機能のひとつ。マウスやタッチ操作などで、画面に描いたイラストや文字を参加者と共有できる。
→ウェビナー、参加者、ミーティング

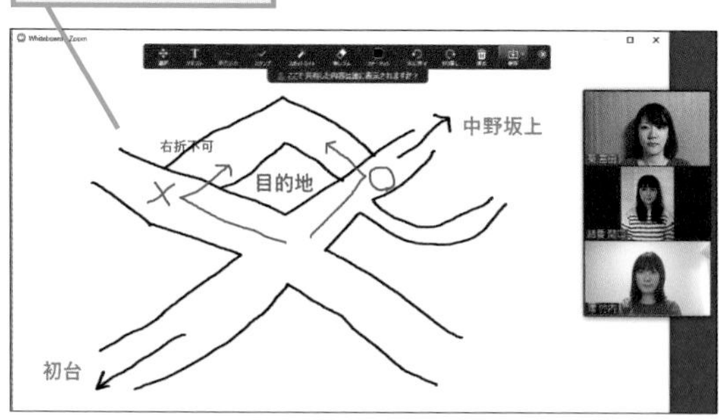

マイク
音声を収録するための装置。Zoomのミーティングやウェビナーで、自分の音声をほかの参加者に伝えるために必要となる。
→ウェビナー、参加者、ミーティング

ミーティング
映像と音声を使ったビデオ会議のこと。Zoomではビデオ会議のことを「ミーティング」という機能名で呼ぶ。
→ビデオ会議

ミュート
マイクの機能をオフにして、音声を収録しないようにすること。
→マイク

ミラーリング
映像を反転する機能。Zoomでは実際の空間と自分の映像で左右の感覚が同じになるように、標準で映像が鏡に映るように表示される。

メール
インターネットを介してやり取りされるメッセージ交換機能のこと。主に文字による情報をやり取りするが、ファイルなどを添付して送ることもできる。
→ファイル

リアクション
Zoomの参加者が音声による発言ではなく、スタンプを使って、挙手や賛成などの意志を表すことができる機能。ミーティング中に発言を求めたり、他者の意見に同意したりするときに使う。
→参加者

ルーター
異なる2つのネットワークの間でデータを中継する通信機器。インターネットと自宅のLAN、携帯電話回線とWi-Fiなど、2つのネットワークを結びつけ相互にデータをやり取りできるようにする。

レコーディング
Zoomのミーティングの映像や音声をファイルとして保存する機能。議事録などの代わりとして活用したり、欠席者がミーティングを後から参照したりできる。
→ファイル、ミーティング

ログ
ハードウェアやソフトウェアの動作状況を時系列に記録した一連のデータのこと。チャットなどで、過去に書き込まれたメッセージの履歴などもログと呼ぶ。
→チャット

索　引

アルファベット

Androidスマートフォン
- Bluetooth……74
- Zoomの利用……40
- アカウントをアクティベート……42
- 画面共有……127
- 教育機関の代理……42
- ゲーミングモード……65
- サイレントモード……65
- サインイン……76
- スケジュール……103
- スケジュールの変更……104
- チャット……121
- 通知設定……62
- パーソナルミーティングURL……43
- 背景……113
- ビデオ会議……97
- プロフィール……142
- リアクション……125

Bluetooth——196
- Androidスマートフォン……74
- iPhone……74
- Mac……75
- Windows……72

Chromebook
- Bluetooth……73
- Zoomの利用……54
- アカウントの追加……30
- アカウントをアクティベート……56
- 参加……99
- スケジュール……100
- 背景……113
- ビデオ会議……91
- プロフィール……140
- リアクション……125

Chromeウェブストア——57

CSV形式——182

DroidCam——83

EpocCam——83

Gmail——196

Googleカレンダー——158

iPad
- Zoomの利用……44
- アカウントをアクティベート……46
- 教育機関の代理……47
- スケジュール……102
- 通知設定……60
- パーソナルミーティングURL……47
- ビデオ会議……97
- プロフィール……142

iPhone
- Bluetooth……74
- Zoomの利用……36
- アカウントをアクティベート……38
- おやすみモード……64
- 画面共有……127
- 教育機関の代理……39
- サインイン……76
- スケジュール……102
- スケジュールの変更……104
- チャット……121
- 通知設定……60
- パーソナルミーティングURL……39
- 背景……112
- ビデオ会議……97
- プロフィール……142
- リアクション……125

iVCam——83

LANケーブル——22

Mac
- Bluetooth……75
- Zoomの利用……48
- アカウントをアクティベート……53
- スケジュール……100
- スライド……128
- ビデオ会議……91

Microsoftアカウント——196
- サインイン……31
- 取得……29
- 種類……30
- 追加……28

OS——196

Outlook——92, 159

Peatix——184

PWA——54

Webブラウザー——196
- Zoomの利用……58
- サインイン……77
- スケジュール……101
- スケジュールの変更……105
- 背景……113

Webページ——196

Windows
- Bluetooth……72
- Microsoftアカウント……28
- Zoomの利用……32
- アカウントをアクティベート……33
- 教育機関の代理……34
- テストミーティング……35
- パーソナルミーティングURL……35

索引

Yahoo!メール―196
Zoom
　Androidスマートフォンでの利用……40
　Chromebookでの利用……54
　iPadでの利用……44
　iPhoneでの利用……36
　Macでの利用……48
　Webブラウザーでの利用……58
　Windowsでの利用……32
　アップデート……21
　活用事例……16
　画面……185
　機材……68
　起動……76
　時間制限……19
　セキュリティ……20
　通信環境……22
　通知設定……60
　デバイス……23
　特長……14
　パスワード……189
　有料プラン……15
　リスク……20
［ZOOM Cloud Meetings］アプリ
　Androidスマートフォン……40
　iPhone……36
［Zoom for Chrome - PWA］アプリ―54

ア
アカウント―196
　Mac……49
　Microsoftアカウント……28, 196
アカウントをアクティベート
　Androidスマートフォン……42
　Chromebook……56
　iPad……46
　iPhone……38
　Mac……53
　Windows……33
アップデート―21
アプリ―196
アプリの一覧―62
アンケート―182
イマーシブビュー―106, 197
イヤホン―185
インストール―197
ウェビナー―164, 197
　開催……166
　質疑応答……178
　招待……168
　投票……182
　登録ページ……170
　ミュート……176
　有料プラン……165
　リハーサル……174
　リマインダー……169
映像
　映らない……186
　画質……186
　停止……109
　背景……110
　補正……191
　見え方……106
遠隔診療―18
オーディオ端子―70, 185
おやすみモード―64
オンライン授業―17
オンライン飲み会―19

カ
改行―120
画像認証―33
カメラ―197
　映らない……186
　画質……186
　参加者……109
　テスト……82
　反転……82
　ビデオの停止……109
　補正……191
　ユーティリティーソフト……82
画面
　大きさ……185
　ボタンの表示……192
画面共有
　開始……126
　レイアウト……187
起動―76
ギャラリービュー―106, 197
教育機関の代理
　Androidスマートフォン……42
　iPad……47
　iPhone……39
　Windows……34
記録―114
　クラウド……116
　参加者……117
　自動記録……116
　保存場所……115
クラウド―197
グリーンスクリーン―111, 197
グループワーク―134
ゲーミングモード―65
ゲスト―160

サ

サイレントモード――65
サインイン
　Androidスマートフォン……76
　iPhone……76
　Webブラウザー……77
　Windows……77
参加――98
参加者――197
　一覧……89
　カメラ……109
　記録……117
　ホストとの違い……86
視聴者――197
質疑応答――178
実践セッション――174
招待
　ウェビナー……168
　パネリスト……169
　メールアプリ……92
　メール以外……91
ショートカットキー――108, 191
スケジュール――198
　Androidスマートフォン……103
　Chromebook……100
　Googleカレンダー……158
　iPad……102
　iPhone……102
　Mac……100
　Outlook……159
　Webブラウザー……101
　Windows……100
　効率化……162
　チャンネル……156
　定期……102
　変更……104
スピーカー――198
　オーディオ端子……70, 185
　聞こえない……80
　ディスプレイ内蔵……70
　テスト……80
　複数……81
スピーカービュー――106, 198
スポットライト――144
スライド――128
セキュリティ――20, 198
［セキュリティ］ボタン――138
設定
　Macの［システム環境設定］……49
　WebページのZoomの［設定］画面……116
　［Windowsの設定］画面……28
　［Zoom］アプリの［設定］画面……78
セミナーズ――184

タ

待機室――146, 198
チャット――120, 198
　改行……120
　自動保存……122
　チャンネル……154, 157
　ファイル送信……122
　ログ……123
チャンネル――154
通信環境
　機材……22
　遅い……24
通知――198
　Androidスマートフォン……62
　iPhone……60
通知ドット――63, 198
ディスプレイ
　スピーカー……70
　複数……66
手書き――132
デジタルカメラ――83
デスクトップ――199
テストミーティング――35, 199
デバイス――199
　初期設定……26
　通信環境……22
　複数……27, 84
テレワーク――16, 199
投票――182
登録ページ――170

ナ

名前
　確認……98
　変更……93

ハ

パーソナルミーティングID――190
パーソナルミーティングURL――199
　Androidスマートフォン……43
　iPad……47
　iPhone……39
　Windows……35
バーチャル背景――110, 199
バーチャル背景としてのPowerPoint――128
背景
　スライド……128
　バーチャル背景……110
ハウリング――188
パスワード――199
　Zoomアカウント……189
　表示……95
　保存……34

パネリスト――164, 199
　招待……169
反転――82
光回線終端装置――22
ビデオ会議――199
　Androidスマートフォン……97
　Chromebook……91
　iPad……97
　iPhone……94
　Mac……91
　音声だけ……88, 94
　開始……88
　画面共有……126
　記録……114
　参加……98
　参加者の一覧……89
　終了……89
　常時設置……190
　招待……90
　スケジュール……100
　着信……192
　チャット……120
　パスワード……95
　ミーティングID……95
ビュー――199
ピン――145
ファイル――199
ブレイクアウトルーム――134, 199
プロフィール――199
　設定……140
　電話番号……143
ペアリング――72, 200
ペアリングモード――73
ヘッドセット――23, 69, 200
変更
　スケジュール……104
　名前……93
　メールアプリ……92
ホスト――200
　参加者との違い……86
　人数……15
ホワイトボード――132, 200

マ

マイク――200
　相手に聞こえない……188
　オーディオ端子……70
　音量……78
　テスト……78
　ハウリング……188
　複数……79
　ミュート……108, 176
ミーティング――200
　Androidスマートフォン……97
　Chromebook……91
　iPad……97
　iPhone……94
　Mac……91
　Windows……88
　音声だけ……88, 94
　開始……88
　画面共有……126
　記録……114
　参加……98
　参加者の一覧……89
　終了……89
　常時設置……190
　招待……90
　スケジュール……100
　着信……192
　チャット……120
　パスワード……95
　ミーティングID……95
ミーティングID――95
ミュート――200
ミラーリング――200
メール――200
メールアプリ――92

ヤ

有料プラン
　ウェビナー……165
　違い……15
　申し込み……193

ラ

リアクション――124, 200
リスク――20
リマインダー――169
リモート制御――130
リモートワーク――16
リモハラ――118
ルーター――22, 200
　買い換え……24
ルーム――135
レコーディング――200
連絡先――152
ログ――200

本書を読み終えた方へ

できるシリーズのご案内

※1：当社調べ　※2：大手書店チェーン調べ

パソコン 関連書籍

できるWindows 11　特別版小冊子付き

法林岳之・一ケ谷兼乃・清水理史&できるシリーズ編集部
定価：1,100円
(本体1,000円+税10%)

Windows 11の基本から便利な使い方までよく分かる！「CPU」や「メモリ」などパソコンの性能を左右するスペックの基礎知識を解説した小冊子付き。

できるWindows11 パーフェクトブック 困った！&便利ワザ大全

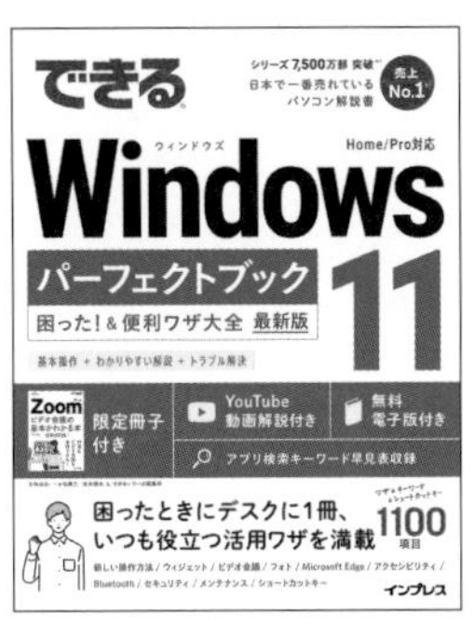

法林岳之・一ケ谷兼乃・清水理史&できるシリーズ編集部
定価：1,628円
(本体1,480円+税10%)

合計1100項目の圧倒的な情報量でWindows 11の基本操作から便利ワザまで詳細に解説！Zoomの基本操作が分かる限定冊子付き。

できるExcel 2021
Office2021 & Microsoft 365両対応

羽毛田睦土&できるシリーズ編集部
定価：1,298円
(本体1,180円+税10%)

表計算の基本から、関数を使った作業効率アップ、データ集計の方法まで仕事に役立つExcelの使い方がわかる！すぐに使える練習用ファイル付き。

できるWord 2021
Office2021 & Microsoft 365両対応

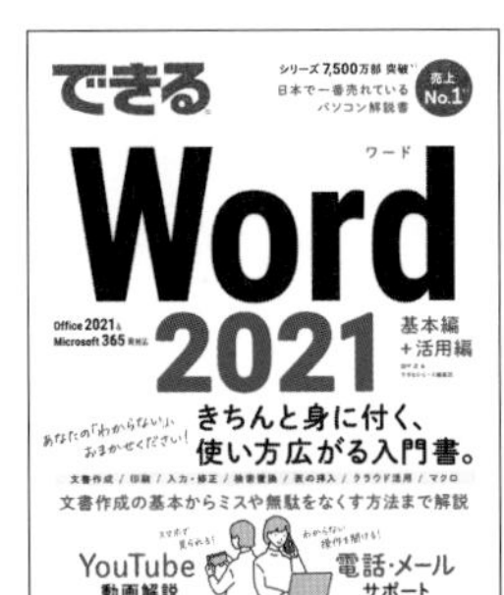

田中亘&できるシリーズ編集部
定価：1,298円
(本体1,180円+税10%)

文書作成の基本から、見栄えのするデザイン、マクロを使った効率化までWordのすべてが1冊でわかる！すぐに使える練習用ファイル付き。

できるPowerPoint 2021
Office2021 & Microsoft 365両対応

井上香緒里&できるシリーズ編集部
定価：1,298円
(本体1,180円+税10%)

PowerPointの基本操作から作業を効率化するテクニックまで、役立つノウハウが満載。この1冊でプレゼン資料の作成に必要な知識がしっかり身に付く！

できるWord & Excel 2021
Office2021 & Microsoft 365両対応

田中亘・羽毛田睦土&できるシリーズ編集部
定価：2,156円
(本体1,960円+税10%)

WordとExcelの基本的な使い方から仕事に役立つ便利ワザまで、1冊でまるごとわかる！すぐに使える練習用ファイル付き。

読者アンケートにご協力ください！

https://book.impress.co.jp/books/1121101048

このたびは「できるシリーズ」をご購入いただき、ありがとうございます。
本書はWebサイトにおいて皆さまのご意見・ご感想を承っております。
気になったことやお気に召さなかった点、役に立った点など、
皆さまからのご意見・ご感想をお聞かせいただき、
今後の商品企画・制作に生かしていきたいと考えています。
お手数ですが以下の方法で読者アンケートにご回答ください。
ご協力いただいた方には抽選で毎月プレゼントをお送りします！

※プレゼントの内容については、「CLUB Impress」のWebサイト（https://book.impress.co.jp/）をご確認ください。

1 URLを入力して Enter キーを押す

2 [アンケートに答える]をクリック

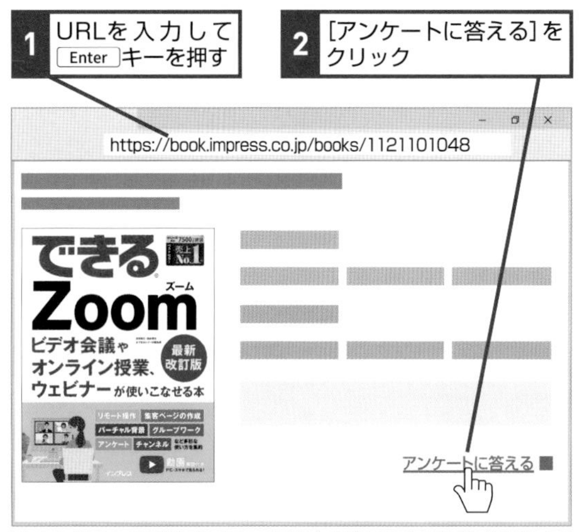

※Webサイトのデザインやレイアウトは変更になる場合があります。

◆会員登録がお済みの方
会員IDと会員パスワードを入力して、[ログインする]をクリックする

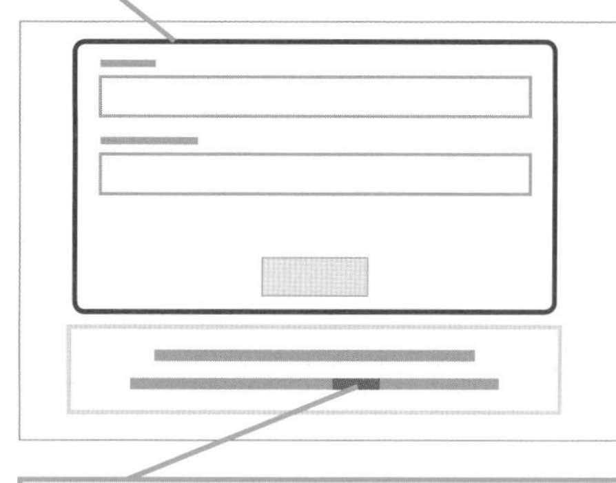

◆会員登録をされていない方
[こちら]をクリックして会員規約に同意してからメールアドレスや希望のパスワードを入力し、登録確認メールのURLをクリックする

本書のご感想をぜひお寄せください　https://book.impress.co.jp/books/1121101048

「アンケートに答える」をクリックしてアンケートにご協力ください。アンケート回答者の中から、抽選で図書カード（1,000円分）などを毎月プレゼント。当選者の発表は賞品の発送をもって代えさせていただきます。はじめての方は、「CLUB Impress」へご登録（無料）いただく必要があります。　※プレゼントの賞品は変更になる場合があります。

読者登録サービス CLUB Impress 登録カンタン 費用も無料！

アンケートやレビューでプレゼントが当たる！

■著者
法林岳之（ほうりん　たかゆき）info@hourin.com

1963年神奈川県出身。パソコンのビギナー向け解説記事からハードウェアのレビューまで、幅広いジャンルを手がけるフリーランスライター。特に、スマートフォンや携帯電話、モバイル、ブロードバンドなどの通信関連の記事を数多く執筆。「ケータイWatch」（インプレス）などのWeb媒体で連載するほか、ImpressWatch Videoでは動画コンテンツ「法林岳之のケータイしようぜ!!」も配信中。テレビやラジオでの出演をはじめ、全国各地での講演にも出席。主な著書に『できるChromebook 新しいGoogleのパソコンを使いこなす本』『できるWindows 10 2021年　改訂6版』『できるはんこレス入門 PDFと電子署名の基本が身に付く本』『できるテレワーク入門 在宅勤務の基本が身に付く本』『できるゼロからはじめるパソコン超入門 ウィンドウズ 10対応 令和改訂版』『できるfitドコモのiPhone 12/mini/Pro/Pro Max 基本＋活用ワザ』『できるfit auのiPhone 12/mini/Pro/Pro Max 基本＋活用ワザ』『できるfit ソフトバンクのiPhone 12/mini/Pro/Pro Max 基本＋活用ワザ』『できるfit iPhone SE 第2世代 基本+活用ワザ ドコモ/au/ソフトバンク完全対応』『できるゼロからはじめる Androidスマートフォン超入門 改訂3版』（共著）（インプレス）などがある。

URL：http://www.hourin.com/takayuki/

清水理史（しみず　まさし）shimizu@shimiz.org

1971年東京都出身のフリーライター。雑誌やWeb媒体を中心にOSやネットワーク、ブロードバンド関連の記事を数多く執筆。「INTERNET Watch」にて「イニシャルB」を連載中。主な著書に『できるChromebook 新しいGoogleのパソコンを使いこなす本』『できるWindows 10 2021年　改訂6版』『できるはんこレス入門 PDFと電子署名の基本が身に付く本』『できる 超快適Windows 10 パソコン作業がグングンはかどる本』『できるテレワーク入門在宅勤務の基本が身に付く本』『できるパソコンのお引っ越しWindows 7からWindows 10に乗り換えるために読む本 令和改訂版』『できるUiPath 実践RPA』『できるポケット スッキリ解決仕事に差がつく パソコン最速テクニック』『できるゼロからはじめるWindowsタブレット超入門 ウィンドウズ 10対応』『できるゼロからはじめるAndroidスマートフォン超入門活用ガイドブック』『できるゼロからはじめるAndroidスマートフォン超入門改訂3版』（インプレス）などがある。

機材協力　シャープ株式会社

STAFF

本文オリジナルデザイン　川戸明子
シリーズロゴデザイン　山岡デザイン事務所<yamaoka@mail.yama.co.jp>
カバーデザイン　伊藤忠インタラクティブ株式会社
本文イメージイラスト　ケン・サイトー
本文イラスト　松原ふみこ・福地祐子

編集協力　荻上　徹・松本花穂

デザイン制作室　今津幸弘<imazu@impress.co.jp>
鈴木　薫<suzu-kao@impress.co.jp>
制作担当デスク　柏倉真理子<kasiwa-m@impress.co.jp>

編集制作　高木大地・今井　孝

編集　高橋優海<takah-y@impress.co.jp>
編集長　藤原泰之<fujiwara@impress.co.jp>

オリジナルコンセプト　山下憲治

■商品に関する問い合わせ先

このたびは弊社商品をご購入いただきありがとうございます。本書の内容などに関するお問い合わせは、下記のURLまたはQRコードにある問い合わせフォームからお送りください。

https://book.impress.co.jp/info/

上記フォームがご利用頂けない場合のメールでの問い合わせ先
info@impress.co.jp

※お問い合わせの際は、書名、ISBN、お名前、お電話番号、メールアドレス に加えて、「該当するページ」と「具体的なご質問内容」「お使いの動作環境」を必ずご明記ください。なお、本書の範囲を超えるご質問にはお答えできないのでご了承ください。

- ●電話やFAXでのご質問には対応しておりません。また、封書でのお問い合わせは回答までに日数をいただく場合があります。あらかじめご了承ください。
- ●インプレスブックスの本書情報ページ https://book.impress.co.jp/books/1121101048 では、本書のサポート情報や正誤表・訂正情報などを提供しています。あわせてご確認ください。
- ●本書の奥付に記載されている初版発行日から 3 年が経過した場合、もしくは本書で紹介している製品やサービスについて提供会社によるサポートが終了した場合はご質問にお答えできない場合があります。

■落丁・乱丁本などの問い合わせ先

FAX 03-6837-5023
service@impress.co.jp
※古書店で購入された商品はお取り替えできません。

できるZoom（ズーム）
ビデオ会議（かいぎ）やオンライン授業（じゅぎょう）、ウェビナーが使（つか）いこなせる本（ほん）
最新改訂版（さいしんかいていばん）

2021年9月21日 初版発行
2022年5月21日 第1版第2刷発行

著 者 法林岳之（ほうりんたかゆき）・清水理史（しみずまさし）&（アンド）できるシリーズ編集部（へんしゅうぶ）

発行人 小川 亨

編集人 高橋隆志

発行所 株式会社インプレス
〒101-0051 東京都千代田区神田神保町一丁目105番地
ホームページ https://book.impress.co.jp/

印刷所 株式会社広済堂ネクスト
ISBN978-4-295-01265-8 C3055

Printed in Japan